普通高等教育公共课系列教材

大学计算机基础

(Windows 10+Office 2016)

主 编 张 乾 张银芝

副主编 杨再丹 潘 峰

西安电子科技大学出版社

内 容 简 介

本书是根据教育部高等学校计算机科学与技术教学指导委员会编制的《关于进一步加强高等学校计算机基础教学的意见暨计算机基础课程教学基本要求》和《全国计算机等级考试二级——MS Office 高级应用考试大纲》编写的。本书共分 7 章和两个附录，内容包括计算机操作基础、计算机的基础知识、Windows 10 操作系统、计算机网络及信息安全基础、Word 2016 文字处理系统、Excel 2016 电子表格系统、PowerPoint 2016 电子演示文稿，附录中给出了全国计算机等级二级公共基础知识考试大纲(2021 年版)和 MS Office 高级应用练习题。本书配套有《大学计算机基础实训教程(Windows 10+Office 2016)》(西安电子科技大学出版社，2022)，可用于巩固基本理论知识，提高实际应用能力，强化综合技能。

本书既适合作为高等院校大学计算机基础课程的教材，也可以作为全国计算机等级考试二级 MS Office 高级应用能力的培训教材。

图书在版编目 (CIP) 数据

大学计算机基础：Windows 10+Office 2016/张乾，张银芝主编. —西安：西安电子科技大学出版社，2022.8(2024.1 重印)

ISBN 978–7–5606–6605–1

Ⅰ. ①大… Ⅱ. ①张… ②张… Ⅲ. ①Windows 操作系统—高等学校—教材 ②办公自动化—应用软件—高等学校—教材 Ⅳ. ①TP316.7 ②TP317.1

中国版本图书馆 CIP 数据核字(2022)第 148284 号

策　　划　毛红兵
责任编辑　刘炳桢　毛红兵
出版发行　西安电子科技大学出版社(西安市太白南路 2 号)
电　　话　(029)88202421　88201467　　邮　编　710071
网　　址　www.xduph.com　　　　　电子邮箱　xdupfxb001@163.com
经　　销　新华书店
印刷单位　咸阳华盛印务有限责任公司
版　　次　2022 年 8 月第 1 版　　2024 年 1 月第 3 次印刷
开　　本　787 毫米×1092 毫米　1/16　印　张　21.25
字　　数　505 千字
定　　价　60.00 元

ISBN 978-7-5606-6605- 1/TP

XDUP 6907001–3

前　言

从 1946 年第一台计算机诞生至今,计算机技术取得了迅猛的发展,它的应用也从最初单纯在军事和科研领域进行数值计算扩展到现代社会的各行各业,甚至进入寻常家庭,有力地推动了社会生产力和社会信息化的发展。掌握计算机的基础知识,熟悉计算机的应用技能,是 21 世纪人才必须具备的基本素质之一。因此,从 20 世纪末开始,各高等院校已将计算机基础及应用教学列为各专业的必修和选修课程。同时,为了规范该课程教学,教育部高等学校计算机科学与技术教学指导委员会编制了《关于进一步加强高等学校计算机基础教学的意见暨计算机基础课程教学基本要求》,对计算机基础教学改革的知识结构与课程设置提出了要求。本书正是根据这个要求并结合《全国计算机等级考试二级——MS Office 高级应用考试大纲》编写而成的。

全书共分 7 章和两个附录,第 1 章主要介绍计算机的一些基础操作技能,包括认识计算机,键盘、鼠标的结构及其使用,指法基础及练习软件的使用;第 2 章主要介绍计算机的一些基本概念和理论,包括计算机的概念、产生、发展、特点、应用、分类,信息在计算机中的表示,汉字的编码及输入,计算机的组成结构及工作原理等;第 3 章主要介绍 Windows 10 操作系统的相关知识,首先引入操作系统的概念、功能、分类及发展,然后以 Windows 10 为例,详细讲解操作系统界面元素的基本组成及操作、操作系统对文件(文件夹)及磁盘的管理、操作系统中常用附件程序及控制面板的使用;第 4 章主要介绍计算机网络及信息安全基础知识,包括计算机网络概述、局域网技术及应用、Internet 及其应用、计算机网络与安全等;第 5～7 章以 Office 2016 为例,介绍常用办公自动化软件的使用,包括 Word 2016 文字处理系统、Excel 2016 电子表格系统、PowerPoint 2016 电子演示文稿的基本操作与使用;附录主要介绍全国计算机等级考试二级公共基础知识考试大纲的相关内容,提供配套二级 MS Office 高级应用练习题,参考答案以二维码形式给出。

本书以"能看懂、能自学、能应用、能拓展"为出发点,既考虑到初学者入门学习,又考虑到部分学生已经不同程度地使用过计算机,因此在内容上增加了一些高级操作技巧,确保基础与提高兼顾、理论与实用结合。

编者根据长期从事教学及管理积累的经验和绝大多数学生的实际需求,以理论教学的周次为单元,编写了与本书配套的《大学计算机基础实训教程(Windows 10+Office 2016)》(西安电子科技大学出版社,2022),使学生能够在学习理论知识的基础上,通过大量精心设计的上机操作题目,巩固基本理论知识,提高实际应用能力,强化综合技能。

另外,本书还提供了配套教学软件包,其中包括制作精美、内容详尽的多媒体教学课件,教学过程中涉及的一些常用软件,上机使用的全部素材及相关参考资料等,以方便教师备课和学生自主学习。有需要的读者可访问西安电子科技大学出版社网站(www.xduph.com),检索下载。

为便于阅读理解,对本书作如下约定:

(1) 本书中所涉及的计算机均特指台式计算机。

(2) 书中出现的中文菜单和命令名称将使用引号（""）括起来，如果是级联菜单，则用"→"连接。例如"文件"→"选项"→"高级"，表示先打开"文件"菜单，再选择"选项"子菜单项，最后执行"高级"命令。

(3) 如没有特殊说明，书中的"单击""双击"和"拖动"均是指用鼠标左键进行操作，而"右击"则是指单击鼠标右键。

(4) 书中用"+"符号连接的两个键或三个键表示组合键，在操作时表示同时按下这两个键或三个键。

本书由张乾、张银芝任主编，杨再丹、潘峰任副主编。本书在编写过程中还得到了贵州大学许道云教授、贵州民族大学张明生教授及其他长期从事计算机相关教学的一线教师的大力支持和帮助，在此一并表示诚挚的感谢！

由于编者水平有限，书中不足之处在所难免，为便于以后教材的修订，恳请广大读者多提宝贵意见。

编　者

2022 年 3 月

目　录

第 1 章　计算机操作基础

计算机是人类社会 20 世纪最伟大的科技发明之一。从 1946 年第一台计算机诞生至今，计算机技术取得了迅猛的发展，其应用也从最初的军事和科研领域扩展到了各行各业，成为信息社会中人们生活、学习、工作必不可少的工具，有力地推动了社会生产力和社会信息化的发展。

本章介绍计算机的整体结构和最基本的操作，帮助读者建立使用计算机的良好习惯，为后续深入学习奠定基础。

1.1　认识计算机

1.1.1　计算机硬件系统的组成

计算机是一个非常庞大、复杂的系统。本节先简单介绍个人计算机(Personal Computer，PC)的一些主要硬件，其内部的具体构成和工作原理将在第 2 章作详细介绍。

从外观上来看，个人计算机硬件系统主要由主机、显示器、键盘、鼠标、音箱及其他外围扩展设备(简称外设)组成，如图 1-1 所示。

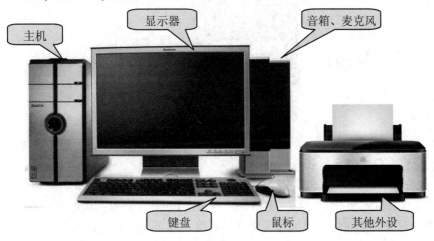

图 1-1　计算机主要部件组成

(1) 主机。主机是计算机系统的主体，决定着计算机的总体性能，其主要功能是完成各种数据、信息的运算和存储。计算机中的主要部件(如主板、中央处理器、内存、显示卡、硬盘等)都安装在其内部，而其他的外部设备则通过各种形式的接口和主机连接，从而共同组成一个完整的计算机系统。

(2) 显示器。显示器是计算机的主要输出设备，其主要功能是与主机内的显示卡配合，将主机处理好的各种文本、图形、动画、视频等信息显示在屏幕上。

(3) 键盘。键盘是计算机中一个最古老也是最常见的输入设备，其主要功能是将数字、字符、字母、汉字及一些控制指令输入到主机。

(4) 鼠标。鼠标也是计算机常见的输入设备，它可以对屏幕上的光标进行定位，并通过按键和滚轮装置对屏幕中显示的各种元素进行操作。

(5) 音箱。音箱是计算机的音频输出设备，其主要功能是与主机内的声卡配合，输出计算机处理好的音频信息。

(6) 其他外设。其他外设是对计算机主机功能进行扩展的外部设备，可以根据实际需要进行选配。常见的外设有打印机、扫描仪、数码相机、投影仪、移动硬盘等。

1.1.2　主机面板的组成及操作

主机是计算机硬件的主体。尽管主机的外形千差万别，但其结构及功能基本相同，其主要操作按钮和各种接口等基本上都安装在主机机箱的前面板和后面板上。

1. 前面板

主机前面板如图 1-2 所示。

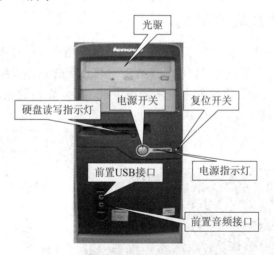

图 1-2　主机前面板组成

主机前面板主要由以下几部分组成：

(1) 电源开关。电源开关一般有"Power"或 ⏻ 标记，按下此开关，可以打开主机电源，或在计算机死机的情况下，长按此开关(5 秒以上)可强行关闭主机电源。当然，如果在 Windows 操作系统的控制面板中进行了特殊的设置，也可直接使用此开关正常关闭计算机系统。

(2) 复位开关。复位开关一般有"Reset"标记，当计算机死机或键盘和鼠标无响应时，按下此开关，可强制重新启动计算机。出于保护计算机硬件和数据安全的考虑，现在多数的主机已取消设置复位开关。

(3) 指示灯。

① 电源指示灯(绿色)。当计算机主机通电后，电源指示灯常亮。

② 硬盘读/写指示灯(红色)。当硬盘在进行读、写操作时，硬盘读/写指示灯点亮或闪烁。

注意：当硬盘读/写指示灯点亮或闪烁时，不要按下电源开关或复位开关，否则可能导致数据丢失或硬盘损坏。

(4) 前置 USB 接口。前置 USB 接口即通用串行总线接口。相对于其他总线来说，USB 接口体积小、速度快、通用性强，并且支持即插即用等先进技术，现已成为微型计算机系统中主机与外设连接的主要形式，如 U 盘、移动硬盘、打印机、数码相机、手机，甚至外置声卡、网卡等设备均可通过 USB 接口与主机连接。

(5) 前置音频接口。绿色接口为音频输出接口，用于连接耳机或音箱；粉红色接口为音频输入接口，用于连接话筒。当然，部分计算机音频接口的功能也可以通过控制面板或音频设备管理软件自己定义。

(6) 光驱。光驱主要用于读/写光盘的数据。

2. 后面板

主机后面板如图 1-3 所示。

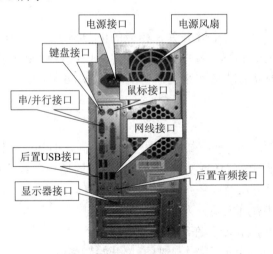

图 1-3　主机后面板组成

(1) 电源接口。电源接口用于主机与市电的连接。

(2) 电源风扇。电源风扇用于电源及机箱内部的散热。

(3) 键盘接口(紫色)。键盘接口一般用于连接键盘。

(4) 鼠标接口(浅绿色)。鼠标接口一般用于连接鼠标。

(5) 串行接口。串行接口也称 COM 接口，它有 9 个针脚，可用于连接游戏手柄、手写板、调制解调器等设备。

(6) 并行接口。并行接口也称 LPT 接口或打印端口，它有 25 个针脚，可用于连接早期的打印机。

注意：由于并行接口、串行接口的数据传输率较低，且通用性差，所以现在很少使用，部分已被 USB 接口取代。

(7) 后置 USB 接口。后置 USB 接口的功能与前置 USB 接口相同，但它提供的电流要比前置 USB 接口大，对于一些功耗较大的 USB 设备(如移动硬盘等)，若在前面板上不能使用，应连接到后面板。

(8) 显示器接口。显示器接口用于连接显示器。根据数据传输模式不同，显示器接口分为 VGA 接口、DVI 接口及 HDMI 接口。其中，VGA 接口用于传输模拟视频信号，与早期的显示器连接；而 DVI 接口和 HDMI 接口用于传输数字视频/音频信号，是当前主机与显示器的主要连接形式。

(9) 网线接口。网线接口也称 RJ45 接口，用于连接主机和交换机。一般情况下，将网线的水晶头插入网线接口后，其红色指示灯会点亮，当网络传输数据时，绿色的指示灯会点亮或闪烁。

(10) 后置音频接口。后置音频接口的功能与前置音频接口的功能相同，但一般情况下两者不能同时使用(具体由主板上的功能跳线决定)，现在支持多声道输出的主机还提供了6~8 个音频接口。

1.1.3　计算机的开机、关机及重启

1. 计算机的开机

只要按下主机前面板上的电源开关，相应的电源指示灯就会点亮，计算机进入加电自检(Power On Self Test，POST)程序，检查计算机中的各种硬件参数是否正确、工作是否正常，完成后再从硬盘启动操作系统，当出现了 Windows 桌面后，计算机的开机过程结束。

2. 计算机的关机

在不同的操作系统中，关闭计算机的方法略有不同，但都应严格按照正确的方法来关闭，否则可能会导致程序的破坏或数据的丢失，严重的还会导致计算机硬件(特别是硬盘)的损坏，并且当下次再开机时，系统会自动执行磁盘自检程序，从而延长启动时间。在 Windows 10 中，关闭计算机主要分为以下几个步骤：

(1) 关闭所有打开的窗口及正在运行的程序。

(2) 单击任务栏上的"开始"按钮，打开"开始"菜单。

(3) 在"开始"菜单中单击"电源"按钮，在打开的子菜单中选择需要的关机模式。Windows 10 提供了"关机""重启""睡眠"三种模式。

① 关机。选择"关机"选项后，系统将停止运行，退出 Windows 系统，并关闭主机所有部件的电源。当用户不再使用计算机时选择该项可以安全关机。

② 重启。选择"重启"选项后，将退出当前 Windows 系统，并重新启动计算机，一般用于软件升级、安装硬件驱动程序或更新系统。

③ 睡眠：选择"睡眠"选项后，系统将当前的运行状态保存在内存中，并关闭监视器、硬盘及其他相关外部设备的电源，计算机将转入低功耗模式。当移动鼠标或按下键盘任意键后，系统可快速恢复到睡眠前的状态。此项通常在用户暂时不使用计算机，为节约能源和重新启动计算机的时间、保留当前工作状态时使用。

3. 计算机的重启

计算机的重启可分为热启动和冷启动两种方式。其中，热启动可参考关机步骤中的"重启"内容，也可在安装新的软件或硬件时根据屏幕提示完成；冷启动即直接按下主机前面板上的复位开关(Reset)，在计算机通电的任何情况下，强行重启计算机。冷启动一般用于系统没有响应或计算机死机的情况，但重启后会重新运行计算机的加电自检(POST)程序和磁盘扫描程序，增加重新启动的时间，并且还可能会导致数据的丢失、硬件的损坏，一般不提倡使用。

1.2 键盘的结构

键盘是计算机中最原始也是最常见的一种输入设备。计算机运行时所需的绝大多数源程序、字母、数字、符号、汉字及部分控制命令都是通过键盘输入的。尽管现在的键盘外形千差万别，但其基本功能和结构却是相同的，下面就以最常见的 104 键键盘为例进行讲解。

按照按键的大体位置及功能的不同，一般将键盘分成功能键区、主键盘区、编辑键区、小键盘区、工作状态指示区等五个区域，如图 1-4 所示。

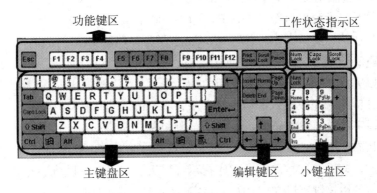

图 1-4 键盘的分区

1. 功能键区

功能键区位于键盘最上面一行，主要由 Esc、F1～F12 及屏幕打印键(Print Screen 键)、屏幕锁定键(Scroll Lock)和暂停键(Pause)组成。功能键区的按键功能一般不明确，其具体功能由操作系统或应用软件来决定。一般情况下，Esc 键用于退出当前应用程序、关闭某个窗口或取消某个设置；F1 是帮助键；屏幕打印键可将当前屏幕上显示的整个区域或部分区域复制到 Windows 系统的剪贴板[具体参考《大学计算机基础实训教程(Windows 10+Office 2016)》(西安电子科技大学出版社，2022)]；Scroll Lock 键叫作滚动锁定键，当按此键后，在 Excel 等软件中按上、下方向键滚动时，会锁定光标而滚动页面；暂停键在 Windows 系统中较少使用，但在 DOS 系统中可以实现应用程序在执行过程中暂停或中止操作。

2. 主键盘区

主键盘区位于键盘的左下部，通常由数字键 0～9、字母键 A～Z、常用符号键及功能控制键四个部分组成，主键盘区是键盘中使用频率最高的部分。

(1) 回车键(Enter 键)：又称换行键，在输入程序或文字编辑时使用该键可以实现换行或分段，将光标插入点移至下行行首；在 DOS 命令状态下，用来对 DOS 命令进行确认并执行；在 Windows 窗口中，该键可以代替鼠标左键单击来打开选定的对象。

(2) 退格键(Backspace 键)：位于主键盘区的右上角，一般有一个向左的箭头"←"标记。在输入程序或文字编辑时，用来删除当前光标位置左边一格的字符或选定的字符/字符串；在 Windows 资源管理器窗口中，可以代替鼠标单击"后退"按钮，使当前窗口返回到上一级目录。

(3) 跳格键(Tab 键)：又称制表键，其具体功能根据应用软件来决定，一般在文本编辑状态下，可以插入占位符或表格编辑时可切换活动单元格；在 Windows 的窗口或对话框中，可切换各项目的执行焦点。

(4) 组合控制键(Ctrl 键、Alt 键)：这两个键分别在空格键两边各有一对，一般单独按下不起作用，只有在特定的软件环境下和其他按键组合才能完成特定的功能。在 Windows 操作系统中常用的组合键有：Ctrl+A(选定窗口或编辑区内全部对象)、Ctrl+C(将选定的对象复制到剪贴板)、Ctrl+X(将选定的对象移动到剪贴板)、Ctrl+V(将剪贴板中的信息粘贴到当前位置)、Ctrl+Z(撤销上一步操作)、Ctrl+空格(打开/关闭中文输入法)、Alt+字母键(打开相应窗口菜单或执行菜单命令)、Alt+F4(关闭当前窗口)、Ctrl+Alt+Delete(可完成系统锁定、切换用户、注销、更改密码、打开 Windows 任务管理器窗口等操作)。

(5) 上档键(Shift 键)：该键在主键盘区的左、右各有一个，一般情况下左键和右键的功能一致，都可以完成上档字符(如"！""@""+""<""？"等)的输入和大、小写字母的转换；但在与 Ctrl 键配合完成输入法切换时，左、右 Shift 键的切换顺序相反。

(6) 大/小写字母锁定键(Caps Lock 键)：当计算机正常启动后，键盘上的字母键自动锁定为小写输入状态，按下 Caps Lock 键后，主键盘右上角对应的指示灯点亮，将字母 A～Z 锁定为大写状态，若再一次按此键，相应指示灯熄灭，字母键又回到小写状态；如果启动了中文输入法，使用该键可以在中文及大写字母(标点符号)间切换。

(7) 空格键：其主要功能是在编辑状态下在光标当前位置处插入一个空格，光标向后移动一个位置，或在 Windows 对话框中选择/取消某个复选项。

(8) Windows 徽标键：单击 Windows 徽标键后可以打开 Windows 的开始菜单(包括任务不显示在桌面时)。

(9) 笔记本电脑功能键(Function，FN)：也就是"功能"。顾名思义，通过同时触发 FN 键和 F1～F12 或者其他按键的组合，就可以达到快速开启或者关闭某种功能的目的。比如笔记本上的声音、亮度等功能的调节。

3. 编辑键区

编辑键区位于键盘中部，其主要的功能是在编辑状态下(如文本编辑、表格编辑、图形编辑等)用来实现对光标或插入点的移动控制。另外，该区域的按键可以单独使用，也可以和主键盘区上的 Shift、Ctrl、Alt 键组合使用，来实现更多的光标控制和对象选取功能。

(1) 光标移动键(↑、↓、←、→)：主要用来使光标或选定的对象向上、向下、向左、向右移动一个单位。

(2) Home/End 键：用于将光标快速移动到一行的行首或行尾。

(3) PageDown/PageUp 键：用于将光标快速向前或向后移动一屏。

(4) Insert 键：也称插入键，在编辑状态时用来转换插入和改写状态。

(5) Delete 键：也称删除键，用来删除光标当前位置后面的或已选定的字符。在 Windows 窗口中，也可用于删除已选定的对象。

4．小键盘区

小键盘区位于键盘的右下部，主要是为了提高纯数字的输入速度、方便右手单独操作而设立的，该区的按键在主键盘区和编辑键区都有，其功能由工作状态指示区中的数字锁定键(Num Lock)的状态决定。按 Num Lock 键，键盘右上角对应的指示灯亮，此时小键盘输入锁定为数字状态，再按该键，指示灯灭，这时为光标控制状态，其功能与前面介绍的光标移动键相同。此外，小键盘区的+、−、*、/、Enter 键与主键盘区中相应的键位作用相同。

1.3　鼠　　标

和键盘一样，鼠标也是计算机中一种重要的输入设备，特别是在 Windows 等图形化操作系统中，绝大多数的操作都是通过鼠标来完成的。

1．鼠标的结构

鼠标按照移动信号检测方式的不同可以分为机械鼠标和光电鼠标，两者的外形结构基本相同，如图 1-5 所示。相对于传统的机械鼠标而言，光电鼠标具有精度高、响应快、寿命长的特点，现已全面取代了机械鼠标。

　　　　　　　　　　　　左键
　　　　　　　　　　　　鼠标轮
　　　　　　　　　　　　右键

图 1-5　鼠标的结构

光电鼠标主要由鼠标键和光栅信号传感器组成，并通过一条四芯电缆(无线鼠标除外)连接到主机的 PS/2 接口或 USB 接口上。一般将位于鼠标左边的按键称为左键，它由右手食指操作，主要用于选择和执行对象；将位于鼠标右边的按键称为右键，它由中指操作，主要用来打开各种对象的快捷菜单或帮助信息；位于左、右键中间的滚轮也称为鼠标轮，通过向前、后滚动使窗口中显示的内容上、下滚动或增减某个对象的数值。当移动鼠标时，可改变鼠标指针在屏幕上的位置。

2．鼠标的指针

鼠标的指针在一般情况下呈斜左上空心箭头，但有时随所在区域或软件环境的不同而有所变化。表 1-1 为鼠标指针常见的形状及其代表的含义。

表 1-1　鼠标指针常见的形状及其含义

指针形状	含　义
🔺	表示系统正准备接受用户输入命令
🔺⧗	表示系统正处于忙碌状态
⧗	表示系统处于忙碌状态，正在处理较大的任务，用户须等待
I	此形状出现在文本编辑区，表示此处可输入文本内容或插入其他对象
↔ ↕	鼠标指针位于窗口的边缘时出现该形状，按下鼠标左键并拖动可改变窗口的宽度或高度
↖ ⤢	鼠标指针位于窗口的四角时出现该形状，按下鼠标左键并拖动可改变窗口的大小
👆	表示鼠标指针所在的位置是一个超级链接
✥	在移动对象时出现，按下鼠标左键并拖动可移动该对象
＋	表示鼠标此时将作精确定位，常出现在绘图软件中
🚫	表示指针所在的按钮或某些功能不能使用
🔺?	表示单击某个对象可以得到与之相关的帮助信息

3. 鼠标的操作

鼠标的操作方式、操作方法及应用范围如表 1-2 所示。

表 1-2　鼠标的操作

操作方式	操作方法	应用范围
指向	把鼠标指针移动到某一对象上，以鼠标指针的尖端指向该对象	一般用于激活对象或显示工具与图标的提示信息
单击	将鼠标指针指向某一对象，然后按下鼠标左键	用于选取某个对象、选择某个选项、打开菜单或按下某个按钮
右击	将鼠标指针指向某一对象，然后按下鼠标右键	用于打开或弹出对象的快捷菜单或帮助提示
双击	将鼠标指针指向某一对象，然后快速按两下鼠标左键	常用于启动程序、打开窗口或关闭窗口
拖放(拖动)	将鼠标指针指向某一对象，然后按住左键不放，移动鼠标指针到指定位置后，松开鼠标左键	常用于标尺滑块的移动或复制、移动对象、选取数据等

1.4　指法基础

通过前面的学习，已经知道了键盘上各按键的功能，但要准确、高效地通过键盘输入各种信息，还应掌握正确的指法和盲打技巧。

1. 正确的姿势

(1) 坐姿。打字时，腰要挺直，眼睛平视屏幕，与屏幕保持 40～50 cm 的距离，双脚平放于地上，如图 1-6 所示。

(2) 手臂。双臂自然下垂，手肘夹在腰部，双手平行伸出。

(3) 手形。手掌自然弯曲呈勺状，轻放在键盘托盘上，两个大拇指自然搭在空格键上，其他 8 个手指并拢并弯曲，保持指尖与键盘键面垂直，分别轻放于 "A" "S" "D" "F" "J" "K" "L" ";" 这 8 个基本键上，如图 1-7 所示。

图 1-6　正确的坐姿

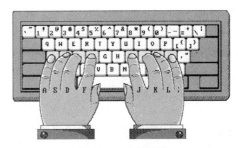

图 1-7　正确手形

2. 手指的分工

手指的分工是指键位与手指之间的对应关系。合理的分工是提高输入速度、实现盲打的关键。

(1) 基本键位。通常将主键盘区上的 "A" "S" "D" "F" 及 "J" "K" "L" ";" 这 8 个键称为基本键位，其中在 "F" 键和 "J" 键上各有一个凸点，称为定位键。打字时，眼睛不看键盘，可通过触摸来首先固定两个食指，然后其他手指依次排开，放到相应的基本键上。

(2) 左右手分工。打字时，每个手指都有明确的分工，哪个手指敲击哪些键都有严格的规定，这样才能保证正确击键和输入速度，指法中手指的分工如图 1-8 所示。

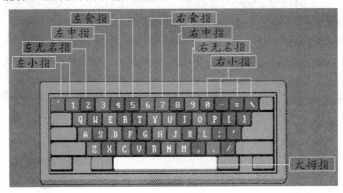

图 1-8　指法中手指的分工

3. 击键方法

(1) 单键击键要领。

击键时要注意一定的力度，同时要尽可能提高击键的速度。若要敲击基本键，则相应的手指直接按下并迅速抬起；若要敲击的键位于基本键的上方，则相应的手指抬起并伸展按下键后迅速回到基本键位；若要敲击的键位于基本键的下方，则相应的手指抬起并收缩按下键后迅速回到基本键位。

注意：在击键的过程中，只有击键的手指能活动，其他手指一定要保持在原位。

(2) 组合键击键要领。

一般情况下，将主键盘区上 Shift、Ctrl、Alt 这三个键称为组合键。如果要敲击的字母键或数字键位于右手部分，则先用左手的小指按下左边的组合键不放，再用右手按下相应键；如果要敲击的键位于左手部分，则先用右手的小指按下右边的组合键不放，再用左手按下相应键。

4. 常用指法练习软件的使用

通过前面的学习，我们已经掌握了键盘的功能和基本指法，但要快速、准确地输入各种信息，还需要大量的练习。在计算机中，用于指法练习的软件非常多，本节以最常见的五笔打字专家 Ccit3000 为例来讲解指法练习软件的使用。

(1) 启动 Ccit3000。在桌面上双击 图标即可启动程序。

(2) Ccit3000 程序的界面组成。程序成功启动后，即可显示如图 1-9 所示的界面，然后用户可根据需要选择相应的功能进行练习或测试。

图 1-9　Ccit3000 程序主界面

第 2 章　计算机的基础知识

随着信息技术的不断发展、计算机功能的不断拓展，计算机所处理的信息也已不仅仅只是数值，还包括文本、图像、声音、视频等多种媒体。

从 1946 年第一台计算机诞生到现在短短的几十年间，虽然计算机的功能和性能发生了巨大的变化，但其基本的组成和工作原理等却是相对稳定的。本章学习与计算机系统相关的一些基础知识，通过学习可初步掌握计算机相关概念、信息处理及计算机体系结构等方面的内容，为熟练使用计算机奠定理论基础。

2.1　计算机的概念

计算机是一个非常复杂和庞大的系统，并且在不同的发展阶段，计算机又有不同的特征，单纯从某一个或几个方面很难准确而又完整地给出计算机的定义。但在现阶段，人们一般把计算机定义为：计算机是一种能够快速、准确、自动地按照预先编制好的程序，对各种数据和信息进行处理的电子装置。

通过这个定义，我们可以知道计算机的基本特点是快速、准确、自动；计算机是由软件系统(程序、数据、信息)和硬件系统(电子装置)两大部分组成；计算机的工作原理是在预先编制好的程序控制下来实现的。

2.2　计算机的产生及发展

在电子计算机产生之前，人们在生产和生活中先后发明了各种计算工具，从算盘、计算尺和机械式计算机，到 20 世纪的图灵机，无一不反映了人们对计算科学的不断探索，尽管这些工具可以极大地帮助人们完成各种计算，但它们都不能称为计算机，都不能对输入的数据进行自动存储、分析和处理。直到第二次世界大战接近尾声时，美国科学家为解决弹道导弹发射轨迹中复杂的计算问题，才于 1946 年 2 月在宾夕法尼亚大学研制出了世界上第一台真正意义上的电子数字积分计算机(Electronic Numerical Integrator And Computer，ENIAC)，如图 2-1 所示。

尽管 ENIAC 和现代的计算机相比体积大(仅主机房就占地 170 多平方米，主机重达 30 多吨)、功耗高(耗电 150 千瓦)、运算速度慢(每秒钟仅能完成 5000 次加法、1500 次乘法运算)，但它却使过去人工需 20 多小时才能完成的计算一条弹道的工作时间缩短到 30 秒，使科学家们可以从烦琐的科学计算中解放出来，投入到更多、更好地算法设计工作中去。ENIAC 的问世，标志着人类社会计算机时代的到来。

图 2-1 　ENIAC 的主机房

从第一台计算机诞生至今，计算机技术以前所未有的速度迅猛发展，先后经历了电子管、晶体管、中小规模集成电路、大规模和超大规模集成电路等阶段，特别是 20 世纪 90 年代以后，计算机硬件技术更是飞速发展。

一般来说，根据组成计算机主要逻辑部件的不同，可以将计算机的发展分为四个阶段 (见表 2-1)。

表 2-1 　计算机发展的各个阶段

时间	名称	存储器	软件	特点	应用
1946—1957 年	电子管计算机	内存为延迟线或磁鼓，外存为纸带、磁带	计算机程序由机器语言和汇编语言编写，无操作系统，使用困难	体积大、运算速度低(每秒几千～几万次)、存储器容量小(1 KB～4 KB)、功能弱、造价高	国防、军事中的科学计算
1958—1964 年	晶体管计算机	内存为磁芯体，外存为磁带和磁盘	出现了高级语言，如 Basic、FORTRAN 等	体积缩小、功耗降低、运算速度提高到每秒几十万次、可靠性较高	数据处理事务管理
1965—1970 年	中、小规模集成电路计算机	内存为磁芯体，外存为磁带和磁盘	软件形成了产业，出现了操作系统和网络	体积、重量、功耗进一步减少，运算速度及可靠性进一步提高	工、农业及民用
1971 年至今	大规模集成电路计算机	内存由集成电路做成，外存主要为光盘和硬盘	出现了丰富多彩的软件市场	软、硬件技术得到了飞速的发展，计算机进入以网络和多媒体为特征的时代	各行各业

随着计算机科学技术的迅猛发展，前四代计算机的体系结构在新形势下已经不能满足人们的需要，因此从 20 世纪 80 年代开始，美国、日本、德国等投入大量人力、物力研制新一代的计算机，即第五代计算机，其目标是力图突破冯·诺依曼理论体系，使计算机像人一样具有听、看、说和思考的能力。第五代计算机具有知识存储和知识库管理功能，能利用已有知识对问题进行推理、判断、联想和学习，它涉及很多高新技术领域，如微电子学、计算机体系结构、高级信息处理、软件工程、知识工程和知识库、人工智能和人机界

面(能理解自然语言，处理声、光、像的交互)等。

2.3　计算机的特点

计算机具有以下几个基本特点。

1. 计算速度快

通常以每秒钟完成基本加法指令的数目来表示计算机的运算速度，其单位是百万次/每秒(Million Instructions Per Second，MIPS)。大规模集成电路和超大规模集成电路技术在计算机中的广泛应用，使得计算机每秒可以执行数百亿次、甚至数千亿次算术运算和逻辑运算，将过去人工需要几年或几十年才能完成的科学计算(如天气预报，有限元计算等)，在几个小时或更短时间内就能得到结果。

2. 运算精度高

由于计算机采用二进制数字进行运算，因此计算精度主要由表示数据宽度的字长决定，其单位为位(Bit，b)，例如"酷睿"系列主机的字长可达 64 位。随着字长的增长并配合先进的计算技术，计算精度不断提高，计算机可以满足各类复杂计算模型对计算精度的要求。

3. 存储容量大

存储容量也是计算机的一个重要的性能指标，其单位为字节(Byte，B)，存储容量不仅可以影响计算机的运算速度，也直接决定了计算机中包含的信息量，目前一般的微机内存容量已达 2 GB～8 GB，加上各种磁盘、硬盘、光盘等外部存储器，计算机可实现各种大容量数据的长期储存。

4. 扩展能力强

扩展能力即对软件的兼容性和外部设备的扩展性。现代计算机一般都提供了很多类型的扩展总线和接口，各种名目繁多的外部设备可以很方便地连接到主机上。

5. 可靠性能高

硬件技术的迅速发展使得采用大规模和超大规模集成电路的计算机具有非常高的可靠性，尤其是在计算机中加入了各种硬件冗余技术后，其平均无故障时间可达到几个月、几年甚至更长，由计算机硬件引起的错误和带来的损失也越来越少。

6. 工作全自动

计算机是按人们预先编制好的程序来工作的，程序运行后，一般不需要人工干预就能自动完成各种工作。

7. 应用范围广

针对不同的应用领域，可以编制和运行不同的应用软件，计算机的通用性极强。

2.4　计算机的应用领域

经过多年的发展，计算机应用已渗透到社会的各行各业，正改变着人们传统的生活、工作及学习方式，有力地推动了社会的发展。计算机的典型应用主要表现在以下几个方面。

1. 科学计算

科学计算也称为数值计算，指利用计算机来完成科学研究和工程技术中提出的一些十分复杂的数值计算。现代科学技术的不断发展使得各种领域中的计算模型日趋复杂，通过计算机可以解决人工无法解决的复杂问题，例如计算机在高能物理、水利、农业、地球物理、宇宙空间探索等领域中的应用。

2. 数据处理

数据处理也称为非数值运算，是目前计算机应用最广泛的领域之一，指对大量的数据进行加工处理，如信息的采集、输入、分析、合并、分类、统计、存储、输出等。与科学计算不同，数据处理数据量大，计算方法简单，其中包含了大量的循环运算和重复运算，如当前最为流行的各种办公自动化系统(Office Automation，OA)、信息管理系统(Management Information System，MIS)、企业资源计划系统(Enterprise Resource Planning，ERP)等就是计算机在数据处理方面的典型应用。

3. 计算机辅助系统

计算机辅助系统是指利用计算机完成辅助设计(Computer Aided Design，CAD)、辅助制造(Computer Aided Manufacturing，CAM)、辅助教学(Computer Aided Instruction，CAI)等方面的工作。

(1) 计算机辅助设计。在系统与设计人员的相互作用下，CAD 系统能够实现最优化设计的判定和处理，能自动将设计方案转变成生产图纸。CAD 技术提高了设计质量和自动化程度，大大缩短了新产品的设计与研制周期，如建筑设计、服装设计、机械产品设计、大规模集成电路设计、飞机图纸的设计等。

(2) 计算机辅助制造。计算机辅助制造就是用计算机对生产设备进行管理和控制，实现设计生产自动化。

(3) 计算机辅助教学。互动式课件教学、计算机辅助测试、计算机辅助教育管理、网络教学、模拟教室等都属于计算机辅助教学。

4. 自动控制

自动控制是指用计算机及时采集、检测数据，并按最佳值迅速地对控制对象进行自动控制或自动调节。自动控制是实现生产自动化的重要技术和手段，它不仅可以大大提高控制的自动化水平，而且可以提高控制的及时性和准确性，从而改善劳动条件，提高质量，节约能源，降低成本。计算机自动控制已在冶金、石油、化工、纺织、水电、机械、航天等领域得到广泛的应用。

5. 人工智能

人工智能是指利用计算机来模拟人类的智力活动，将人脑在进行演绎推理的思维过程、规则和所采取的策略、技巧等编成计算机程序，并依据其中存储的公理和推理规则，使计算机能感知、判断、理解和学习，自动探索解题的方法等。人工智能是处于计算机应用研究中最前沿的科学，近年来已经应用于机器人、医疗诊断、计算机辅助教育等方面。

6. 计算机网络

计算机网络是将地理位置不同的、具有独立功能的多台计算机及其外部设备，通过通信线路连接起来，在网络操作系统、网络管理软件及网络通信协议的管理和协调下，实现资源共享和信息传递。在网络中，计算机不仅能处理本机事务，还可以通过各种各样的网络在 Internet 中获取和发布信息，与其他人实现资源共享，进行廉价、高效、实时的通信。例如网页浏览、网上论坛、网络银行、网络聊天、电子邮政、网络游戏、网络视频会议系统、网络智能学习系统等都属于计算机网络的应用。

7. 多媒体应用

多媒体应用是指利用计算机来完成包含文字、图形、声音、视频及动画等多媒体信息的采集、存储、加工、传输等，例如人们不仅能在计算机上听音乐、看电影，甚至还可以进行各种逼真的 3D 游戏。

2.5　计算机的分类

计算机按不同的标准有不同的分类。

1. 按工作原理分类

(1) 电子数字计算机。电子数字计算机处理的对象主要是由 0 和 1 构成的二进制数字，其基本运算部件是数字逻辑电路。电子数字计算机具有精度高、便于大量信息存储、通用性强等特点。通常使用的计算机都是电子数字计算机，简称电子计算机。

(2) 模拟计算机。模拟计算机处理的对象主要是连续变化的模拟量(如电压、电流等)，其基本运算部件是由运算放大器构成的各类运算电路。模拟计算机解题速度快，但运算精度不高，通用性不强，主要用在过程控制中。

(3) 混合计算机。混合式计算机结合了以上两者的优点。

2. 按用途分类

(1) 通用机。通用机是为解决各种问题而设计的计算机，具有较强的通用性。人们平时使用的计算机一般都是通用机。

(2) 专用机。专用机是为解决某一个或一类问题而特地设计的计算机，一般用在过程控制当中。

3. 按规模分类

规模主要是指计算机的一些主要技术指标(如字长、运算速度、存储容量、外部设备、输入和输出能力、配置软件、价格高低等)。按规模的大小可将计算机分为以下几类：

(1) 巨型机(见图 2-2)。巨型机也称超级计算机，是目前功能最强、速度最快、价格最高的计算机，号称国家级资源，同时也是一个国家计算机水平、综合国力和国防实力的标志，主要用于解决尖端科学研究和战略武器研制中的复杂计算。它们安装在国家高级研究机关中，可供几百个用户同时使用。世界上只有少数几个国家能生产这种机器，我国自主生产的银河系列计算机、曙光系列计算机、天河系列计算机、神威·太湖之光计算机等都属于巨型机。其中，天河二号和神威·太湖之光一度连续 8 年占据了全球超级计算机排行榜的第一名。

图 2-2　巨型机

(2) 大中型机(见图 2-3)。大中型计算机也有很高的运算速度和很大的存储容量,并允许多用户同时使用,当然它在量级上不及超级计算机,价格也相对比巨型机便宜。这类机器通常用于大型企业、商业管理或大型数据库管理系统中,也可用作大型计算机网络中的主机,如我国的浪潮高端服务器、曙光服务器等。

图 2-3　大中型机

(3) 小型机(见图 2-4)。小型机规模比大型机要小,但仍能支持十几个用户同时使用。这类机器价格较便宜,适合于中小型企事业单位,如浪潮的天梭 K1950 等都是典型的小型机。

图 2-4　小型机

(4) 微型机(见图 2-5)。微型机最主要的特点是小巧、灵活、便宜，不过通常一次只能供一个用户使用，所以微型计算机也叫个人计算机(Personal Computer，PC)。

图 2-5　微型机

2.6　计算机的发展方向

计算机有以下几个发展方向。

1. 巨型化

巨型化不单指计算机的体积，更强调计算机的运算速度、存储容量及性能等方面。巨型机是一个国家科学技术发展的重要标志，主要用于尖端技术研究。我国于 1983 年研制出具有自主知识产权的"银河 I"计算机，一举成为世界上极少数能生产巨型机的国家之一。

2. 微型化

微型化主要是指计算机体积小、功能强、价格优、操作灵便、软件及外设丰富等。超大规模集成电路的出现为计算机的微型化创造了条件。目前，微型计算机已进入仪器、仪表、家用电器等小型仪器设备中，同时也可作为工业控制过程的心脏，使仪器设备实现"智能化"，从而使整个设备的体积、重量大大减小。

3. 网络化

网络化指利用现代通信技术，将分布于不同区域的计算机连接起来。网络化使得计算机不再局限于单机操作，而是可以通过计算机网络共享到无穷无尽的计算机资源和实现远程控制。目前，计算机网络已广泛应用于金融、交通、国防、教育、邮电和企业管理等领域。

4. 智能化

智能化指计算机具有模拟人类的感觉和思维的能力，能识别自然语言、图形和图像，能根据自身存储的知识进行推理和求解问题,其主要研究领域包括自然语言的生成与理解、模式识别、自动定理证明、自动程序设计、专家系统、学习系统、智能机器人等。

2.7　信息在计算机中的表示

在计算机中，信息特指所有能输入到计算机并被计算机处理的数据，一般将其分为数值数据和字符数据两大类。数值数据用来表示量的大小、正负，如整数、小数等。字符数据也叫非数值数据，用来表示一些符号、标记，如英文字母 A～Z、a～z、数字 0～9、各种专用字符（"+""−""*""[""]""（""）"）及标点符号、汉字、图形、声音和动画数据等。在计算机内部，所有的数据都是用二进制字符"0"和"1"来表示的。

2.7.1　数制及其转换

进位制是用于计数的一种方法，现实生活中，除了人们常用的十进制外，还有用于计算星期的七进制、计算月份的十二进制等，而在计算机系统中，主要使用的是二进制，有时也使用八进制和十六进制。在各种进位计数制中，无论是"几"进制，通常都由"几"个固定计数符号组成，都遵循逢"几"进一的原则。常用计数数制如表 2-2 所示。

表 2-2　常用计数数制

进制	基数	数　码	特　点	例
二进制	2	0、1	最大为 1，最小为 0，超过 2 就进位，即"逢二进一"	110111 +　10101 1001100
八进制	8	0、1、2、3、4、5、6、7	最大为 7，最小为 0，超过 8 就进位，即"逢八进一"	14671 +　15261 32152
十进制	10	0、1、2、3、4、5、6、7、8、9	最大为 9，最小为 0，超过 10 就进位，即"逢十进一"	12345 +　11232 23577
十六进制	16	0、1、2、3、4、5、6、7、8、9、A、B、C、D、E、F	最大为 F，最小为 0，超过 16 就进位，即"逢十六进一"	25437 +　12698 37ACF

1. 权值

数制中某一位上的"1"所表示的数值大小，称为该位的位权。在任何进制中，一个数的每个位置都有一个权值。比如十进制数 34958 的值为

$$(34958)_{10} = 3 \times 10^4 + 4 \times 10^3 + 9 \times 10^2 + 5 \times 10^1 + 8 \times 10^0$$

从右向左，每一位对应的权值分别为 10^0、10^1、10^2、10^3、10^4。

由于其进位的基数不同，则不同进制中各位的权值也有所不同。比如二进制数 100101，其值应为

$$(100101)_2 = 1 \times 2^5 + 0 \times 2^4 + 0 \times 2^3 + 1 \times 2^2 + 0 \times 2^1 + 1 \times 2^0$$

从右向左，每个位对应的权值分别为 2^0、2^1、2^2、2^3、2^4、2^5。

2. 不同数制的相互转换

(1) 八、十六进制转换为十进制。按权展开求和，即将每位数码乘以各自的权值并累加。

例：将 $(1001.1)_2$ 和 $(A3B.E5)_{16}$ 按权展开求和。

$$(1001.1)_2 \quad =1\times 2^3+0\times 2^2+0\times 2^1+1\times 2^0+1\times 2^{-1}$$
$$=8+1+0.5$$
$$=(9.5)_{10}$$
$$(A3B.E5)_{16} \quad =10\times 16^2+3\times 16^1+11\times 16^0+14\times 16^{-1}+5\times 16^{-2}$$
$$=2560+48+11+0.875+0.01953125$$
$$=(2619.89453125)_{10}$$

(2) 十进制转换为二、八、十六进制。整数部分和小数部分分别遵守不同的转换规则。假设将十进制数转换为 R 进制数：

① 整数部分：除以 R 取余法，即整数部分不断除以 R 取余数，直到商为 0 为止，最先得到的余数为最低位，最后得到的余数为最高位。

② 小数部分：乘 R 取整法，即小数部分不断乘以 R 取整数，直到积为 0 或达到有效精度为止，最先得到的整数为最高位(最靠近小数点)，最后得到的整数为最低位。

例：将$(75.453)_{10}$转换成二进制数(取 4 位小数)。

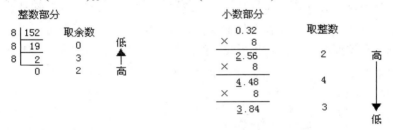

$$(75.453)_{10} = (1001011.0111)_2$$

例：将$(152.32)_{10}$转换成八进制数(取 3 位小数)。

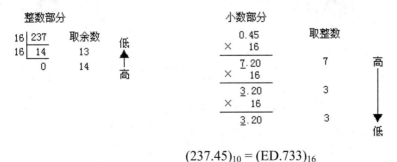

$$(152.32)_{10} = (230.243)_8$$

例：将$(237.45)_{10}$转换成十六进制数(取 3 位小数)。

整数部分 | 取余数 | 小数部分 | 取整数

16 | 237 | | 0.45
16 | 14 | 13 | × 16
0 | 14 | | 7.20 | 7
| | | × 16
| | | 3.20 | 3
| | | × 16
| | | 3.20 | 3

$$(237.45)_{10} = (ED.733)_{16}$$

(3) 二进制转换为八、十六进制。因为 $2^3 = 8$、$2^4 = 16$，所以 3 位二进制数对应 1 位八进制数，4 位二进制数对应 1 位十六进制数。二进制数转换为八、十六进制数比转换为十进制数容易得多，因此常用八、十六进制数来表示二进制数。

将二进制数以小数点为中心分别向两边分组，转换成八(或十六)进制数，每 3(或 4)位为一组，不够位数在两边加 0 补足，然后将每组二进制数化成八(或十六)进制数即可。

例：将二进制数 1001101101.11001 分别转换为八、十六进制数。

$$(001\ 001\ 101\ 101.110\ 010)_2 = (1155.62)_8\ (注意：在两边补零)$$
$$(0010\ 0110\ 1101.1100\ 1000)_2 = (26D.C8)_{16}$$

(4) 八、十六进制转换为二进制。将每位八(或十六)进制数展开为 3(或 4)位二进制数，不够位数在两边加 0 补足。

例：
$$(631.02)_8 = (110\ 011\ 001.000\ 010)_2$$
$$(23B.E5)_{16} = (0010\ 0011\ 1011.1110\ 0101)_2$$

注意：整数前的高位零可以取消。

2.7.2　二进制与信息

二进制由数字"0"和"1"组成，可以很方便地与半导体器件上的无电和有电两种基本状态相对应，如标记为"1"则代表线路有电，标记为"0"则代表线路无电。相对于其他进制而言，二进制更便于用物理硬件来实现，而且二进制又有简单的运算规则(逢二进一，如 0+1=1、1+1=10、10+1=11、11+1=100 等)，可极大地简化计算机结构，提高计算机的可靠性和运算速度，因此二进制成为计算机中最基本、最常用的计数数制。计算机中所有信息都是以"0"和"1"的不同组合来表示。

假设在某台计算机的内部有 8 条并列的电线，即计算机的总线宽度为 8 个二进制位，在某个时刻，用电表分别对这 8 条电线进行检测，并将结果用特定的方法记录在计算机存储器的连续 8 个存储单元中，这样存储在存储器的信息就组成了一个二进制数，然后计算机再根据某种编码规定来识别这个二进制数所代表的具体信息，如图 2-6 所示。

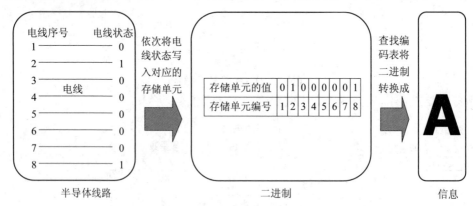

图 2-6　信息、二进制与电路的关系

由图 2-6 可知，如果在某个时刻 8 条电线都没电，则在存储器中存储的二进制数为00000000，就代表一个空字符或空操作；如果在某个时刻 8 条电线中只有第 3、4 及第 8 条线有电，则在存储器中存储的二进制数为 00110001，通过查找编码表就可知道，这 8 条电线此时的状态代表一个阿拉伯数字"1"；如果在某个时刻 8 条电线中只有第 2 及第 8 条线有电，其他线没电，则在存储器中存储的二进制数为 01000001，通过查找编码表就可知道这 8 条电线代表是一个大写的英文字符"A"。这样，通过一系列的"0"和"1"的组合，计算机就可以将现实生活中的信息表示出来，我们将这种用"0"和"1"来表示信息的过程称为字符的编码。

当然在这个例子中，由于电线的数量有限(即计算机的字长仅为 8 位)，根据排列组合的原则，计算机最多只能表示 $2^8 = 256$ 种信息，但随着计算机硬件技术的不断发展，计算机的字长现已经达到 64 位，则计算机能表示的基本信息可达到 2^{64} 种，再配合各种先进的编码和算法，计算机能表示的信息数量会更多，运算精度也更高。这样计算机就不仅能表示和处理数字、字母、符号等基本信息，还可以处理汉字、图形、图像、声音、动画及视频等。

2.7.3　存储容量及其单位

所有的信息在计算机内部都是以二进制来表示的，因此，对信息的存储实际上都是转化为对二进制数的存储来实现的。我们把在计算机存储器中存储一个二进制数"0"或"1"所占用的空间称为一个二进制位(b)，它是计算机存储容量的最小单位，8 个这样连续的二进制位就组成了一个字节(B)，字节是衡量计算机存储容量的最基本单位。由于字节的数量级很小，所以常用的存储单位还有千字节(KB)、兆字节(MB)、吉字节(GB)、特字节(TB)等，它们的换算关系如下：

$$1\ KB = 2^{10}\ B = 1024\ B \qquad\qquad 1\ MB = 2^{10}\ KB = 1024\ KB$$
$$1\ GB = 2^{10}\ MB = 1024\ MB \qquad\qquad 1\ TB = 2^{10}\ GB = 1024\ GB$$

提示：二进制中 K 比十进制中的"千"稍大一些，对于计算机系统中的某些存储设备(如硬盘)，生产厂家是以十进制的"千"(即 10^3)来作为标称单位，而在计算机内部则是以二进制的"K"(即 2^{10})来计算，因而会出现实际容量小于标称容量的情况，如一块标称容量为 80 GB 的硬盘在实际使用时只有 74 GB 左右。

2.7.4　西文字符的编码

西文字符是指数字、字母、符号及一些特殊控制符等，西文字符是计算机最早能处理的字符。由于在计算机发展的早期，不同的国家或公司对这些字符的编码方法是不统一的，即用二进制数来代表字符的规定不同，因此造成各计算机硬件及软件间互不兼容，给计算机的发展带来困难。为此，美国国家标准委员会制定了用于对西文字符编码规范的 ASCII，简称美国标准信息交换码。它分为标准 ASCII 码(用 1 个字节中的后 7 位表示信息，而第 1位规定为"0"，可表示 128 个字符，如表 2-3 所示)和扩展 ASCII 码(用 1 个字节来表示信息，可表示 256 个字符)两个版本。

当然，在计算机中能处理的信息除西文字符外，还包含汉字、图形、图像、声音、动画及视频等，我们同样也需要对这些信息进行编码。但由于 ASCII 中编码位数有限，而这些信息量数目巨大，不方便也不可能将其包含进去，因此汉字的编码方法将在后一节单独介绍。

表 2-3　标准 ASCII 码表

$b_7 b_6 b_5 b_4$ \ $b_3 b_2 b_1 b_0$	0000	0001	0010	0011	0100	0101	0110	0111
0000	NUL	DLE	SP	0	@	P	`	p
0001	SOH	DC1	!	1	A	Q	a	q
0010	STX	DC2	"	2	B	R	b	r
0011	ETX	DC3	#	3	C	S	c	s
0100	EOT	DC4	$	4	D	T	d	t
0101	ENQ	NAK	%	5	E	U	e	u
0110	ACK	SYN	&	6	F	V	f	v
0111	BEL	ETB	'	7	G	W	g	w
1000	BS	CAN	(	8	H	X	h	x
1001	HT	EM	)	9	I	Y	i	y
1010	LF	SUB	*	:	J	Z	j	z
1011	VT	ESC	+	;	K	[	k	{
1100	FF	FS	,	<	L	\	l	|
1101	CR	GS	-	=	M	]	m	}
1110	SO	RS	.	>	N	^	n	~
1111	SI	US	/	?	O	_	o	DEL

2.8　汉字的编码及汉字输入

2.8.1　汉字的编码

在计算机发展、应用的早期，计算机只能处理西文字符，但随着计算机在国内的应用越来越广，原来计算机使用的西文界面给国内绝大多数不熟悉专业英语的用户带来了巨大的困难，因此从 20 世纪 70 年代起，国内许多的计算机专家和公司开始研究并相继开发了多种汉字系统，以便计算机能输入、处理、存储和显示汉字。在汉字系统研制的早期，它是作为独立的硬件模块或系统软件外挂到操作系统上的，后来，微软公司将汉字系统集成到了操作系统当中，推出了各种版本的中文 Windows 操作系统及应用软件。

1. 汉字系统的概念及汉字的编码

汉字系统是指利用计算机对汉字进行存储、转换、传输和加工的操作系统，它是一种系统软件，其功能就是使计算机能够输入、存储、显示和打印汉字，并提供各种输入汉字的方法和使用汉字的环境。

为了用计算机处理汉字，同样也需要对汉字进行编码。由于汉字的数量众多，结构复杂，因此根据在处理过程中的不同操作要求，汉字编码主要分为汉字输入码、汉字信息交换码、汉字内码、汉字地址码和汉字字形码。计算机对汉字信息的处理过程实际上是各种汉字编码间的转换过程。

(1) 汉字输入码。为了将汉字输入计算机而编制的代码称为汉字输入码，也叫外码。目前汉字主要是经键盘输入的，所以汉字输入码都是由键盘上的字符或数字组合而成的，如用全拼输入法输入"中"字，就要键入代码"zhong"(然后选字)。汉字输入码是根据汉字的发音或字形结构等多种属性和汉语有关规则编制的，目前流行的汉字输入的编码方案非常多，如全拼输入法、双拼输入法、自然码输入法、五笔型输入法等。

(2) 汉字信息交换码。汉字信息交换码也称为国标码或区位码，是用于汉字信息处理系统之间或者与通信系统之间进行信息交换的汉字代码，简称交换码。它是为了使系统、设备之间信息交换时采用统一的形式而制定的。

(3) 汉字内码。汉字内码是在计算机内部对汉字进行存储、处理的汉字代码，它用二进制"0"和"1"来表示，一个汉字输入计算机后就转换为内码，然后才能在机器内读取和处理。目前一个汉字的内码常用 2 个字节(即 16 个二进制数)来表示，并把每个字节的最高位置"1"作为汉字内码的标识，以免与单字节的 ASCII 码产生歧义。

(4) 汉字地址码。汉字地址码是指汉字在字库中存储的位置编号。在汉字库中，字形信息都是按一定顺序连续存放在存储介质上，所以汉字地址码也大多是连续有序的，而且与汉字内码间有着简单的对应关系。

(5) 汉字字形码。汉字字形码也称输出码或字库，由汉字的字模信息组成。汉字是一种象形文字，每个汉字可以看成是一个特定的图形，这种图形可以用点阵和向量(轮廓向量、骨架向量)两种方法表示，如图 2-7 所示。

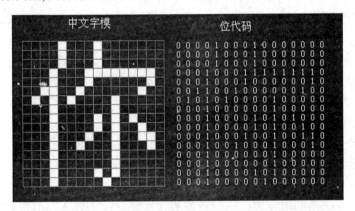

图 2-7　点阵汉字的表示和矢量汉字的表示

汉字的字形在汉字输出时要经常使用，所以要把按不同风格书写的各个汉字的外形固定地存储起来，形成字库或字体，如宋体字库、仿宋体字库、楷体字库、简体字库和繁体字库等。当汉字需要输出时，首先根据内码找出其字模信息在汉字字库中的位置，然后取出该汉字的字模信息在屏幕上显示或在打印机上打印输出。

2. 汉字系统的工作原理

汉字的输入、处理和输出的过程，实际上是汉字的各种代码之间的转换过程，即汉字代码在系统有关部件之间流动的过程，汉字输入码向内码的转换是通过使用输入字典(或称索引表，即外码与内码的对照表)来实现的。一般的系统具有多种输入方法，每种输入方法都有各自的索引表。在计算机的内部处理过程中，汉字信息的存储和各种必要的加工，以及向软盘、硬盘或磁带存储汉字信息，都是以汉字内码形式进行的；汉字通信过程中，处理机将汉字内码转换为适合于通信用的交换码以实现通信处理；在汉字的显示和打印输出过程中，处理机根据汉字内码计算出地址码，按地址码从字库中取出汉字字形码，实现汉字的显示或打印输出。汉字系统的工作原理如图 2-8 所示。

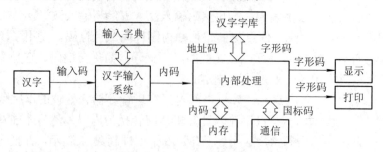

图 2-8　汉字系统的工作原理

2.8.2　汉字输入方法

1. 汉字常用输入方法的类型

根据编码方式的不同，汉字常用的输入方法通常分为以下几种类型。

(1) 音码输入法。音码输入法是利用汉字的拼音对汉字进行编码，如常用的全拼、简拼、双拼及智能拼音等。音码输入法的特点是简单易学，但由于汉字的同音字较多，并且在对汉字进行编码时不包含声调信息，因此音码输入法的缺点是重码率高、输入速度慢。

(2) 形码输入法。形码输入法是利用汉字的字形结构对汉字进行编码，如常用的五笔输入法、表形码输入法等。形码输入法的特点是重码率低、输入速度快，但需记忆大量的字根及复杂的编码规则，此输入法特别适用于汉语拼音不标准或专业的文字录入人员。

(3) 音形码输入法。音形码输入法是指同时利用汉字的语音特征和字型特征编码，其特点介于音码和形码之间。

(4) 语音输入法。语音输入法是利用汉字的发音和现代计算机的语音识别技术来实现汉字的输入，其特点是输入速度快(200～300 字/分钟)、识别率高，但对普通话和计算机硬件系统要求较高。

(5) 手写输入法。手写输入法是利用专用的手写传感器来实现汉字的输入，其简单易用，但输入速度低。

(6) 图形输入法。图形输入法是利用图形扫描仪将文字信息转换为图片，然后利用专用的 OCR(光学字符识别)识别软件将图片转换为文字，其输入速度快(1200～2000 字/分钟)、识别率高(99%以上)，但只能用于印刷体文字的输入。

2. 汉字输入方法的使用

下面以搜狗拼音输入法为例详细介绍汉字的输入方法，其他输入法的具体操作可参考相关资料或书籍。

(1) 输入法的启动。和其他中文输入法一样，搜狗拼音输入法的启动通常使用两种方法：

① 在语言栏或任务栏上单击 中 S 图标。

② 按下键盘上的 Windows+空格组合键，直到语言栏中显示 中 S 图标为止。

(2) 输入法的状态设置。当搜狗输入法成功启动后，将在桌面显示中文输入法的状态条，如图 2-9 所示。

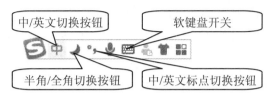

中/英文切换按钮　　　软键盘开关
半角/全角切换按钮　　中/英文标点切换按钮

图 2-9　输入法状态条

① 中/英文切换按钮。在中文输入启动状态下用鼠标单击(或按 Shift 键)可用于中/英文(或大写字母间)的转换。

② 半角/全角切换按钮。用鼠标单击可在半角字符及全角字符间进行切换。对于西文字符，在半角状态下只占半个汉字宽度，而在全角状态下占一个汉字宽度。

③ 中/英文标点切换按钮。用鼠标单击可在中/英文标点符号间切换，和全角字符一样，中文标点符号也占一个汉字宽度，而英文标点符号只占半个汉字宽度。

④ 软键盘开关。单击可以打开"输入方式"界面，在其中可以根据需要选择语音输入、手写输入、特殊符号和软键盘。

(3) 全拼输入。全拼输入就是在输入汉字或词组时，先依次全部输入汉字或词组拼音字母组合，再使用空格键或数字键来选字，如果要输入的字不在当前候选栏中，还需要用"+""-"键翻页。

(4) 简拼输入。简拼输入就是在输入一些常用词组时，词组中的某些汉字可以只输入其声母而省略韵母。在拼音输入法中，如果要输入的信息可以组成词组，应尽可能按简拼的方法输入，以提高输入效率。

2.9　计算机的组成结构及工作原理

2.9.1　计算机体系结构

在第一台计算机 ENIAC 推出的同时，著名美籍匈牙利数学家约翰·冯·诺依曼(John Von Neumann)就和他的同事设计出了人类历史上第二台离散变量自动电子计算机(Electronic Discrete Variable Automatic Computer，EDVAC)，并就计算机系统的组成模型和工作原理提出以下三个观点，为计算机的体系结构和工作原理奠定了非常重要的基础。

(1) 计算机采用二进制数表示和处理信息。

(2) 计算机硬件组成模型由输入设备、输出设备、存储器、运算器和控制器五大部分组成。

(3) 把指令和数据按顺序编成程序，存储到计算机的内存中，并让它自动执行。

现在几乎所有的计算机，无论是功能强大的巨型机还是用途广泛的微型机，甚至是各种嵌入式系统，均是按照这个理论构建起来的，因而，现在使用的计算机也被称为"冯·诺依曼体系结构"计算机。

2.9.2　计算机的组成结构

一个完整的计算机由硬件系统和软件系统两部分组成。硬件决定性能，软件决定功能，二者相辅相成，缺一不可，计算机的组成结构如图 2-10 所示。

1. 软件系统

软件是为运行、管理和维护计算机而编制的各种程序及程序运行所需的数据、相关资料及文档的总和，是计算机硬件设备功能得以发挥的重要部分。在软件系统中，程序是最核心、最关键的部分，所有的硬件都是在它的控制之下完成工作的。一个大的软件一般包含若干个可以运行的程序，而程序又由一系列的指令组成，如图 2-11 所示。

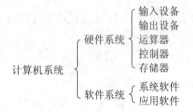

图 2-10　计算机的组成结构模型

图 2-11　软件系统的组成

1) 计算机指令

指令是计算机所要执行的一种基本操作命令，是对计算机进行程序控制的最小单位。简单来说，指令就是给计算机下达的一道命令，告诉计算机每一步要做什么操作，参与此项操作的数据来自何处、操作结果又将送往哪里。所以，一条指令必须包括操作码和地址码(或操作数)两部分。例如指令"sum=3+x"，其中"＋"为操作码，表明该指令完成操作的类型为"对两个数相加"；"3"为操作数；"sum""x"为地址码，指明参与操作的数及结果存放的位置。

在计算机中，一条指令能完成一个简单的动作，一个复杂的操作通常由许多简单的操作组合而成。

2) 计算机程序

使用者根据解决某一问题的步骤选用一条条指令，并对它们进行有序的排列，计算机在执行了这一指令序列，便可完成预定的任务。这一指令系列就称为程序，例如要计算"x+y=?"，可用 C 语言编写以下程序：

```
main()
{
int x,y,sum;
scanf("%d,%d",&x,&y);
sum=x+y ;
printf("%d,%d,%dn\",x,y,sum);
}
```

根据程序在计算机中完成的功能不同，程序又可分为系统软件和应用软件两大类。

(1) 系统软件。系统软件是指控制和协调计算机及外部设备，支持应用软件开发和运行的系统，是无需用户干预的各种程序的集合，其主要功能是调度、监控和维护计算机系统，负责管理计算机系统中各种独立的硬件，使得它们可以协调工作，并充当硬件、用户、应用程序之间的桥梁和接口，为用户和应用软件提供控制、访问硬件的手段。系统软件使得计算机使用者和其他软件将计算机当作一个整体而不需要顾及底层每个硬件是如何工作的。系统软件一般可分为操作系统(Operating System，OS)、程序设计语言、辅助程序三类。

① 操作系统。操作系统是计算机系统中最重要、核心的软件，其功能是管理和控制计算机中的所有硬件资源和软件资源，使它们能高效、协调地配合完成各种工作，并提供一个友好的、用户与计算机交互的界面和手段。常用的操作系统有 UNIX、DOS、OS/2、Macintosh、Windows 等，其中 Windows 是当前在微型计算机中使用最广泛的一种，我们将在第 3 章详细介绍。

② 程序设计语言。像人与人交往需要语言一样，人们与计算机交往也要使用相互理解的语言，以便人们把意图告诉计算机，也就是根据一定的语法规则和数据类型，采用特定的单词和数字、字符把解决问题的过程用一系列的语句组合描述成一个源程序，这种用于编写计算机程序的程序就称为程序设计语言。程序设计语言通常分为机器语言(直接用二进制字符"0"和"1"来编写程序)、汇编语言(用助记符来编写程序)和高级语言(用接近自然语言和数学语言的方式来编写程序，如 Basic、C＋＋、VC、VB、Delphi、JAVA 等)三类。

另外，用户编写的源程序都是用字符、符号和数字来表示的，计算机不能直接识别，源程序必须翻译成对应电子信号的"0""1"组合的形式，才能被计算机执行，因此，程序设计语言除了提供编写源程序的功能外，还负责源程序的编译和调试，将其连接转换成由二进制表示的可执行程序(即扩展名为 .exe、.com 等的文件)。

③ 辅助程序。辅助程序能为用户提供一些特殊的服务，通常都与计算机程序或设备的管理有关，如硬件的驱动程序、网络通信协议、系统诊断或调试程序等。

(2) 应用软件。应用软件是指人们为了达到某种目的或为实现某种特定的功能而用特定的计算机程序设计语言(如 C、VC++、VB、.NET、Delphi、JAVA 等)编制的、能在计算机上运行的各种程序的集合。例如下载网上的资料，但需要解压软件才可以打开里面的内容，这时我们的电脑里就需要安装 WinRAR 工具。

常用的应用软件有用于制作文档(如书信、报告之类)的文字处理软件，有用于处理数据、报表的表格处理软件，有用于存储、查找、更新、组织大量相关数据的数据库软件，有用于生成、编辑、处理图片的制图软件等。此外，还有教育软件、娱乐软件、出版软件、多媒体软件、网络通信软件、工具软件、游戏软件等。

随着我国经济的不断发展，基础软件的应用也越来越广泛，信息技术产业是国家尤为重视的行业。"独立自主"是我国一贯坚持的软件产业原则。随着国际贸易争端升级，软件国产化及自主可控的重要性再次凸显，实现基础软件独立自主意味着产品和服务一般不存在恶意漏洞、也不会受制于人，这对我国软件国产化提出了更高的要求。随着市场经济的发展和国家政策的支持，诞生了一大批优秀的国产软件企业，如用友、广联达、奇虎科技等。特别是 WPS，在办公领域应用得非常广泛。

WPS Office 是由我国北京金山办公软件股份有限公司自主研发的一款办公软件套装，它不仅可以实现办公软件最常用的文字编辑、表格制作和计算、电子演示文稿的制作和播放，还提供了 PDF 阅读等多种功能。相对于其他办公软件，它具有内存占用低、运行速度快、云功能丰富、强大插件平台支持、免费提供在线存储空间及文档模板的优点。

WPS 同时覆盖多个平台，提供了个人版、校园版、专业版、租赁版、移动版、安卓版、iOS 版、移动专业版等。其中 WPS 个人版包含 WPS 文字、WPS 表格、WPS 演示三大功能模块，对个人用户永久免费。其 WPS 文字能够创建文档并实现常用的文字编辑功能；WPS 表格不仅可以创建电子表格，还可以完成表格数据的计算与处理等；WPS 演示能创建电子演示文稿并播放。WPS 应用 XML 数据交换技术，无障碍兼容 docx、xlsx、pptx、pdf 等文件格式。除此以外，WPS 还提供了丰富的网络功能，可以支持无线漫游，无需数据线就可以将打开过的文档同步到用户登录的设备上，支持多种主流网盘，支持 126 种语言应用，包罗众多生僻小语种，保证文件跨国、跨地区自主交流。

WPS 提供和分享了非常多的在线资源，如热门标签、文档模板、办公素材等。同时还特别提供了知识库功能，可以集合网络上 Office 用户的力量，轻松解决使用过程中遇到的诸多问题。

坚持把科技自立自强作为国家发展的战略支撑，立足新发展阶段、贯彻新发展理念、构建新发展格局、推动高质量发展。国家政策进一步体现了科技自主的分量，国产核心基础软件的发展将迎来新的机遇。

2. 硬件系统

硬件系统是指那些看得见、摸得着的物理器件实体，如显示器、鼠标、主板、硬盘、内存条等，它们是组成计算机系统的物质基础。硬件系统按照其在数据处理过程中的功能和用途不同分为以下五大类。

1) 输入设备

输入设备是指能将各种外界的信息(字符、字母、汉字、图形、图像、声音、视频、程序、文件及控制命令等)输入到计算机，并转换成计算机能够识别和处理的二进制形式的设备，是用户和计算机系统之间进行交互的主要装置。常用的输入设备有键盘、鼠标、扫描仪、声卡、话筒、视频采集卡、光驱等，如图 2-12 所示。

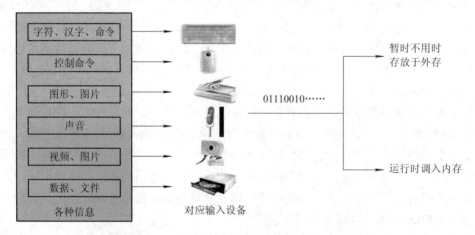

图 2-12　常用的输入设备

2) 输出设备

输出设备是指将计算机处理好的二进制信号转换成各种人或者其他机器设备能够识别的信息并输出的设备，如显示器、音箱、打印机、绘图仪、可读写光驱(刻录机)等，如图2-13 所示。

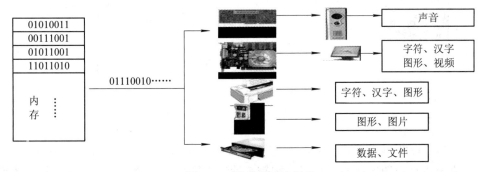

图 2-13　常见的输出设备

3) 控制器

控制器是计算机的神经中枢和指挥中心，是控制计算机各个部件协调一致、有条不紊工作的电子装置。它主要由指令寄存器、译码器、时序节拍发生器、操作控制部件和指令计数器(程序计数器)组成，其主要工作就是根据事先给定的命令不断地取指令、分析指令和执行指令，如图 2-14 和图 2-15 所示。

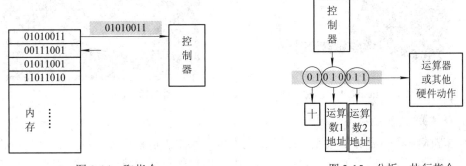

图 2-14　取指令　　　　　　　　　　　图 2-15　分析、执行指令

(1) 取指令。从内存中取出一条指令，并指出下一条指令在内存中的位置，为执行下一条指令作好准备。

(2) 分析指令。对取到的指令进行译码和分析，判断这条指令操作码的类型、操作数保存在内存中的地址等，并产生相应的操作控制信号，以便启动规定的动作。

(3) 执行指令。指挥并控制运算器、内存和输入/输出设备之间数据流动的方向。

4) 运算器

运算器也称为算术逻辑单元(Arithmetic Logical Unit，ALU)，主要完成数据的运算，它在控制器的控制之下，对取自内存(RAM)或内部寄存器(Cache)的数据进行算术运算和逻辑运算，如图 2-16 所示。再将结果返回到内部寄存器或内存，如图 2-17 所示。在计算机里各种复杂的运算，往往被分解为一系列算术运算与逻辑运算，然后再由 ALU 去执行。

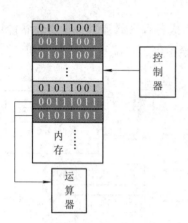
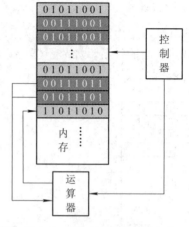

图 2-16　将数据送到运算器运算　　　　　　　　图 2-17　将运算结果返回内存

在计算机硬件系统中，由于运算器和控制器二者联系最为密切，数据交换最为频繁，因此在制造工艺上将二者与高速缓存结合在一起，制作成为一个超大规模集成电路，称为中央处理器(Central Processing Unit，CPU)，如图 2-18 和图 2-19 所示。CPU 是整个电脑的核心，决定着电脑的性能。

图 2-18　Intel CPU 正反面　　　　　　　图 2-19　CPU 安装在主板后

5) 存储器

存储器(Memory)是计算机系统中的记忆设备，用来存放程序和数据。计算机中的全部信息，包括输入的原始数据、计算机程序、中间运行结果和最终运行结果都保存在存储器中。存储器根据控制器指定的位置存入和取出信息。一般情况下，根据存储功能的不同，将其分为内部存储器(简称内存)和外部存储器(简称外存或辅存)两大类。

(1) 内存。内存安装在主机板上，一般由半导体集成电路做成，是 CPU 能直接访问的存储器，是计算机各种信息的存储和交流中心。它在控制器的控制之下，与输入设备、输出设备及运算器交换信息，起存储、缓冲和传递信息的作用。内存一般具有读写速度快、容量小等特点。

内存分为只读存储器(Read Only Memory，ROM)和随机存取存储器(Random Access Memory，RAM)。只读存储器(如图 2-20 所示)的特点是其里面的数据只能读出，不能够删除和修改，断电后信息仍然保存，因此它一般用来保存一些固定不变的程序和硬件配置信息(如 BIOS)。随机存取存储器一般也泛称为内存条(如图 2-21 所示)，是计算机中的主存储器和核心存储器，其中保存的数据既可读出，也可以删除和修改，计算机在运行时的各种临时原始数据、中间数据、运算结果都保存在 RAM 里，其信息断电后将全部丢失。因此，在用计算机编辑文件或程序时应当定时存盘，也就是将 RAM 中的信息转移到计算机的外存中去，以防止因断电或死机而导致数据丢失。

图 2-20　只读存储器

图 2-21　内存条

（2）外存。外存是内存的扩充和扩展，一般安装在主板之外，通过数据电缆与内存连接。CPU 不能够直接读取外存的数据，如果需要(如运行一个保存在外存中的程序)，可通过控制器先把外存的数据调入内存，然后送入 CPU 进行处理。外存的读写速度较内存慢，外存里的数据既可读出也可写入，不论是否有电，其数据都可长期保存，同时它还具有容量大、成本低的优点，一般用来保存计算机运行时暂时不用的、容量较大的程序和数据。外存一般分为软磁盘(图 2-22)、硬盘(图 2-23)、光盘(图 2-24)及闪存盘(图 2-25)等。

图 2-22　软盘

图 2-23　硬盘

图 2-24　光盘

图 2-25　闪存盘

软盘是最古老的一种可移动外部存储器，其容量一般为 1.44 MB，由于容量小、读写速度慢和可靠性差，现已淘汰。硬盘是现代计算机中最主要的也是读写速度最快、容量最大的外存，安装在主机箱内，容量一般为 500 GB～2 TB。光盘是利用光学原理来实现数据的存储，可分为只读、刻录光盘两种，光盘读写速度较快，容量一般为 740 MB(CD)、4.7 GB(DVD)。闪存盘也称 U 盘，以集成电路为存储介质，容量一般为 8 GB～256 GB，由于其体积小、容量大，现已成为最主要的可移动外存。

6) 总线及主板

计算机硬件系统由五大部件组成，在计算机的工作过程中，这五大部件相互都要传送信息，如果从每一个部件都引出一组线来连接其他四个部件，如图 2-26 所示，势必会造成计算机内部线路过于复杂，计算机硬件的扩展非常困难。为此，我们在计算机内部引入一条用于数据传输的公共通道即总线(BUS)，计算机的所有基本设备及扩展设备都以并联的方式连接到总线上，并通过总线相互传送信息，如图 2-27 所示，这样不仅可以简化硬件电路和系统结构，而且给计算机硬件设备的扩展带来了方便。

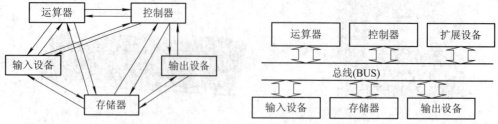

图 2-26　引入总线前计算机系统结构　　　图 2-27　引入总线后计算机系统结构

在具体的硬件结构中，计算机总线的功能是通过主板来实现的。主板是微机主机箱中最大也是最重要的一块电路板，如图 2-28 所示。主板不仅提供了很多的插槽、接口，而且还提供了对之进行控制的南/北桥芯片。计算机的五大部件及各种扩展设备均是通过这些插槽、接口直接或间接地连接在一起，并实现数据和指令的传输。

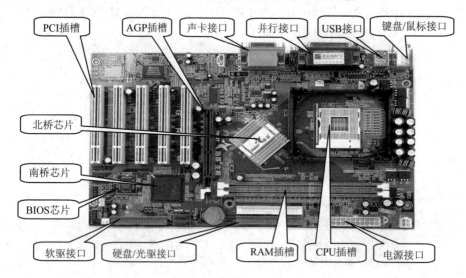

图 2-28　微机主板结构

按总线功能(传递信息的内容)的不同，计算机中的总线分成三类，即传送数据信息的数据总线、传送地址信息的地址总线和传送各种控制信息的控制总线。

2.9.3　计算机的工作原理

微型计算机工作的过程本质上就是编写程序、存储程序、执行程序的过程。计算机能够完成一系列的工作就是根据指令功能来控制程序的执行实现的。现在以计算机完成一个简单的加法运算为例来详细说明其工作过程，而其他更为复杂的操作过程则可以理解为这个基本过程的重复执行。

(1) 要让计算机工作，必须编写程序。如果直接在键盘上输入"5+6="，计算机是无法响应的，因此首先要用一种高级程序设计语言(如 C 语言)编写一个名为"加法示例.c"的源程序。假定源程序清单如表 2-4 所示。

表 2-4　源程序清单

行号	源程序代码	说　明
001	main()	C 语言主函数标识
002	{int x,y,sum;	定义三个整型变量
003	scanf("%d,%d",&x,&y);	输入整数 x、y 的值
004	sum=x+y;	求 x、y 的和并赋给 sum
005	printf("%d,%d,%d\n",x,y,sum);	显示 x、y、sum 的值
006	}	程序结束标识

(2) 经输入设备将"加法示例.c"输入计算机，然后用 C 语言编译程序对其编译，最后连接转换成可执行的"加法示例.exe"文件，并存放到计算机的硬盘中。

(3) 在 Windows 的资源管理器中双击"加法示例.exe"文件图标，将"加法示例.exe"程序调入内存中执行，即是将上述源程序每行代码的二进制形式从第一行起依次存放到内存中编号为 001～006 的单元中。

(4) 执行时，机器指令依次按图 2-29 完成如下动作：

第一步：控制器先将存放在编号为 001 单元中的指令提取，通过分析得知这是在定义 C 语言的主函数，表示程序开始(此指令不执行任何操作)，然后将程序指令计数器的指针放到下一个存储单元编号上。

第二步：控制器将存放在编号为 002 单元中的指令提取，通过分析得知这是在定义三个整形变量，于是控制器就控制内存储器在其内部创建出三个存储空间，并分别命名为 x、y、sum，然后将程序指令计数器的指针放到下一个存储单元编号上。

第三步：控制器将存放在编号为 003 单元中的指令提取，通过分析得知这是要从键盘接收数据，于是控制器就控制显示器按 C 语言中 scanf 函数的格式显示等待用户输入信息，当用户输入相应的信息(如本例中的"5"和"3")后，键盘就将其转换成相应的 00000101 和 00000011，并在控制器的控制之下，分别存储到由名字 x 和 y 所代表的存储单元中，然后将程序指令计数器的指针放到下一个存储单元编号上。

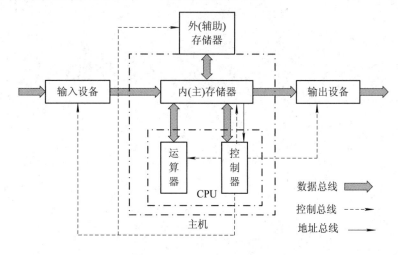

图 2-29　计算机工原理图

　　第四步：控制器将存放在编号为 004 单元中的指令提取，通过分析得知这是要对 x 和 y 进行相加操作，于是控制器就分别将存储在 x 和 y 存储单元中的 00000101 和 00000011 送入运算器，并控制运算器对其进行"加"的操作，将运算结果 00001000 送到由变量名字 sum 所代表的存储单元中保存，然后将程序指令计数器的指针放到下一个存储单元编号上。

　　第五步：控制器将存放在编号为 005 单元中的指令提取，通过分析得知这是要输出 x、y 和 sum，于是控制器就分别将存储在 x、y 和 sum 存储单元中的 00000101、00000011 及 00001000 送往输出设备，输出设备再分别将它们转换成字符"5""3"及"8"，并按 C 语言中 printf 函数的格式显示出来，最后再将程序指令计数器的指针放到下一个存储单元编号上。

　　第六步：控制器将存放在编号为 006 单元中的指令提取，通过分析得知这是 C 程序结束的标识，退出程序执行。

　　由上述可知，计算机的基本工作原理可以概括如下：

　　(1) 计算机自动运行或处理的过程实际上是执行预先存储在机器内存中的程序的过程。

　　(2) 计算机程序是人用程序设计语言编写的，其实质是指令的有序序列，程序的执行过程实际上是依次执行其中各条指令的过程。

　　指令的执行是计算机硬件实现的，硬件提供的机制对每条指令都能够进行取出指令、分析指令、执行指令，并为取出下一条指令做好准备，直到该程序的指令全部执行完毕。

第 3 章　Windows 10 操作系统

目前，计算机已经广泛应用到人类社会的各个领域，但计算机发展的早期阶段，操作系统尚未出现，只有极少数专业人士才懂得怎样使用计算机，因为在没有操作系统支持的情况下，用户除了要直接用机器语言编写各种应用程序以外，还要自己编写有关输入、输出设备(如显示器、键盘、鼠标等)的驱动程序，以控制程序和数据如何输入到计算机中去进行计算，计算结果又如何显示或打印出来。但要编写这类驱动程序不仅需要了解有关硬件的许多工作细节，更要掌握相当丰富的编程技巧，一般的用户难以做到。在操作系统出现之后，人们就可以抛开这些复杂的过程，只要经过简单的培训就能很容易地利用操作系统提供的界面、接口和工具来操作计算机。

操作系统的功能就像家里电视机的遥控器，我们只要知道遥控器提供多少个按钮，每个按钮的作用是什么，就可以通过遥控器来使用电视机了，至于按下遥控器的某个按钮后，遥控器如何对其编码，如何通过红外线发射出去，电视机又如何接收，如何解码，如何控制放大电路、扫描电路及显示屏工作，用户是不需要了解的。因此，有了操作系统之后，我们就不需要直接和计算机的硬件打交道，不用直接对这些硬件发出指令，只需告诉操作系统我们的要求，操作系统就会自动把工作分配给具体的计算机硬件去做，用户只要等待操作系统反馈结果就可以了。

3.1　操作系统的基础知识

操作系统是计算机系统中对计算机的所有硬件资源和软件资源进行控制和管理的程序的集合，是使计算机硬件和软件能自动、协调、有效工作的系统软件。

3.1.1　引入操作系统的目的

引入操作系统的目的有两个：

(1) 通过对计算机系统中的资源进行管理，合理地组织计算机的工作流程，使系统资源能为多个用户共享，最大限度地提高计算机的工作效率。例如操作系统能够替用户管理日益增多的文件，使用户可以很方便地找到和使用这些文件；操作系统能够替用户管理磁盘，随时报告磁盘的使用情况；操作系统能够替计算机管理内存，使计算机能更高效而安全的工作；操作系统还负责管理各种外部设备，如打印机等，有了它的管理，这些外设就能有效地为用户服务。

(2) 为用户使用计算机提供一个良好的界面，使用户能够方便、灵活并更加容易地使用计算机，从而提高工作效率。

3.1.2 操作系统的功能

操作系统的主要功能总的来说就是管理计算机里的所有资源，具体体现在以下几个方面。

1. 处理器管理

处理器管理即对 CPU 进行管理，首先是对于请求占用 CPU 资源的多个应用程序进行排队。例如在 Windows 中，用户同时打开了 IE、Word、画图及计算器程序窗口，从表面上看，这四个程序是同时在运行的，都需要占用 CPU 资源，但在计算机内部，CPU 在某一个时刻只能完成一个程序中一条指令的运算，在这种情况下，就应当由操作系统将 CPU 的运行时间分成若干个片段，再根据某种法则来决定什么时候该让哪个程序占用 CPU 资源，占用多长时间、占用完成后如何回收、又如何分配给哪个程序等。另外，操作系统对处理器的管理还包括处理硬件系统产生的中断请求等方面。

2. 存储器管理

存储器管理即如何合理地把计算机里的主存储器分配给各个应用程序。虽然 RAM 芯片的容量不断提高，但计算机中各应用程序的规模也越来越大，且 CPU 寻址能力有限，能管理和使用的内存容量也有限，因此，当多个程序共享内存资源时，如何为它们分配内存空间，使它们既彼此隔离、互不干扰，又能在一定条件下互相调用，尤其是当内存不足时，如何转移当前程序、数据及在系统中创建虚拟存储区域等，这些工作都由操作系统来完成。

3. 设备管理

设备管理使计算机硬件系统里各种名目繁多、功能差异的外部设备(CPU 和内存以外的输入设备、输出设备都称为外部设备)可以和 CPU 有效配合并运行。设备管理的首要任务是为这些设备提供驱动程序或控制程序，使用户不必详细了解设备及接口的技术细节，就可方便地对这些设备进行操作。设备管理另一个任务就是利用中断技术、DMA 技术和通道技术，使外围设备尽可能与 CPU 并行工作，以提高设备的使用效率和整个系统的运行速度。

4. 文件管理

文件管理是操作系统最基本的功能。文件是指存储在计算机中的所有程序和数据，是对计算机进行组织和管理的最基本的单位。在计算机中往往存在着数以千万计的文件，操作系统借助表、队列等数据结构来实施各种文件信息的物理存储空间的组织和分配，负责文件的建立、存储、删除、读写及保护等操作，以使用户方便、安全地使用它们。

5. 作业管理

作业就是用户在一次事务处理中，要求计算机系统所做工作的集合。操作系统对作业的管理主要表现为作业的控制和作业的调度两部分，即用户如何向系统提交作业，操作系统又如何组织和调度作业来提高整个系统的运行效率，使用户的各个作业能顺利地在系统中吞吐进出，合理、高效地利用系统资源等。

6. 提供用户界面

提供用户界面即操作系统为用户实现上述五项管理提供什么样的操作方式。一个操作系统的优劣，除与其功能是否强大有关外，还与其工作界面是否友好有关。例如同样都是微机操作系统，Windows 提供的图形操作界面就要比 DOS 提供的字符界面直观、易用。

3.1.3　操作系统的分类

目前计算机使用的操作系统种类繁多，功能各异，且分类标准千差万别。一般情况下，我们可以按以下方法来区分操作系统。

1. 按同时支持用户的数目分类

按同时支持用户的数目，可分为单用户操作系统和多用户操作系统。

(1) 单用户操作系统。单用户操作系统一次只能支持一个用户进程的运行，如 MS-DOS 就是一个典型的单用户操作系统。

(2) 多用户操作系统。多用户操作系统可以支持多个用户同时登录，允许运行多个用户的进程，如 Windows 7、Windows 10 就是典型的多用户操作系统，不管是在本地还是远程都允许多个用户同时处于登录状态。

2. 按操作系统提供给用户的工作环境分类

按操作系统提供给用户的工作环境，可分为字符操作系统和图形操作系统。

(1) 字符操作系统。基于字符界面的操作系统只能显示文本字符，要与计算机进行交互，就必须键入一组命令或指令，操作计算机非常困难，如 MS-DOS 等。

(2) 图形操作系统。基于图形界面的操作系统是将计算机中的各种元素(如图标、菜单、窗口、对话框等)显示在屏幕上，可以通过鼠标单击、双击、拖动等方式来操作这些元素。图形操作系统界面友好、操作方便、学习容易，如 Windows 系列就是最典型的基于图形界面的操作系统。

3. 按作业处理方式分类

按作业处理方式，操作系统可分为批处理操作系统、分时操作系统和实时操作系统。

(1) 批处理操作系统。批处理操作系统是每次把一批经过合理搭配的作业通过输入设备提交给操作系统，并暂时存入外存，等待运行。当系统需要调入新的作业时，根据当时的运行情况和用户要求，按某种调配原则，从外存中挑选一个或几个作业装入内存运行。因此，在批处理系统运行过程中不允许用户与其作业交互作用，即用户不能直接干预自己作业的运行，直到作业运行完毕。

(2) 分时操作系统。分时操作系统就是一台计算机连接多个终端，用户通过各自的终端把作业送入计算机，系统把 CPU 的运行时间划分成一个个长短相等(或基本相等)的时间片，并把这些时间片依次轮流地分配给各终端用户程序，处理完成后系统又通过终端向各用户报告其作业的运行情况。计算机分时轮流地为各终端用户服务并能及时对用户服务请求予以响应。

(3) 实时操作系统。实时操作系统指计算机对特定输入做出快速反应，以控制发出实时信号的对象，即计算机及时响应外部事件的请求，在规定的短时间内完成该事件的处理，并控制所有实时设备和实时任务协调、有序地运行。例如在导弹飞行控制、工业过程控制和各种订票业务等场合，要求计算机系统对用户的请求立即做出响应，实时操作系统是专门适合这类环境的操作系统。实时操作系统分为实时过程控制系统和实时信息处理系统两种。

4. 按拓扑结构分类

按拓扑结构可以分为单机操作系统、网络操作系统和分布式操作系统。

(1) 单机操作系统。单机操作系统也称为通用操作系统或个人计算机操作系统，兼有批处理、分时处理和实时处理的功能。单机操作系统面对单一用户，所有资源均提供给单一用户使用，它是针对一台机器、一个用户的操作系统，用户对系统有绝对的控制权。单机操作系统是从早期的系统监控程序发展起来的，进而成为系统管理程序，再进一步发展为独立的操作系统。典型的单机操作系统有 MS-DOS、Windows 95、Windows 98 等。

(2) 网络操作系统。网络操作系统是向网络计算机提供网络通信和网络资源共享功能的操作系统，它除了具有一般单机操作系统的全部功能外，还应该满足用户使用网络的需要，尤其要提供数据在网上的安全传输，管理网络中的共享资源，实现用户通信以及方便用户使用网络，由于网络操作系统是运行在服务器之上的，所以有时也把它称为服务器操作系统。典型的网络操作系统有 Windows NT、Windows 2000 Server、NetWare、UNIX 等。

(3) 分布式操作系统。分布式操作系统就是在分布式计算机网络中，通过通信网络将独立功能的数据处理系统或计算机系统互连起来，可实现信息交换、资源共享和协作工作等。

3.1.4 微机操作系统的发展

目前，在微机上使用的操作系统主要是由美国的微软公司(Microsoft)开发的，因此，可以说微软产品的发展过程就是微机操作系统的演变过程。

微软公司是目前全球最大的电脑软件提供商，总部设在华盛顿州的雷德蒙市，公司于 1975 年由比尔·盖茨和保罗·艾伦成立。公司最初以"Microsoft"的名称(意思为"微型软件")发展和销售 BASIC 解释器，经过几十年的发展，现在其产品除了垄断微机操作系统以外，还几乎囊括了办公自动化软件、可视化程序语言、数据库系统及其他行业。

根据微软公司推出不同版本的操作系统的时间，一般将操作系统分为以下几个主要发展阶段。

1. DOS 阶段

1981 年 8 月 12 日，微软公司为配合世界上第一台个人计算机系统(IBM PC)的推出，发布了第一代 16 位的微机操作系统 MS-DOS(Microsoft Disk Operating System)，即由美国微软公司提供的磁盘操作系统。MS-DOS 是基于字符界面与用户交互的，用户要记住很多命令和它们的用法及英文提示，使用起来非常困难，所以，这时的计算机不太好用，操作系统也处于发展的初级阶段。MS-DOS 的字符工作界面如图 3-1 所示。

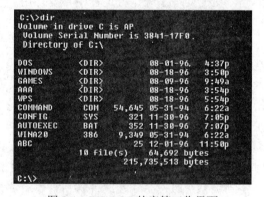

图 3-1　MS-DOS 的字符工作界面

2. Windows 3.2 阶段

1990 年，微软公司推出了 3.1 版本的 Windows，如图 3-2 所示。它是建立在 DOS 基础上的系统软件，是后续 Windows 操作系统的雏形。它基于 DOS 内核，虽然只是简单地将 DOS 命令图形化，但却开创了图形操作系统的先河。它对计算机的硬件系统要求较低(一般为 2 MB RAM、20 MB 硬盘、80386 CPU)，因此广泛应用于早期的低档计算机。1994 年，Windows 3.2 的中文版本发布，国内不少用户就是从这个版本开始接触 Windows 系统的。由于消除了语言障碍，降低了学习门槛，因此 Windows 很快在国内流行起来。

图 3-2　Windows 3.1 的启动界面

3．Windows 95 阶段

继 Windows 3.X 之后，微软公司于 1995 年推出了 Windows 95 系统软件，如图 3-3 和图 3-4 所示。它是一个脱离了 DOS 环境的多任务、多线程 32 位操作系统，它比 Windows 3.2 运行更快、更可靠，弥补了 Windows 3.2 的许多不足，加入了很多新特性，使之成为一个全新的主流微机操作系统。

图 3-3　Windows 95 的启动界面

图 3-4　Windows 95 的桌面

4．Windows 98 阶段

1998 年 6 月 25 日，微软公司推出了更新的 Windows 98，如图 3-5 和图 3-6 所示。同样，Windows 98 也是在 Windows 95 基础上作了很大的改进，特别是在对软、硬件及多媒体的支持方面表现更为突出。另外它还将浏览器(Internet Explorer)集成到操作系统中，使 Windows 98 成为一个功能强大的操作系统。

图 3-5　Windows 98 的启动界面

图 3-6　Windows 98 的桌面

5．Windows 2000 阶段

2000 年 2 月 17 日，微软公司发布了新一代 Windows 2000 系列操作系统，如图 3-7 所示。Windows 2000 是在 Windows NT 4.0 的基础上发展起来的，它基于 NT 5.0 内核，包含了全新的 NTFS 文件系统、EFS 文件加密、增强硬件支持等新特性，向一直被 UNIX 系统垄断的服务器市场发起了强有力的冲击。Windows 2000 共有四个版本，分别针对不同的用户平台：

(1) Windows 2000 Professional：即专业版，用于工作站及笔记本电脑。它的原名是

图 3-7　Windows 2000 的启动界面

Windows NT 5.0 WorkStation，最高可以支持两个处理器和 2 GB 内存。

(2) Windows 2000 Server：即服务器版，面向小型企业的服务器领域。它的原名是 Windows NT 5.0 Server，最高可以支持 4 个处理器和 4 GB 内存。

(3) Windows 2000 Advanced Server：即高级服务器版，面向大、中型企业的服务器领域。它的原名是 Windows NT 5.0 Server Enterprise Edition，最高可以支持 8 个处理器和 8 GB 内存。

(4) Windows 2000 Data Center Server：即数据中心服务器版，面向最高级别的可伸缩性、可用性与可靠性的大型企业或国家机构的服务器领域，最高可以支持 32 个处理器和 64 GB 内存。

6．Windows XP 阶段

2001 年 10 月 25 日，微软公司发布了 Windows XP，如图 3-8 和图 3-9 所示。这是微软公司把所有用户要求合成一个操作系统的尝试。和以前的 Windows 系统相比，Windows XP 稳定性有所提高，但是取消了对基于 DOS 程序的支持。同时微软还把很多以前是由第三方提供的软件(如防火墙、媒体播放器、即时通讯软件等)整合到操作系统中。

XP 最初发布时只包含家庭版(Windows XP Home Edition，消费对象是家庭用户，用于

一般个人电脑以及笔记本电脑，只支持单处理器和低于 1 GB 的内存)和专业版(Windows XP Professional，除了包含家庭版的功能，还添加了为面向商业用户的网络认证和对双处理器及最高 2 GB 的内存的支持，主要用于工作站、高端个人电脑以及笔记本电脑)两个版本，后来又增加了媒体中心版(Media Center Edition)和平板电脑版(Tablet PC Edition)等。

图 3-8　Windows XP 的启动

图 3-9　Windows XP 的桌面

7．Windows Vista 阶段

2007 年 1 月 30 日，微软公司发布了 Windows Vista，如图 3-10 所示。Windows Vista 是微软公司开发代号为 Longhorn 的下一版本操作系统的正式名称，它是继 Windows XP 和 Windows Server 2003 之后的又一重要的操作系统。该系统带有许多新的特性和技术，特别是 Vista 第一次引入了"Life Immersion"概念，即在系统中集成许多人性的因素，一切以人为本，使得操作系统尽最大可能贴近用户，了解用户的感受，从而方便用户，但其对计算机硬件系统的要求较高，因此普及率不是很高。

图 3-10　Windows Vista 的桌面

8．Windows 7 阶段

2009 年 10 月 22 日，Windows 7 正式发布，如图 3-11 所示，Windows 7 可供家庭及商业工作环境、笔记本电脑、平板电脑、多媒体中心等使用。Windows 7 延续了 Windows Vista 的 Aero 风格，并且更胜一筹。微软公司根据用户需求的不同，发售了多个版本，常见的版本有家庭普通版、家庭高级版、专业版、旗舰版以及企业版。

2020 年 1 月 14 日，微软正式停止对 Windows 7 操作系统的所有官方支持，包括任何问题的技术支持、软件更新、安全更新或修复，但用户依然可以使用 Windows 7 系统。

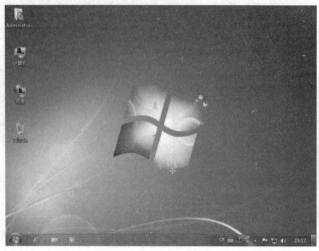

图 3-11　Windows 7 的桌面

9．Windows 8 阶段

2012 年 10 月 26 日，由微软公司开发的具有革命性变化的操作系统 Windows 8 正式推出，如图 3-12 所示。Windows 8 是继 Windows 7 之后的新一代操作系统，它支持来自 Intel、AMD 和 ARM 的芯片架构，由微软剑桥研究院和苏黎世理工学院联合开发。该系统具有更好的续航能力，且启动速度更快、占用内存更少，并兼容 Windows 10 所支持的软件和硬件。

图 3-12　Windows 8 的 metro 开始界面

10．Windows 10 阶段

2015 年 7 月 29 日，微软公司正式发布 Windows 10。Windows 10 是应用于计算机和平板电脑的操作系统，共有家庭版(Home)、专业版(Professional)、企业版(Enterprise)、教育版(Education)、移动版(Mobile)、移动企业版(Mobile Enterprise)和物联网核心版(Windows 10IoT Core)七个版本。Windows 10 是目前电脑的主流操作系统，如图 3-13 所示。

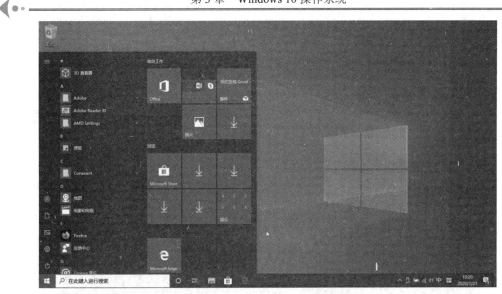

图 3-13　Windows 10 的界面

除了 Windows 系统之外，常用的操作系统还有以下几种：

(1) Mac OS 操作系统。

Mac OS 操作系统是美国苹果计算机公司为它的 Macintosh 计算机设计的操作系统。该系统率先采用了一些至今仍为人称道的技术，如 GUI 图形用户界面、多媒体应用、鼠标等。Macintosh 计算机在出版、印刷、影视制作和教育等领域有着广泛的应用。

(2) UNIX 系统。

UNIX 系统 1969 年在贝尔实验室诞生，最初是在中小型计算机上运行。UNIX 为用户提供了一个分时的系统，以控制计算机的活动和资源，并且提供一个交互的、灵活的操作界面。UNIX 被设计成为能够同时运行多个进程，支持用户之间共享数据。同时，UNIX 支持模块化结构，用户能够通过管道相连接，将各模块用于执行非常复杂的操作。

(3) Linux 系统。

Linux 最初由芬兰人 Linus Torvalds 开发，其源程序在 Internet 网上公开发布，是目前全球最大的一个自由软件，其功能与操作完全可以和 UNIX、Windows 相媲美。用户可以自由下载该源程序并按自己的需要扩展或完善某一方面的功能。Linux 已经逐渐成为一个全球最稳定的、最有发展前景的操作系统。

(4) 国产操作系统。

操作系统的研发在我国虽然起步较晚，但发展却非常迅速。先后出现了基于 Linux 二次开发的安超、红旗、深度、中兴、麒麟等系统。这些系统不仅在功能上、操作上与 Windows 基本相当，对大数据、物联网的支持更加完善，在信息安全方面更是表现突出。相信在不久的将来，国产操作系统将会成为市场主流。

3.2　Windows 10 的组成及基本操作

目前，在家用、办公、游戏、娱乐及商业等领域，Windows 10 是主流的操作系统。现在先来了解 Windows 10 的界面组成及基本操作。

3.2.1 桌面

桌面是 Windows 启动成功后出现在显示屏上的整个有效区域,它是用户处理各项工作和完成任务的平台。桌面一般由桌面快捷图标、任务栏和桌面工作区组成。通过桌面,用户可以有效地管理自己的计算机。与以往任何版本的 Windows 相比,Windows 10 桌面(见图 3-14)有着更加漂亮的画面、更富个性的设置和更为强大的管理功能。

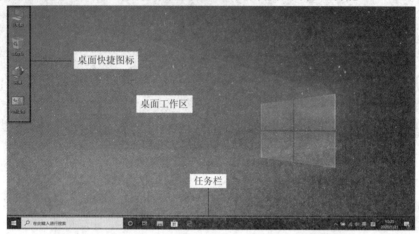

图 3-14　Windows 10 桌面

另外,当用户安装好 Windows 10 并第一次登录系统后,系统默认进入传统桌面,用户可以看到一个非常简洁的画面,在桌面的左上角只有一个回收站的图标。如果用户想显示其他桌面快捷图标,可执行以下操作:

(1) 右击桌面空白处,从弹出的快捷菜单中选择"个性化"命令。

(2) 在打开的"设置"窗口中单击左侧的"主题"链接,打开"主题"窗口,如图 3-15 所示。

图 3-15　桌面图标设置

(3) 单击窗口右侧的"桌面图标设置"链接,打开"桌面图标设置"对话框,在"桌面图标"选项组中选中"计算机""网络"等复选框,单击"确定"按钮返回到"主题"窗口中，然后关闭该窗口，就可以在桌面上看到系统默认的图标了。

3.2.2　图标

图标是 Windows 中各种对象(如应用程序、文档、文件夹、硬件设备等)的图形标识。图标一般由图形和说明两部分组成，其中图形由操作系统和对象的属性决定，它反映对象的性质；说明则是对象的名字，反映对象的内容，一般情况下用户可以对说明进行修改。Windows 里的图标一般分为以下几类。

1. 桌面快捷图标

一些应用软件在安装完成后会自动在桌面上生成对应的图标，如 QQ、浏览器等软件。但另一些不会自动出现在桌面上，用户可以通过以下操作完成图标的桌面显示：在"开始"菜单中右击已经安装好的应用软件，从弹出的快捷菜单中选择"更多"→"打开文件位置"命令(见图 3-16)，在打开的窗口中将所选应用程序拖曳到桌面上即可。

图 3-16　文件位置

在桌面上创建的快捷图标左下角一般都带有箭头标志，表示计算机中某个对象的链接，而不是对象本身。双击快捷图标便可以打开该项目。如果将快捷图标删除，也只会删除这个快捷方式，而不会删除原始项目。

桌面上除了有用户根据需要设置的快捷图标外，一般还包括以下几个系统快捷图标：

(1) "此电脑"快捷图标。双击该快捷图标，在打开的"此电脑"窗口中可以看到计算机中安装的所有磁盘盘符和共享文件夹，可以查看或打开保存在计算机中的文件夹或文件。

(2) "用户的文件"快捷图标。该快捷图标对应着" C:\Users\用户名(默认为 Administrator)"文件夹，在默认情况下，绝大多数应用程序创建的数据文件或用户下载的文本、图形、声音及其他文档都保存在此文件夹中。

(3) "网络"快捷图标。双击该快捷图标，在打开的"网络"窗口中可以配置本机网络参数和查看网络中的共享资源。

(4) "回收站"快捷图标。回收站用来暂时保存用户从本机硬盘上删除的各种对象，右击该快捷图标可从弹出的快捷菜单中选择"属性"命令来设置回收站的属性。

2. 磁盘图标

磁盘图标代表计算机中的某个外部存储设备，如。

3. 文件夹图标

文件夹图标代表计算机中的某个文件夹，如 ░ 。

4. 文件图标

文件图标代表计算机中的某个文件，如 ▦ 。

5. 设备图标

设备图标代表计算机中的某个设备，如 ▣ 。

3.2.3 任务栏

1. 任务栏的组成

Windows 10 成功启动后，出现在桌面最下方的对象称为任务栏。它通常由五个部分组成，如图 3-17 所示。

开始按钮　　　　搜索框　　　　Cortana功能　任务视图　任务栏固定程序　　　　　任务栏通知区域　显示桌面

图 3-17　Windows 10 任务栏

其中，最左侧的部分为"开始"按钮 ▦。单击该按钮可打开"开始"菜单。任务栏程序用于快速打开指定任务，用户可以根据需要添加(直接拖动图标到任务栏上，或者打开"开始"菜单，右击要建立图标的程序，从弹出的快捷菜单中选择"更多"→"固定到任务栏"命令，如图 3-18 所示)或删除(在要删除的图标上右键，从弹出的快捷菜单中选择"从任务栏取消固定"命令)。

图 3-18　将图标附到任务栏

2. 任务栏的操作

任务栏操作主要包括以下内容:

(1) 锁定任务栏。在任务栏的非按钮区右击,从弹出的快捷菜单中选择"锁定任务栏"命令,即可锁定任务栏。任务栏被锁定后,禁止调整其任何属性。

(2) 调整任务栏位置。当任务栏位于桌面下方妨碍用户操作时,可以把任务栏拖动到桌面的任意边缘。如果要移动任务栏,应先确定任务栏处于非锁定状态,然后在任务栏的非按钮区按住鼠标左键并拖动到桌面的其他边缘上,这样就可以改变任务栏的位置。

(3) 调整任务栏大小。当用户打开的窗口比较多时,在任务栏上显示的窗口图标会变得很小,用户观察会很不方便,这时可以通过改变任务栏的高度来显示所有的窗口图标。其操作是将鼠标指针移动到任务栏的边缘,当指针变为双向箭头时,按下鼠标左键不放,拖动到合适位置再松开,任务栏中即可显示所有的窗口图标。

(4) 使用工具栏。在任务栏中使用不同的工具栏,可以方便而快捷地完成一般的任务。在任务栏的非按钮区右击,从弹出的快捷菜单中选择"工具栏"命令,可以在其子菜单中看到常用工具栏,当选择其中的一项时,任务栏上就会出现相应的工具栏。

(5) 属性设置。在任务栏的非按钮区右击,从弹出的快捷菜单中选择"任务栏设置"命令,打开"任务栏"窗口(见图 3-19),在该窗口中可以对任务栏的属性进行设置。例如将"在桌面模式下自动隐藏任务栏"设置为"开",则当不使用任务栏时,任务自动隐藏;当鼠标指针移动到屏幕底部时,任务栏自动显示。

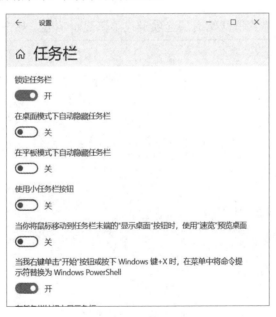

图 3-19　Windows 10 任务栏属性

3.2.4　窗口

窗口是一个出现在桌面上的有效矩形区域,它通常是一个打开的文件夹窗口(如图 3-20 所示)或应用程序的界面。Windows 10 的窗口一般由以下几个部分组成。

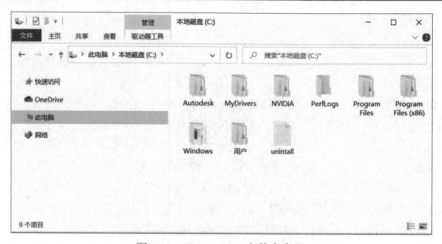

图 3-20　Windows 10 文件夹窗口

1. 标题栏

标题栏用来显示当前窗口的名字。标题栏右侧有三个窗口控制按钮，分别是"最小化""最大化/向下还原"和"关闭"按钮。

2. 菜单选项

从 Windows 10 开始，原来的下拉菜单模式改为菜单选项功能，默认有文件、计算机、查看等功能。

(1) 选项菜单。窗口菜单开始提供选项卡式菜单显示功能，如图 3-21 所示。

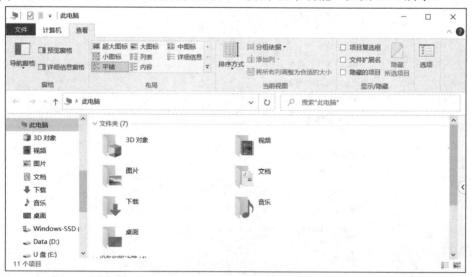

图 3-21　Windows 10 窗口选项

(2) 快捷菜单。在 Windows 10 中，右击对象，通常会弹出一个快捷菜单，如图 3-22 所示。快捷菜单提供了对当前对象最可能执行的操作命令，因此使用快捷菜单可以大幅度提高工作效率。右击的对象不同，快捷菜单的内容及项目将不同，例如右键桌面的空白处，则弹出的快捷菜单中是有关桌面操作的一系列命令；而右击桌面上的"此电脑"图标，弹出的快捷菜单中是对计算机进行操作的一系列命令。

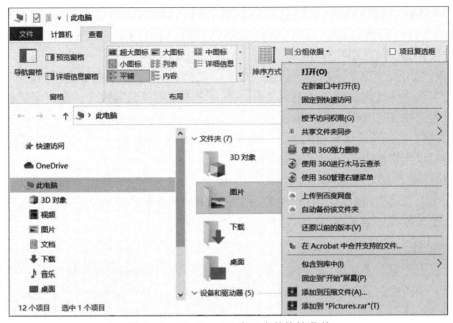

图 3-22　Windows 10 窗口中的快捷菜单

(3) 菜单中的特殊标记，如图 3-23 所示。

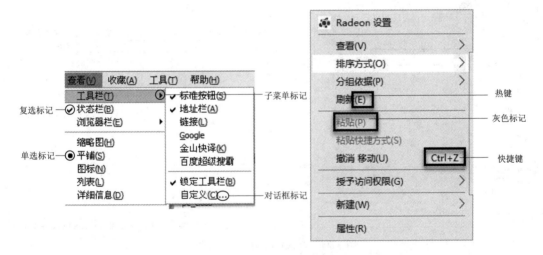

图 3-23　菜单中的特殊标记

① 复选标记(√)。出现在菜单命令前的复选标记(√)表明该命令已被选中或该命令所代表的选项已被打开。所谓"复选"是指用户可以从系统提供的多个菜单选项中选择零到全部选项，既可以一个都不选，也可以选取其中的几个，还可以选取全部功能。这种命令是一种开关式的切换命令，单击该菜单项一次，其前面出现复选标记，功能生效；再单击一次，复选标记消失，相应功能取消。

② 单选标记(●)。出现在菜单项前的单选标记表明必须从系统提供的多个菜单选项中选择一个，且只能选择一个，不能不选。当用户选择一个新的选项后，原来的选项功能将被新的取代。

③ 对话框标记(…)。菜单命令后面的省略号表示选择了这个菜单项后，将在屏幕上显

示一个对话框，要求输入必需的信息。

④ 子菜单标记(▶)。在菜单命令右边的三角形表示该选项带有附加的子选项，就是子菜单。其操作方式与普通菜单相同。

⑤ 灰色标记。当菜单中的命令以灰色或暗淡的形式出现时，表明该选项当前不可使用，也就是没有该命令使用的环境或前提条件。命令变成灰色的原因很多，如在浏览窗口中，在用户没有选中任何对象之前"编辑"菜单中的"剪切"和"复制"命令都呈灰色显示。

⑥ 热键。在打开的菜单项的后面一般都有一个带有下划线的字母，这个字母就称为热键，表明可以用键盘上相应的按键来代替鼠标单击执行这个菜单项。

⑦ 快捷键。在某些菜单项的后面还有一组"Ctrl＋字母"的标记，我们将其称为快捷键。表明可以直接使用键盘上的 Ctrl 键加上字母键来代替单击执行这个菜单项，和热键不同，快捷键即便在该菜单项不显示时也可使用。

3. 地址栏

地址栏用于显示当前窗口(文件夹)在磁盘上的路径或打开的网页地址，如图 3-24 所示。地址栏是一个下拉列表框，通过单击其右端的下拉列表框可以在不同的路径或网页间快速进行切换。

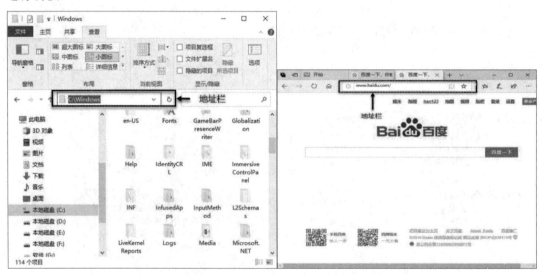

图 3-24　Windows 窗口的地址栏

4. 编辑区

编辑区也称为工作区，它是用户进行对象选取、文本编辑或数据处理等工作的场所。

5. 垂直滚动条

垂直滚动条位于编辑区的右侧，当编辑区内对象的长度超过窗口高度时，可以通过单击方向控键或直接拖动垂直滚动条，在窗体中上下移动来浏览对象。

6. 水平滚动条

水平滚动条位于编辑区的下侧，当编辑区内的对象宽度超过窗口宽度时，可以通过单击方向控键或直接拖动水平滚动条，在窗体中左右移动来浏览对象。

7. 细节窗格

细节窗格位于窗口下方，用于显示选定对象的详细信息。

8. 状态栏

状态栏位于窗口的最下面，用于显示操作过程中的一些帮助信息，当用户在窗口内选取多个对象后，在状态栏上将提示选取了多少个对象等信息，如图 3-25 所示。

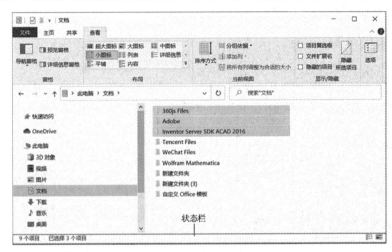

图 3-25　Windows 窗口的状态栏

9. 边框与边角

边框与边角围绕在窗口四周，用于窗口不处于最大化及最小化时调整窗口的宽度和高度。当将鼠标移动到窗口的边框或四个角上时，鼠标光标将变成双向的箭头。

10. 导航窗格

导航窗格为用户提供常用的操作命令，其名称和内容随打开窗口的内容不同而变化。当选择一个对象后，在该选项下会出现可能用到的各种操作命令，可以直接进行操作，而不必在菜单栏或工具栏中进行工作，这样会提高工作效率。

窗口操作是使用 Windows 系统的基础，具体包括以下几个方面：

(1) 打开窗口。双击要打开的窗口图标，即可打开窗口。

(2) 移动窗口。拖动窗口的标题栏，将其移动到合适的位置后再松开。

(3) 缩放窗口。将鼠标放置到窗口的边框或边角上，当鼠标指针变成双向的箭头时拖动鼠标。

(4) 最大化、最小化及还原窗口。单击窗口标题栏中的"最大化""最小化"及"还原"按钮，或拖曳窗口标题栏到桌面顶端，然后放开进行最大化。

(5) 切换窗口。在任务栏上使用 Aero Peek 功能预览所要操作的窗口或用 Alt+Tab 组合键来完成切换。

(6) 关闭窗口。单击标题栏上"关闭"按钮或使用 Alt+F4 组合键。

3.2.5　对话框

在菜单中执行了带有对话框标记(…)的菜单项后，将打开一个对话框，如图 3-26 和图

3-27 所示。在 Windows 中，对话框是一种用户与计算机交互的基本手段，用户可通过对话框确认将要进行的操作、设定某些选项、输入一些信息或从一个列表选项中做出选择等。

对话框的外形与窗口接近，但对话框没有菜单栏，也没有最大化与最小化按钮，不能改变其大小。Windows 10 的对话框通常包括以下几个部分：

(1) 标题栏。标题栏即对话框的名称，位于对话框的顶部。标题栏一般用来移动对话框或关闭对话框。

(2) 选项卡。选项卡也称为页框，一般位于标题栏的下面。可将不同的图标和命令组织到不同的选项卡中，就像图书馆中的书目卡片一样。单击选项卡名可在各个选项卡之间切换。

(3) 文本框。文本框用于输入及编辑文字，如图 3-28 所示。一般在其右侧会带有向下的箭头，可以单击箭头在展开的下拉列表中查看或选择最近曾经输入过的内容。

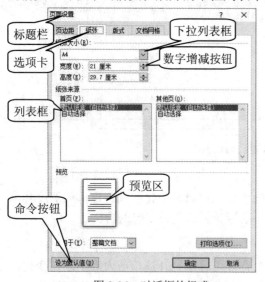

图 3-26　对话框的组成-1

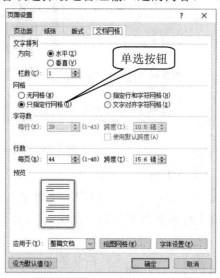

图 3-27　对话框的组成-2

图 3-28　对话框中的文本框

(4) 复选框。复选框是小的方形框，功能与菜单中的复选标记类似。

(5) 单选按钮。单选按钮通常是圆形的，功能与菜单中的单选标记类似。

(6) 列表框。列表框可显示一个选项可能设置的值，用户可用鼠标单击从中选取一个列表或项目。

(7) 下拉列表框。下拉列表框的设置值是隐藏的，在命令按钮右边有一个向下的小三角形按钮，单击按钮就会打开一个列表，再从列表中选择一个值。

(8) 数字增减按钮。数字增减按钮由一个文本框和两个增减按钮组成，可直接在文本框中输入数字或单击增减按钮来微调数值，通常用于改变某些数值参数的大小。

　　(9) 滑动按钮。滑动按钮是一种形象化的按钮，如图 3-29 所示，多用于鼠标、键盘、音量及显示器等硬件特性的设置。

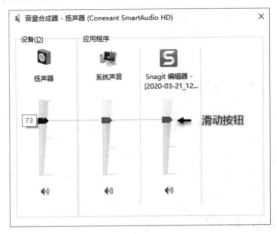

图 3-29　对话框中的滑动按钮

　　(10) 命令按钮。对话框中具有圆角矩形并且带有文字的按钮通常称为命令按钮。常用的有"确定""应用""取消"等，在更改了对话框的某些选项后，可通过命令按钮来确认或取消设置。

3.3　Windows 10 对文件及文件夹的管理

　　文件是存储在计算机磁盘上一系列完整的、有名称的信息集合，如程序及程序所使用的一组数据、用户创建的各种文档(一段文字、一幅图片、一段动画等)。文件是操作系统对计算机进行组织和管理的最基本单位，它一般分为程序文件和数据文件两大类，而若干文件的集合则称为文件夹。

　　对文件和文件夹进行管理是操作系统的一个基本功能。Windows 10 提供了丰富的操作手段，用户不仅可以通过传统的命令、菜单方式来实现管理，还可以使用更加方便的快捷菜单、快捷键、任务窗格甚至鼠标拖动来完成文件和文件夹的管理。

3.3.1　文件及文件夹的命名规则

　　操作系统规定计算机里的每一个文件(文件夹)必须有一个名字，然后操作系统才能根据这些名字来完成对文件(文件夹)的各种操作和管理(如检索、更改、删除、保存或发送等)。计算机里的文件名由文件的主文件名和扩展名组成，其间用"."分开。一般情况下，主文件名用来说明文件的内容，而扩展名用来说明文件的类型或属性，如"课表.wps""BG.txt"等。一个文件可以没有扩展名，但是必须有主文件名。

　　文件(文件夹)名可以包含 255 个西文字符或 127 个汉字，但不能包含以下字符："<"">""\""/"":""*""?""|"，因为这些字符为保留字符，在操作系统中有特殊用途，如果在给文件(文件夹)命名时使用了这些字符，系统将会给出错误提示，如图 3-30 所示。另外，

在给文件(文件夹)命名时，所用的字符不是越多越好，太长的名字不便书写和记忆；也不是越少越好，太短的名字不便反映文件的内容，还容易造成重名，应当以使用尽可能少的字符但又尽可能全面地反映文件(文件夹)的内容为原则进行命名。当用英文字符给文件命名时，不区分大、小写，例如在 Windows 中，"WORD.EXE"和"word.exe"会被当成同一个文件。

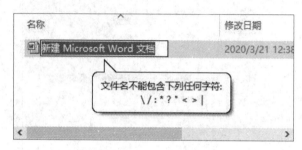

图 3-30　文件命名错误

在查找和表示文件时，如果用户不知道具体文件名或者不想键入完整名称时，常常使用通配符来代替。文件名的通配符由"？""*"和空格符来组成。例如"A?.exe"表示主文件名的第一个字母为 A，后面字符不确定并且扩展名为 .exe 的文件；"*.docx"表示主文件名为任意字符而扩展名为 .docx 的文件，即所有的 Word 文档；"课程表.*"表示主文件名为"课程表"，而扩展名为任意字符的所有文件。

3.3.2　树型目录

在 Windows 10 中，为了快速、准确地管理文件(文件夹)，一般采用树型目录管理结构，即把每个磁盘称为总目录、根目录或盘符，然后根据需要可以在根目录下建立不同的多个目录(子目录)或文件，子目录下还可有再下一级子目录或文件，整个磁盘的结构就好比一棵倒立的树，如图 3-31 及图 3-32 所示。

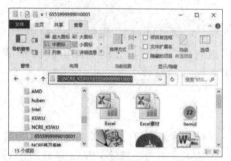

图 3-31　C 盘的树型目录结构　　　　　　　　图 3-32　D 盘的树型目录结构

同时 Windows 10 还规定：在同一磁盘上的同一子目录中(磁盘上的同一位置)不允许出现主文件名和扩展名都完全相同的两个文件。例如在 Windows 的桌面上已经有了一个"Excel 素材.xlsx"文件，那么就不能再建立另一"Excel 素材.xlsx"文件，否则系统将会显示出错信息。当然也不能将另外一个"Excel 素材.xlsx"文件复制到桌面，否则当前的文件内容将会被新的文件所替代，如图 3-33 所示。

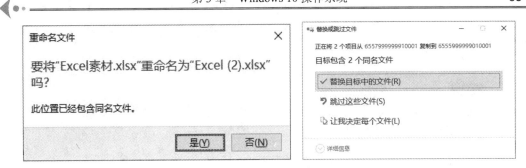

图 3-33　文件重名提示

3.3.3　文件的类型及图标

计算机系统里的文件类型通常是多种多样的，Windows 10 对扩展名和图标作了一个约定：除应用程序和未知类型文件外，只要文件的扩展名相同，它们的文件类型就相同，并且在 Windows 窗口显示中的图标也相同，反之亦然。Windows 10 常用的文件类型如图 3-34 所示。

图 3-34　文件的扩展名、类型及图标

(1) *.sys。sys 文件为系统文件，是计算机系统专用的，用户一般不能直接使用。

(2) *.xlsx。xlsx 文件为电子表格文档，可用 Excel 程序打开和编辑。

(3) *.pptx。pptx 文件为电子演示文稿文件，可用 PowerPoint 程序打开和编辑。

(4) *.exe。exe 文件为可执行文件，即应用程序，是用程序设计语言编程产生。

(5) *.bmp。bmp 文件为 Windows 位图文件，可用"Windows 附件"中的"画图"程序打开和编辑。

(6) *.docx。docx 文件为 Word 文档文件，可用 Word 程序打开和编辑。

(7) *.rar。rar 文件是一种专利文件格式，用于数据压缩与归档打包。

(8) *.avi。avi 文件为视频文件，可用 Windows Media Player 打开。

(9) *.txt。txt 文件为纯文本文件，即不带控制符的文本文件，可用"Windows 附件"中的"记事本"程序打开。

(10) *.jpg。jpg 文件是一种采用 JPEG 压缩算法压缩后的图形文件，可用"Windows 附件"中的"画图"程序打开。

另外，在一般情况下，Windows 10 操作系统是不显示已知文件(即已在操作系统的注册表中登记了的、与某个应用程序关联了的文件)的扩展名的，如果想显示文件的扩展名，可单击窗口中的"查看"选项卡，在"显示/隐藏"选项组中选中"文件的扩展名"复选框，如图3-35所示。

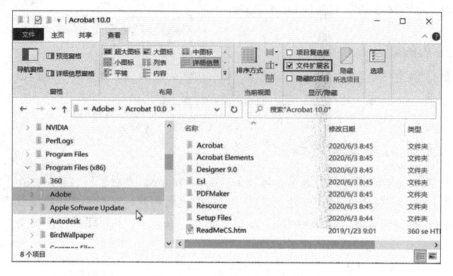

图 3-35　显示文件的扩展名

3.3.4　文件的属性

在 Windows 10 中，每一个文件都有区别于其他文件的属性。右击文件的图标，从弹出的快捷菜单中选取"属性"命令项，就可以打开文件的属性对话框，如图3-36所示。

图 3-36　文件的属性对话框

(1) 文件类型。文件类型用来说明该文件是何种类型的文件。

(2) 打开方式。打开方式用来说明该文件采用何种应用程序打开或编辑。

(3) 位置。位置用来表明该文件存储在磁盘上的位置。

(4) 大小。大小用来表明该文件由多少个二进制组成。

(5) 占用空间。占用空间用来表示该文件存储在磁盘上所占用的空间，由磁盘的文件系统特性决定，一般略大于文件大小。

(6) 创建时间、修改时间和访问时间。创建时间、修改时间和访问时间用来表明该文件创建、最后一次修改和最后一次访问的时间。

(7) 属性。

① 只读。如果选中"只读"复选框，表明该文件内容只能被读出而不能被修改。

② 隐藏。如果选中"隐藏"复选框，表明该文件不能正常显示在 Windows 的窗口中。一个文件是否隐藏，除了与文件本身是否具有隐藏属性有关，还与文件夹选项设置有关。可通过窗口中的"查看"选项卡中的"隐藏的项目"复选框来设定。

③ 高级。在"高级属性"对话框中可以设置该文件或文件夹是否需要存档、压缩或加密。有些程序利用"高级属性"对话框来确定哪些文件需要做备份。

文件的以上属性均可根据用户的需要进行设定。例如文件类型可通过更改文件的扩展名实现(一般不提倡，因为可能会导致文件不可用)；单击"打开方式"右侧的"更改"按钮，可以选择与之关联的其他应用程序；位置的改变可通过文件的复制或移动来实现；大小和时间可通过编辑内容来实现。

3.3.5 文件的查看及排序

对于 Windows 窗口中的多个文件，可以根据需要来设定其图标的显示方式和排列方式。如果窗口中包含图形或电子演示文稿文件时，可以将查看方式设置为"缩略图"，这样就可以不用打开文件而观察到其大致内容；如果想详细了解每个文件的大小、类型、时间等属性，可以将查看方式设置为"详细信息"；如果想按照创建时间的先后来排列文件，可以将排列方式设置为"创建时间"等。在窗口空白位置处右击，从弹出的快捷菜单中可选择不同的查看方式和排列方式，如图 3-37 及图 3-38 所示。

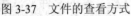
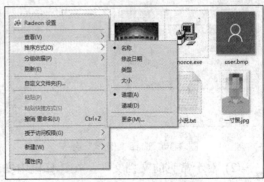

图 3-37　文件的查看方式　　　　　图 3-38　文件的排序方式

3.3.6　文件及文件夹的选定

在对文件或文件夹进行进一步管理之前应当选定操作对象。在 Windows 10 中选定不同对象的方法如表 3-1 所示。

表 3-1　在 Windows 10 中选定不同对象的方法

选中对象	操 作 步 骤
选择单个对象	单击欲选择的对象
选择连续多个对象	单击第一个对象，按住 Shift 键不放，再单击最后一个对象
选择多个不连续对象	先按住 Ctrl 键，然后再分别单击欲选对象
选择全部对象	按 Ctrl+A 组合键
选择特定字符开头的对象	打开对象所在窗口，直接按下开头的字符键
取消选择	在选定对象之外单击

3.3.7　文件及文件夹的创建

1. 文件的创建

通过前面的学习已经知道，计算机中的文件可分为系统程序文件和数据文件两大类。由于程序文件的创建需要用到计算机程序设计语言，已经超过本课程学习的范围，因此这里只讨论数据文件的创建。在 Windows 里，数据文件的创建通常有以下两种方法：

(1) 先打开能创建数据文件的应用程序(如 Word、Excel、画图、录音机、记事本等)，在默认情况下应用程序会自动创建一个空文档，然后根据需要对空文档进行相应的编辑，再在"文件"菜单中选择"保存"或"另存为"命令，在打开的"另存为"对话框中依次设定文档的文件名、保存类型及保存位置，单击"保存"按钮即可创建一个文档。用"记事本"程序创建文件如图 3-39 和图 3-40 所示。

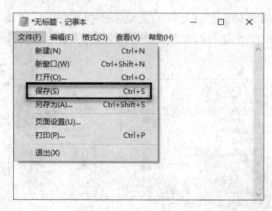

图 3-39　选择"保存"命令

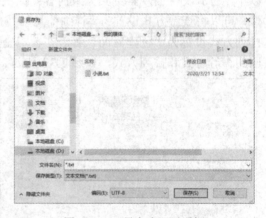

图 3-40　"另存为"对话框

(2) 对于常见的文档文件，在计算机中安装了相应的应用程序后，Windows 10 都会在文件夹窗口的快捷菜单中增加相应命令。打开要创建新文档文件的文件夹，在其窗口空白处右击，从弹出的快捷菜单的"新建"命令下面选择一个子命令，然后输入文件名即可。Word 文档文件的创建如图 3-41 和图 3-42 所示。

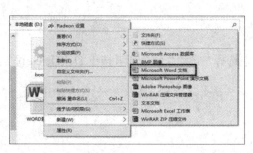
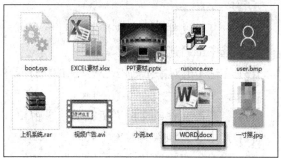

图 3-41　通过快捷菜单创建文件　　　　图 3-42　输入新文档的文件名

2. 文件夹的建立

文件夹的创建方法如下：先打开要建立文件夹的磁盘或子目录，在磁盘或子目录窗口空白处右击，从弹出的快捷菜单中选择"新建"→"文件夹"命令，然后在光标处输入新文件夹的名称并按 Enter 键即可。

3.3.8　文件及文件夹的复制与移动

文件及文件夹的复制就是将文件或文件夹复制一个副本保存到其他位置，通常用于数据的备份操作；而移动则是将文件或文件夹从原位置删除后放到新的位置，通常用于数据的转移。二者除使用的命令不同外(复制使用"复制"命令而移动使用"剪切"命令)，操作步骤基本相同，具体方法有以下两种：

方法一：

(1) 打开源文件或文件夹所在的目录窗口。

(2) 选中准备复制或移动的对象。

(3) 在选中的对象上右击，从弹出的快捷菜单中选择"复制"命令(也可按 Ctrl + C 组合键)或"剪切"命令(也可按 Ctrl + X 组合键)，系统会自动将对象放入系统剪贴板。

(4) 打开目标文件夹窗口。

(5) 在目标文件夹窗口空白处右击，从弹出的快捷菜单中选择"粘贴"命令或按 Ctrl + V 组合键，将源对象从剪贴板粘贴到当前位置。

方法二：

(1) 在桌面上同时打开源窗口及目标窗口。

(2) 调整两个窗口的大小并使其处于平铺状态。

(3) 在源窗口中选定要复制/移动的对象，将其拖动到目标窗口。

注意：如果源窗口和目标窗口位于同一磁盘，直接拖动对象将完成移动操作；如要实现复制对象，则要先按下键盘上的 Ctrl 键再拖动。

3.3.9　文件及文件夹的删除与恢复

1. 文件及文件夹的删除

当文件或文件夹不再需要时，用户可将其删除掉，这样不仅有利于节约磁盘空间，而且有利于操作系统对文件或文件夹进行管理。实现文件或文件夹的删除操作有以下两种方法：

方法一：

(1) 打开源文件或文件夹所在的目录窗口。

(2) 选中准备删除的对象。

(3) 在选中的对象上右击，从弹出的快捷菜单中选择"删除"命令或者按下 Del(Delete)键。

方法二：

(1) 打开源文件或文件夹所在的目录窗口。

(2) 选中准备删除的对象。

(3) 将对象直接拖动到桌面的"回收站"图标上。

注意：从网络位置删除的项目、从可移动媒体(如 U 盘等)删除的项目或超过回收站预设存储容量的项目将不被放到回收站中，而被彻底删除，不能还原。

2. 文件及文件夹的恢复

"回收站"为用户提供了一个安全删除文件或文件夹的解决方案，对于从硬盘中删除的文件或文件夹，Windows 10 会将其自动放入回收站，直到用户将回收站清空或还原到原位置。当回收站充满后，Windows 10 自动清除回收站中的空间以存放最近删除的文件和文件夹。删除或还原回收站中文件或文件夹的操作步骤如下：

(1) 双击桌面上的"回收站"图标，打开"回收站"窗口。

(2) 在"回收站"窗口中选定要清除或还原的对象并右击，从快捷菜单选取"删除"或"还原"命令。

(3) 若要删除回收站中的所有对象，可单击"回收站工具"任务窗格中的"清空回收站"按钮；若要还原所有对象，则可单击"回收站工具"任务窗格中的"还原所有项目"按钮。

注意：删除回收站中的文件或文件夹，意味着将该文件或文件夹彻底删除，无法再还原；若还原已删除文件夹中的文件，则该文件夹将在原来的位置上重建，然后在此文件夹中还原文件。若想直接删除文件或文件夹，而不将其放入回收站中，可在拖到"回收站"时按住 Shift 键，或选中该文件或文件夹，按 Shift + Delete 键删除。

3.3.10 文件及文件夹的重命名

重命名文件或文件夹就是给文件或文件夹重新定义一个新的名称，使其可以更符合用户的要求。重命名文件或文件夹的具体操作步骤如下：

(1) 打开要重命名的文件或文件夹所在的目录窗口，选择要重命名的对象。

(2) 在对象上单击右键，在弹出的快捷菜单中选择"重命名"命令；或直接用鼠标单击其名字区域，这时文件或文件夹的名称将处于编辑状态(蓝色反白显示)，直接输入新的名称即可。

注意：若文件处于打开或其他应用程序占用状态，则不能对文件执行重命名操作。并且在系统设置为"显示已知文件的扩展名"后，只能更改文件的主文件名，而不能更改其扩展名，否则系统会提示"更改文件扩展名将导致文件不可用"信息。

3.3.11　文件及文件夹的查找

有时候用户需要操作某个文件或文件夹，但却忘记了该文件或文件夹存放的具体位置或具体名称，这时候 Windows 10 提供的搜索文件或文件夹功能就可以帮用户查找该文件或文件夹，如图 3-43 所示。

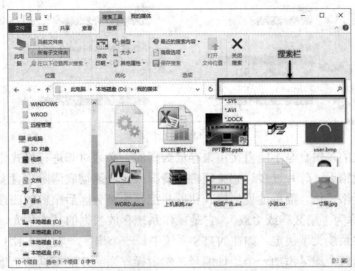

图 3-43　Windows 10 的搜索栏

3.4　Windows 10 对磁盘的管理

磁盘是计算机中各种外部存储器的简称，计算机里的各种文件包括 Windows 本身都保存在磁盘上。通过第 2 章的学习我们知道，计算机中的磁盘可分为光盘、软盘、硬盘和可移动磁盘四类。但由于光盘一般是只读的，软盘已经被淘汰，而可移动磁盘一般是由半导体集成电路做成，其管理与硬盘类似，因此在这里，仅以硬盘为例来说明 Windows 对磁盘的管理。

盘符是计算机硬件系统中一个外部物理存储设备在软件系统里的标识和反映，用户对磁盘的操作往往是通过盘符来实现的。根据外存类型的不同，盘符可分为硬盘盘符、软盘盘符、光盘符及可移动磁盘盘符等，它们分别用一个英文字母加 ":" 来表示。例如 "A:" "B:" 表示软磁盘(现一般计算机中都不显示这两个盘符)，"C:" ~ "Z:" 表示硬盘、光盘及可移动磁盘等。

一般情况下，硬盘盘符从 "C:" 开始定义，如果硬盘分成 3 个区，则计算机中硬盘的盘符分别为 "C:" "D:" "E:"，光盘的盘符紧跟在最后一个硬盘盘符的后面，其他可移动磁盘的盘符又跟在光盘盘符的后面。当然，盘符也可以根据需要在 Windows 的磁盘管理器中更改，具体操作将在后面介绍。

双击桌面上的 "计算机" 图标，即可查看计算机中的盘符，如图 3-44 所示。

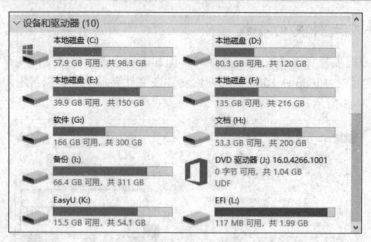

图 3-44　磁盘图标

　　刚分区出来的逻辑盘是不能直接用来存放数据的，必须对其进行格式化操作。另外，当硬盘出现逻辑错误、碎片过多、感染病毒等情况或想快速彻底清除磁盘上的数据时，也需要对硬盘进行格式化。简单地说，格式化就是把一块刚分区后空白的磁盘划分成一个个小的区域(一般称为"扇区"或"簇"，它是操作系统存放数据的基本单元，其大小由磁盘的总空间及文件系统类型决定，如在 NTFS 系统中，一个扇区一般为 4 KB 等)，并根据操作系统的规定给每个扇区添加一个地址编号，然后操作系统才能根据这个地址在相应的存储区域上读/写数据。

　　在 Windows 10 中，硬盘的格式化分为完全格式化和快速格式化两类。完全格式化是指删除硬盘上的文件分配表，并重建扇区、扇区地址、文件分配表及检查并标记物理坏道，需要较长的时间；而快速格式化仅重建硬盘的文件分配表，速度较快。

　　硬盘的格式化工作可以在硬盘分区时完成，也可直接在 Windows 10 的"此电脑"窗口中来进行。

　　(1) 打开"此电脑"窗口，在要格式化的盘符(如"D:")上右击，从弹出的快捷菜单中选择"格式化"命令，打开"格式化 本地磁盘(D:)"对话框，如图 3-45 所示。

　　(2) 在对话框中根据用户需要设定各种参数。

　　① 容量。"容量"下拉列表框用于指定该分区能容纳多少数据，一般在分区时设定。

　　② 文件系统。"文件系统"下拉列表框用于指定数据在硬盘上存储和读写的格式及参数。Windows 10 支持以下三种文件系统：

　　• FAT16。FAT16 是一种较老的文件系统格式，它采用 16 位的文件分配表，能支持的最大分区为 2 GB，是目前应用得最早和获得操作系统支持最多的一种磁盘分区格式，几乎所有的操作系统都支持这一种格式。但其缺点是硬盘的利用效率低(在操作系统中，文件存储空间的分配是以簇或扇区为单位的，一个簇只分配给一个文件使用，不管这个文件占用整个簇容量的多少。例如 FAT16 每簇的大小为 32 KB，即使一个文件只有 1 B，存储时也要

图 3-45　格式化磁盘

占 32 KB 的硬盘空间，剩余的空间便全部闲置，这样就导致了磁盘空间的极大浪费)。

• FAT32。FAT32 是 Windows 98 系统中广泛采用的文件系统，它采用 32 位的文件分配表，突破了 FAT16 对每一个分区的容量只有 2 GB 的限制，用户可以将一个不超过 32 GB 的硬盘定义成一个分区，极大地减少硬盘空间的浪费，提高了硬盘利用效率。但 FAT32 由于文件分配表的扩大，运行速度比采用 FAT16 格式分区的硬盘要慢，单个文件不能超过 4 GB，并且 DOS 系统和某些早期的应用软件不支持这种分区格式。

• NTFS。NTFS 是基于 Windows NT 核心的一种新型文件系统格式，每个簇容量减少为 4 KB，并引入了磁盘配额、磁盘压缩、文件加密及活动目录等新特性，使得其具有出色的安全性和稳定性，在使用中不易产生文件碎片，对硬盘的空间利用和软件的运行速度都有好处。并且 NTFS 能对用户的操作进行记录，通过对用户权限进行非常严格的限制来充分保证网络系统与数据的安全。但 NTFS 只能在 Windows NT、Windows 2000 及 Windows XP 之后的操作系统中使用。

③ 分配单元大小。"分配单元大小"下拉列表框用于指定磁盘分配单元的大小或簇的大小。如果是常规使用，极力推荐使用默认设置。

④ 还原设备的默认值。单击"还原设备的默认值"按钮，可以将容量、文件系统、分配单元大小的参数恢复成默认值。

⑤ 卷标。卷标即磁盘的名称，以便于识别磁盘。NTFS 格式的卷标至多可包含 32 个字符。

⑥ 快速格式化。"快速格式化"复选框用来指定是否通过删除磁盘中的文件但不扫描坏扇区来执行快速格式化。只有在该磁盘已被完全格式化后，并且确保其未被破坏的情况下才能使用该复选项。

(3) 设置完以上参数后单击"开始"按钮，即可进行磁盘的格式化操作，并且在对话框的下部有一个进度条，用来显示格式化完成的百分比。

注意：

• 在对硬盘进行分区调整和格式化操作时，将会删除分区上原有的全部数据。

• 在对硬盘进行分区调整和格式化操作前，应先把在该分区上打开的文件及运行的程序关闭，并且中途也不能打开文件及运行程序。

• 在对硬盘进行分区调整和格式化操作的过程中，不能重启计算机，更不能强行关闭计算机电源，否则将可能导致硬盘的损坏。

3.5　Windows 10 附件程序的使用

尽管 Windows 10 的主要功能是管理计算机的各种资源，但它仍然提供了很多简单、实用的工具和程序(如写字板、记事本、画图、计算器等)来帮助用户在要求不高的场合处理一些文字、图形、声音数据和日常事务。这些工具和程序一般都放在"开始"→"Windows 附件"里。

3.5.1　"写字板"程序

Windows 10 中的"写字板"是一个用于文字处理的编辑器，可用它来创建信件、备忘录、报告、列表、新闻稿等文档，同时还可以将图片、电子表格信息、图表、声频和视频信息插入到文本中，并可提供各种格式和不同风格的打印输出功能。但是在文字详细的编辑和排版方面，写字板的功能远不如 Word 丰富。有关文字处理的知识将在第 5 章详细介绍，所以写字板程序这里就从简讨论。

1. 启动"写字板"

在桌面上选择"开始"→"Windows 附件"→"写字板"命令，打开"文档-写字板"窗口，如图 3-46 所示。

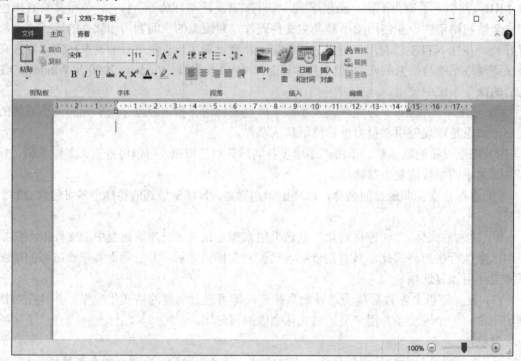

图 3-46　　"文档-写字板"窗口

2. 在写字板中输入文字

启动写字板后，系统会默认建立一个空文档，在任务栏的语言栏上选择一种汉字输入法后，就可以在其编辑区中输入文字了。在输入的过程中，如果输入的文字超过一行会自动换行，当一个段落输入完成后，可使用 Enter 键进行分段。

3. 使用"插入"选项组

在创建文档的过程中常常要进行时间的输入，使用"插入"选项组中的"日期和时间"按钮可以方便地插入系统当前的时间而不用逐条输入，具体操作是：移动插入点到要插入的位置，然后单击"插入"选项组的"日期和时间"按钮，在打开的"日期和时间"对话框中选择一种合适的格式，如图 3-47 所示。

也可以在写字板中插入图片或其他多种对象，具体操作是：单击"插入"选项组中的"插入对象"按钮，打开"插入对象"对话框，用户可以根据需要从中选择一个项目插入写字板，如图 3-48 所示。

图 3-47　在写字板中插入日期和时间　　　　　　　图 3-48　在写字板中插入其他对象

4. 编辑文档

编辑功能是写字板程序的灵魂，通过各种操作(如复制、剪切、粘贴等)使文档的内容符合用户的要求。下面简单介绍几种常用的操作：

(1) 选择文字。按住鼠标左键不放，在所需要操作的文字上拖动，当文字呈反色显示时，表明已经被选中。当需要选择全文时，可单击"编辑"选项组中的"全选"按钮，或者按 Ctrl+A 组合键。

(2) 删除文字。选择需要删除的文字，按下 Delete 键，或者单击"剪贴板"选项组中的"剪切"按钮即可。

(3) 移动文字。先选中要移动的文字，然后再用鼠标拖到所需要的位置即可。

(4) 复制文字。先选中要复制的文字，然后再按住 Ctrl 键用鼠标拖到所需要的位置即可。

(5) 查找和替换。有时需要在文档中寻找一些相关的字词，如果全靠手动查找，会浪费很多时间，利用"写字板"程序的"查找"功能就能快速、准确地找到所需内容，提高工作效率。单击"编辑"选项组中的"查找"按钮，在弹出"查找"对话框(见图 3-49)的"查找内容"文本框中输入要查找的内容，单击"查找下一个"按钮即可。

单击"编辑"选项组中的"替换"按钮，打开"替换"对话框，如图 3-50 所示。在"查找内容"文本框中输入要被替换掉的内容，在"替换为"文本框中输入要替换后的内容，输入完成后，单击"查找下一处"按钮，即可查找插入点之后的第一个相关内容，单击"替换"按钮只替换一处的内容，单击"全部替换"按钮则在全文中进行替换。

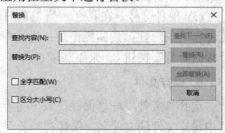

图 3-49　"查找"对话框　　　　　　　　　　　图 3-50　"替换"对话框

5. 设置字体及段落格式

当输入完文档的内容后，就可以对字体及段落格式进行编辑了。例如文件用于正式的场合，要选择庄重的字体，反之，可以选择一些轻松活泼的字体。用户可以直接在"字体"选项组中对字体、字形、字号和字体颜色进行设置。

(1) 在"字体"的下拉列表框中有多种中英文字体可供选择，默认为"宋体"。在"字形"中可以选择加粗、斜体等；在"字体的大小"下拉列表框中，字号越大，字就越大；在"文本颜色"的下拉列表框中可以选择需要的字体颜色。

(2) 单击"段落"选项组中的"段落"按钮，打开"段落"对话框，如图 3-51 所示。

图 3-51 "段落"对话框

① 缩进。缩进是指输入段落的边缘与已设置好的页边距的距离，可以分为以下三种：

· 左缩进。左缩进是指输入的文本段落的左侧边缘与左页边距的距离。

· 右缩进。右缩进是指输入的文本段落的右侧边缘与右页边距的距离。

· 首行缩进。首行缩进是指输入的文本段落的第一行左侧边缘与左缩进的距离。

② 行距。行距是指文本行与行之间的距离。

③ 对齐方式。在"对齐方式"下拉列表框中有四种对齐方式：左、右、中、对齐。当然，也可以直接单击"段落"选项组中的"向左对齐文本"按钮、"居中"按钮、"向右对齐文本"按钮、"对齐"按钮来对齐文本。

(3) 项目符号。在具有并列关系的内容的前面加上项目符号，可以使全文简洁明了，更加富有条理性。具体操作是：先选中所要操作的对象，然后再单击"段落"选项组中的"项目符号"按钮来添加项目符号。

6. 保存文件

选择"文件"→"保存"或"另存为"命令，打开"保存为"对话框(见图 3-52)，在其中设定文件的文件名、保存类型及保存位置，单击"保存"按钮，即可完成文件的保存。

图 3-52　"保存为"对话框

3.5.2　"记事本"程序

"Windows 附件"下的"记事本"程序是一个纯文本文件(不包含字体、字号、颜色等字符控制信息的文本)的编辑器,适于编写一些篇幅短小的文件,如备忘录、便条、源程序、软件说明等,其功能虽比不上写字板及专业的文字处理软件(如 Word、WPS 等),但是它运行速度快、占用空间小、通用性强,几乎所有的文字处理都可以打开和使用记事本文档。

记事本的启动、界面及操作与写字板基本一样,这里不再赘述。

3.5.3　"画图"程序

"画图"程序是一个简单的位图编辑器,可以对各种位图格式的图形文件(扩展名为.bmp)进行编辑,也可以利用其功能区提供的工具和命令来绘制图形。在编辑完成后,还可以用 .bmp、.jpg、.gif 等格式存档,并发送到桌面及其他文档中。

1. "画图"程序的启动和窗口构成

执行"开始"→"Windows 附件"→"画图"命令,启动"画图"程序,打开"无标题-画图"窗口,如图 3-53 所示。

(1) 快速工具栏。快速工具栏用于放置用户经常使用的命令按钮。

(2) 标题栏。标题栏用于显示正在使用的程序和正在编辑的文件。

(3) 功能区。功能区提供了操作要用到的各种命令。

(4) 绘图区。绘图区位于整个窗口的中间,为用户提供画布。

(5) 状态栏。状态栏的内容随鼠标指针的移动而改变,显示当前鼠标所处位置的信息。状态栏上的缩放滑块用于改变图片的显示比例(不是实际大小)。

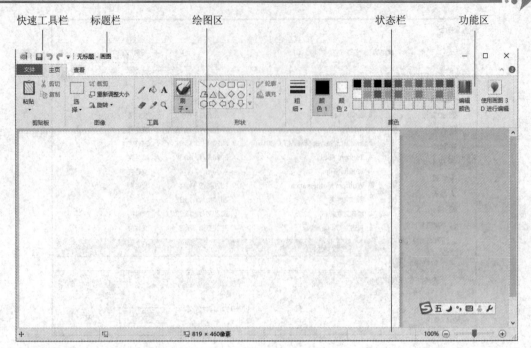

图 3-53 "无标题-画图"窗口

2. 功能区的使用

功能区由"剪贴板""图像""工具""形状"和"颜色"等五个选项组组成。

(1) "剪贴板"选项组。"剪贴板"选项组包含"粘贴""剪切"和"复制"三个按钮，用于将已放入剪贴板中的图形粘贴到当前图形中，或将在图形中选中的全部或部分区域剪切复制到剪贴板中。当新建画图时，"剪切"按钮和"复制"按钮默认为灰色。

(2) "图像"选项组。使用"图像"选项组中的命令可以对图像进行简单的编辑。

① 在"选择"下拉列表框中即可以使用"选择形状"中的"矩形选择"和"自由图形选择"命令来框选图像内容，也可以使用"选择选项"中的"全选""反向选择""删除"和"透明选择"来对选择进行设置。

② 选择相应的图像内容后，单击"裁剪"按钮，画布中只保留被裁剪的内容。

③ 单击"重新调整大小"按钮，弹出"调整大小和扭曲"对话框，如图 3-54 所示。在该对话框中，可以对图像的大小和倾斜的角度进行调整。

④ 单击"旋转"按钮，在弹出的下拉菜单中可以选择"向右旋转 90 度""向左旋转 90 度""旋转 180 度""垂直翻转"和"水平翻转"命令，对图像的角度进行更改。

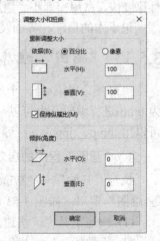

图 3-54 "调整大小和扭曲"
对话框

(3) "工具"选项组。"工具"选项组主要用来对图像的内容进行编辑。

① "铅笔"工具 。"铅笔"工具用于不规则线条的绘制，可通过改变"颜色"选项

组中的颜色来改变线条的颜色。

② "填充"工具 。"填充"工具可将图像中与光标所在位置颜色相同的连续区域替换成前景色，其用法是先在颜料盒中选择填充颜色，再在图像中单击。

③ "文本"工具 。"文本"工具用于在图画中加入文字。先单击此按钮，然后在画布中单击，在功能区中出现"文本"选项卡，在文字输入框内输完文字并且选择后，可以设置文字的字体、字号，给文字加粗、倾斜、加下划线，改变文字的显示方向等。

④ "橡皮擦"工具 。"橡皮擦"工具用于擦除绘图中不需要的部分，可根据要擦除的对象范围大小来选择合适的橡皮擦。

⑤ "颜色选取器"工具 。先单击此按钮，然后在图像的某个位置上单击，将该点的颜色作为颜料盒中的颜色。

⑥ "放大镜"工具 。当需要对某一区域进行详细观察时，可以使用"放大镜"工具进行放大。具体操作是：单击 ，在绘图区会出现一个矩形选区，框选所要观察的对象，左键单击放大(最大 800%)，右键单击缩小(最小 25%)。

⑦ "刷子"工具 。单击"刷子"的下拉按钮，在弹出的下拉列表框中有"刷子""书法笔刷 1""书法笔刷 2""喷枪""颜料刷""蜡笔""记号笔""普通铅笔"和"水彩笔刷"等 9 种模式，使用"刷子"工具可绘制不规则的图形，可以根据需要选择不同的笔刷粗细、形状及颜色。

(4) "形状"选项组。"形状"选项组用于绘制各种各样的图形，这里主要介绍几种常用的图形：

① "直线"工具 。"直线"工具用于直线线条的绘制，在拖动的过程中同时按 Shift 键，可以画出水平线、垂直线或与水平线成 45° 的线条。

② "曲线"工具 。"曲线"工具用于曲线线条的绘制，先选择好线条的颜色及宽度，然后单击 ，拖动鼠标至所需要的位置再松开，然后在线条上选择一点，移动鼠标则线条会随之变化，调整至合适的弧度即可。

③ "椭圆形"工具 、"矩形"工具 、"圆角矩形"工具 。这三种工具的应用基本相同，当单击工具按钮后，在绘图区直接拖动即可拉出相应的图形。在其辅助选择框中有三种选项，包括以颜色 1 为边框的图形、以颜色 1 为边框颜色 2 填充的图形、以颜色 1 填充没有边框的图形，在拉动鼠标的同时按 Shift 键，可以分别得到正方形、正圆、正圆角矩形。

④ "多边形"工具 。利用此工具可以绘制多边形。选定颜色后，单击 ，在绘图区拖动鼠标左键，当需要弯曲时松开，如此反复，到最后时双击鼠标，即可得到相应的多边形。

⑤ "轮廓"按钮 。利用"轮廓"按钮可以设置绘制图形的轮廓，也可以选择无轮廓线。

⑥ "填充"按钮 。在"填充"下拉选项中可以选择设置对象的填充颜色。

⑦ "粗细"按钮 。在选择画笔或者绘制图形时，单击 按钮，可在下拉列表框中选择画笔的粗细，然后再进行绘制。

(5) "颜色"选项组。"颜色"选项组用于为绘图提供颜色选择，使得图像更加丰富多彩。如果颜料盒中提供的色彩不能满足需要，可单击"编辑颜色"按钮，弹出"编辑颜色"

对话框，既可以在"基本颜色"选项组中选择颜色，也可以自定义颜色，然后单击"添加到自定义颜色"按钮，将颜色添加到"自定义颜色"选项组中。

3.5.4 命令提示符

命令提示符是 Windows 系统提供的一个运行 MS-DOS 程序的窗口。MS-DOS 是微软公司在 20 世纪 70 年代为 IBM PC 及其兼容机开发的微机磁盘操作系统，广泛应用于早期的 X86 计算机中，曾经是世界上最为流行的微机操作系统之一。和 Windows 一样，它也属于系统软件，也具有操作系统的五大功能，只不过它们的界面形式和使用方法完全不同。随着 Windows 系统图形界面的不断发展，DOS 逐渐退出历史舞台，但 DOS 仍以实用、快捷的功能，广泛应用在一些特殊场合，以弥补 Windows 的不足。因此，尽管 Windows 10 已完全脱离 DOS 内核，但仍然以"命令提示符"窗口的方式提供 DOS 功能，以完成 DOS 命令和程序的执行。

1. 打开"命令提示符"窗口

右击"开始"按钮，从弹出的快捷菜单中选择"运行"命令，或直接按 Windows 徽标 +R 组合键，打开"运行"窗口，如图 3-55 所示。

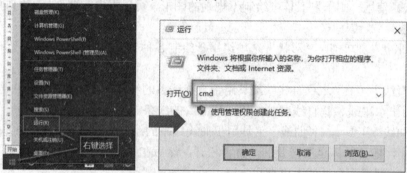

图 3-55　打开"运行"窗口

在运行命令窗口输入"cmd"命令后，进入 DOS 状态，如图 3-56 所示。

图 3-56　"命令提示符"窗口

2. 关闭"命令提示符"窗口

在提示符后输入 exit 命令，再按 Enter 键，或者直接单击窗口右上角的"关闭"按钮，即可关闭"命令提示符"窗口。

3. 设置"命令提示符"窗口

先在窗口标题栏上任一处右击，然后从弹出的快捷菜单中选择"属性"命令，打开"属性"对话框，可对"字体""布局"和"颜色"等选项进行设置。

3.5.5　计算器程序

计算器可以帮助用户完成纯数值的运算，它分为"标准""科学""程序员"和"日期计算"四种模式。"标准"模式可以完成日常工作中简单的算术运算，"科学"模式可以完成较为复杂的科学运算，比如函数运算等。Windows 10 计算器的运算结果不能被直接保存，而是被存储在内存中，以供粘贴到别的应用程序和其他文档中。它的使用方法与日常生活中所使用的计算器一样，既可以通过鼠标单击计算器上的按钮来取值，也可以通过键盘输入来操作。

1. 标准计算器

打开"开始"菜单，单击"计算器"图标(也可直接在任务栏的搜索框中搜索"计算器")，打开"计算器"窗口，系统默认为"标准"模式，如图 3-57 所示。

"标准"模式计算器窗口包括标题栏、工具栏、数字显示区和工作区。工作区由数字按钮、运算符按钮、存储按钮和操作按钮组成，使用时可以先输入所要运算的第一个数，在数字显示区内会显示相应的数，然后选择运算符，再输入第二个数，最后单击"="按钮，即可得到运算后的数值。利用键盘输入时，也是按照同样的方法，到最后按 Enter 键即可得到运算结果。

当数值在输入过程中出现错误时，可以单击"Backspace"键逐个进行删除，当需要全部清除时，可以单击"CE"按钮。当一次运算完成后，单击"C"按钮即可清除当前的运算结果，可开始新的输入运算。

图 3-57　标准计算器

运算完成后，在数字显示区的空白处右击，从弹出的快捷菜单中选择"复制"命令把运算结果复制到剪贴板中；也可以从其他程序复制运算式，然后从弹出的快捷菜单中选择"粘贴"命令，在计算器中进行运算。

2. 科学型计算器

当需要进行较为复杂的科学运算时，可单击"打开导航"按钮，在弹出的下拉菜单中选择"科学"命令，打开"科学"计算器窗口，如图 3-58 所示。

"科学"计算器窗口增加了单位选项及一些函数运算符号。利用科学计算器可以进行一些函数的运算，使用时要先确定运算的单位，在数字区输入数值，然后选择函数运算符，再单击"="按钮，即可得到结果。在科学模式下，计算结果可以精确到 32 位数，计算时采用运算符优先级。

图 3-58　"科学"计算器窗口

3.5.6　"截图工具"程序

使用"截图工具"命令可以捕获屏幕上任何对象的屏幕快照或截图，然后对其添加注释、保存或共享该图像。选择"开始"→"Windows 附件"→"截图工具"命令，打开"截图工具"窗口，如图 3-59 所示。

(1) 单击"模式"按钮的下拉箭头，从弹出的列表中可以选择"任意格式截图""矩形截图""窗口截图"或"全屏幕截图"方式。

(2) 单击"取消"按钮可以取消截图。

(3) 单击"选项"按钮，打开"截图工具选项"对话框，如图 3-60 所示。

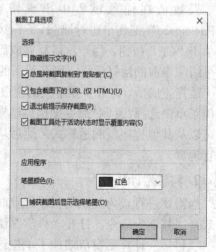

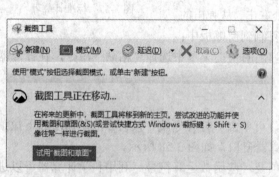

图 3-59　"截图工具"窗口　　　　　　　图 3-60　"截图工具选项"对话框

单击"新建"按钮选择截图区域后，进入"截图工具"的编辑窗口，如图 3-61 所示。

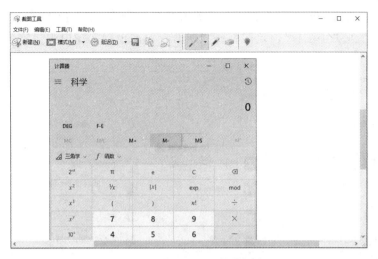

图 3-61　"截图工具"的编辑窗口

　　在编辑窗口中使用工具栏中的"笔"按钮、"荧光笔"按钮和"橡皮擦"按钮可以对截图进行书写或绘图；单击"新建"按钮，可以重新进行截图；单击"保存截图"按钮，可以保存截图；单击"发送截图"按钮，可以从打开的下拉列表中选择一个选项对截图进行共享。

3.6　Windows 10 控制面板的使用

　　在 Windows 10 中，控制面板提供了对计算机软件、硬件系统进行个性化配置的功能。用户在使用计算机时，可通过控制面板对计算机系统环境进行调整和设置、添加(或删除)新的硬件和软件。例如可以通过"鼠标"将标准鼠标指针替换为可以在屏幕上移动的动画图标，或通过"声音"将标准的系统事件声音替换为自己选择的声音等。

　　选择"开始"→"Windows 系统"→"控制面板"命令，打开"控制面板"窗口，如图 3-62 所示。此时控制面板中的项目按照分类进行组织，用鼠标指针指向某一图标，即可获得该类别的详细信息，用鼠标单击即可打开该类别。

图 3-62　控制面板的分类视图

如果不习惯 Windows 的分类视图，可单击"查看方式"的下拉按钮，在打开的列表中选择"大图标"或"小图标"，这时将在"所有控制面板项"窗口中显示全部项目，如图3-63 所示。

图 3-63　控制面板的大图标视图

3.6.1　系统属性

系统属性可用于查看和更改计算机的基本硬件和操作系统信息。利用系统属性，不仅可以在不拆开计算机主机箱的情况下了解到计算机内部各主要部件，如 CPU、内存、显示卡、声卡、网卡等硬件的性能和参数，还可以查看操作系统的类型、版本、注册信息及计算机在网络中的标识等信息。

在"所有控制面板项"窗口中单击"系统"图标，打开"系统"窗口，如图 3-64 所示。

图 3-64　"系统"窗口

"系统"窗口中的内容主要分为两部分：右侧为计算机的基本信息，左侧为链接区。在右侧区域可以查看计算机操作系统的版本、CPU 类型、内存大小、计算机名以及系统激活情况等信息。左侧内容为上、下两部分，单击上面部分"高级系统设置"链接，可以打开"系统属性"对话框，如图 3-65 所示。单击下面部分的"安全和维护"链接，可以打开"安全和维护"窗口。下面主要讲解"系统属性"对话框中的内容。

在"系统属性"对话框中共有五个选项卡，其基本功能如下：

(1) "计算机名"选项卡用于显示及更改计算机描述、名称、工作组及网络 ID 等。

(2) "硬件"选项卡包括"设备管理器"选项组和"设备安装设置"选项组，单击"设备管理器"按钮，可以打开"设备管理器"窗口(见图 3-66)，在该窗口中显示了相关硬件信息。

(3) "高级"选项卡用于计算机性能、用户配置及启动和故障恢复的设置。

(4) "系统保护"选项卡用于跟踪并更正用户对计算机进行的错误更改。

(5) "远程"选项卡用于设置远程协助及远程桌面。

图 3-65　"系统属性"对话框

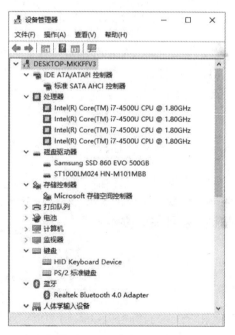

图 3-66　"设备管理器"窗口

3.6.2　日期和时间设置

日期和时间是用于记录计算机中各种操作和行为的一个重要参数，如 Windows 中用于记录用户或系统在什么时候在计算机中进行了什么操作的"日志"文件，用户创建文件或文件夹的时间等。另外，还可以使用日期和时间来设定计算机的计划任务、定时开关机等功能。为了方便计算机使用，用户应当为计算机设置正确的日期和时间。

(1) 在"所有控制面板项"窗口中单击"日期和时间"图标，或者在任务栏中右击"系统时钟"图标，从弹出的时间快捷菜单中选择"调整日期/时间"命令，打开"日期和时间"对话框，如图 3-67 所示。

(2) 单击"日期和时间"选项卡中的"更改日期和时间"按钮，打开"日期和时间设置"对话框，如图 3-68 所示。在"日期"栏中单击年份修改年份、单击月份修改月份、单击日历列表框中的数字修改日期。

图 3-67 　"日期和时间"对话框 　　　　　图 3-68 　"日期和时间设置"对话框

(3) 在"时间"栏中分别双击"时""分""秒"区域，输入新的数字即可更改时间。

(4) 完成设置后单击"确定"按钮，即可在任务栏通知区域中显示新的日期和时间。

(5) 如果计算机已正确连入网络，还可使用"Internet 时间"选项卡通过网络上的服务器自动更改系统日期和时间。

3.6.3　设置 Windows 文件夹选项

文件夹选项用于设置文件夹的常规属性、显示属性、文件的关联及打开方式。在"所有控制面板项"窗口中单击"文件资源管理器选项"图标，打开"文件资源管理器选项"对话框，如图 3-69 所示。

图 3-69 　"文件资源管理器选项"对话框

1．"常规"选项卡

"常规"选项卡用来设置文件夹的常规属性。

(1) "浏览文件夹"选项组用来设置在打开多个文件夹时是在同一窗口中打开每个文件夹还是在不同的窗口中打开不同的文件夹。

(2) "按如下方式单击项目"选项组用来设置项目是通过单击打开还是通过双击打开。

(3) "隐私"选项组用来设置在"快速访问"中是否显示最近使用的文件或常用文件夹。

2．"查看"选项卡

"查看"选项卡用来设置文件夹的显示方式，如图 3-70 所示。在该选项卡的"文件夹视图"选项组中有"应用到文件夹"和"重置文件夹"两个按钮。单击"应用到文件夹"按钮可使所有文件夹应用当前文件夹的视图设置，单击"重置文件夹"按钮可将所有文件夹还原为默认视图设置。在"高级设置"下拉列表框中显示了有关文件和文件夹的一些高级设置选项，用户可根据需要进行选择，单击"应用"按钮即可应用所选设置。单击"还原为默认值"按钮，即可还原为默认的选项设置。

3．"搜索"选项卡

"搜索"选项卡用来对系统的搜索功能进行设置，如图 3-71 所示。在该选项卡的"在搜索未建立索引的位置时"选项组中可以选择搜索文件或文件夹的时候是否包括文件的内容，为了提高搜索的性能，一般选择在已经建立了索引的位置进行文件名和内容的搜索，在其他位置不搜索文件的内容。设置完成后，单击"应用"按钮。

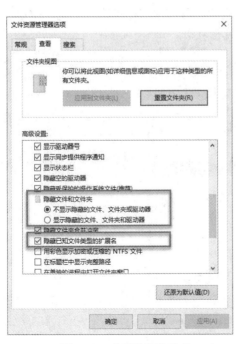

图 3-70　"查看"选项卡

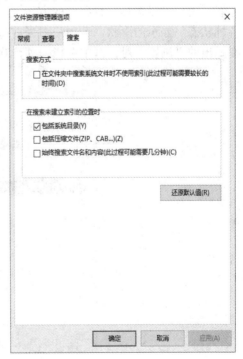

图 3-71　"搜索"选项卡

3.6.4　鼠标属性设置

鼠标是操作计算机过程中使用最频繁的设备之一。在安装 Windows 10 时，系统已自动对鼠标进行了设置，但这种默认的设置可能并不符合用户个人的使用习惯，这时用户可以按个人的喜好对其进行一些调整。在"所有控制面板项"窗口中单击"鼠标"图标，打开"鼠标 属性"对话框，如图 3-72 所示。

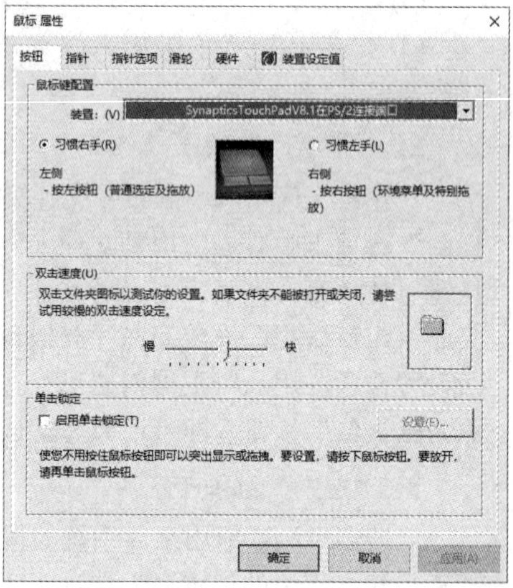

1. "鼠标键配置"选项卡

在"鼠标键配置"选项组中，系统默认左键为主要键，若选中"切换主要和次要的按钮"复选框，则设置右键为主要键；在"双击速度"选项组中拖动滑块可以调整鼠标的双击速度，双击旁边的文件夹图标可检验设置的速度；在"单击锁定"选项组中，若选中"启用单击锁定"复选框，则在移动项目时不用一直按着鼠标键，单击"设置"按钮，在弹出的"单击锁定的设置"对话框中可以调整实现单击锁定需要按鼠标键或轨迹球按钮的时间长短。

2. "指针"选项卡

图 3-72　"鼠标 属性"对话框

"指针"选项卡如图 3-73 所示。在"方案"下拉列表框中提供了多种鼠标指针的显示方案，用户可以选择一种喜欢的方案。在"自定义"列表框中显示了该方案中鼠标指针在各种状态下显示的形状，若用户对当前指针形状不满意，可选中它，单击"浏览"按钮，在弹出的"浏览"对话框中选择一种喜欢的鼠标指针形状。

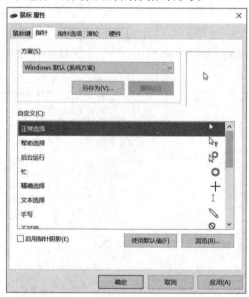

图 3-73　"指针"选项卡

3. "指针选项"选项卡

如图 3-74 所示，在"移动"选项组中可拖动滑块调整鼠标指针的移动速度；在"贴靠"选项组中，若选中"自动将指针移动到对话框中的默认按钮"复选框，则在打开对话框时，鼠标指针会自动放在默认按钮上；在"可见性"选项组中，若选中"显示指针轨迹"复选框，则在移动鼠标指针时会显示指针的移动轨迹，拖动滑块可调整轨迹的长短，若选中"在打字时隐藏指针"复选框，则在输入文字时将隐藏鼠标指针，若选中"当按 CTRL 键时显示指针的位置"复选框，则按 Ctrl 键时会以同心圆的方式显示指针的位置。

图 3-74　"指针选项"选项卡

4. "滑轮"选项卡

如图 3-75 所示，在"滑轮"选项卡中，设置当滚动滑轮时，屏幕是以预设行数的方式滚动，还是以整个屏幕的方式滚动。

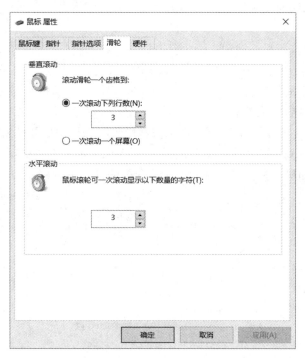

图 3-75　"滑轮"选项卡

5. "硬件"选项卡

在"硬件"选项卡中显示了设备的名称、类型及属性。单击"属性"按钮，打开"属性"对话框，显示了当前鼠标的常规属性、高级设置和驱动程序等信息。

3.6.5　安装和管理打印机

在使用计算机的过程中，有时需要将一些文件以纸质的形式输出，因此需要安装打印机。在 Windows 10 中，不但可以在本地计算机上安装打印机，而且可以安装网络打印机(在连入网络的前提下)，实现打印作业。

1. 安装本地打印机

在安装本地打印机之前先要进行打印机的连接。用户可在关机的情况下将打印机的信号线与计算机的 LPT1 端口或 USB 端口相连，并且接通打印机电源。连接好之后，就可以开机启动操作系统，准备安装打印机的驱动程序。

由于 Windows 10 自带了很多硬件的驱动程序，所以在启动计算机的过程中，系统会自动搜索新硬件并加载其驱动程序，在任务栏中提示其安装的过程，如"查找新硬件""发现新硬件""已经安装好并可以使用了"等信息。如果需要安装打印机的驱动程序在系统的硬件列表中没有显示，就需要使用打印机厂商附带的光盘进行手动的安装。

目前，绝大多数的打印机在网络上都提供驱动下载，安装起来非常方便。

2. 安装网络打印机

网络打印机的安装过程与本地打印机的安装过程大同小异，具体的操作步骤如下：

(1) 在安装前首先要确认是处于网络中的，并且该网络中有共享的打印机。

(2) 在"所有控制面板项"窗口中单击"设备和打印机"图标，打开"设备和打印机"窗口。

(3) 单击"添加打印机"按钮，即可打开"添加打印机"设备窗口。

(4) 系统会自动搜索出网络上共享的打印机，如果需要的打印机不在列表框中，可以单击下面的"我所需的打印机未列出"链接，打开"添加打印机"对话框。如果用户不清楚网络中共享打印机的位置等相关信息，可以先选中"按名称选择共享打印机"单选按钮，然后再单击"浏览"按钮，打开"请选择希望使用的网络打印机并单击'选择'与之连接"对话框，在列表框中列出的系统搜索到的网络中可用的共享打印机中进行选择，单击"选择"按钮，在"打印机"文本框中就会出现所选择的打印机名称，如图 3-76 所示。

图 3-76　添加网络打印机

(5) 当选中所要使用的共享打印机后，单击"下一步"按钮，提示已成功添加打印机，并且需要重新设置新的打印机名称。

(6) 单击"下一步"按钮提示用户打印测试页，单击"完成"按钮即可。

3. 设置默认打印机

右击要设置为默认的打印机，从弹出的快捷菜单中选择"设置为默认打印机"命令。

4. 删除打印机

右击要删除的打印机，从弹出的快捷菜单中选择"删除设备"命令。

3.6.6　程序和功能的使用

安装或删除各种应用程序是使用计算机过程中经常进行的操作。Windows 10 系统提供的"程序和功能"可以帮助用户正确、快速地管理计算机上的程序。在"所有控制面板项"窗口中单击"程序和功能"图标，打开"程序和功能"窗口，如图 3-77 所示。

图 3-77　"程序和功能"窗口

"卸载或更改程序"用于重新配置应用程序的组件或将应用程序从计算机中删除。

1. 卸载

对于计算机中长期不用的应用程序，应将其删除，以减少系统开销，节省硬盘空间，对于发生故障的应用程序，在重新安装之前应将其删除。应用程序的卸载与文件的删除不同，不是把程序目录从硬盘上删除就可以了，因为这些程序在安装过程中不仅在硬盘上建立了相应的目录和复制了相关文件，而且还修改了 Windows 的系统注册表或系统数据库，所以如果在删除程序时仅直接删除相应文件夹，并不能真正实现程序的删除，严重的还会导致操作系统损坏或者不能正常启动，因为程序文件安装时的注册信息还在注册表中。

2. 更改

现在很多的应用程序都是以程序组的方式构成，即在一个大的程序组中包含若干个子功能，最典型的如 Microsoft 公司的 Office 办公自动化系统就是由 Excel(处理电子表格)、Word(处理文字编辑排版)、Outlook(处理电子邮件)、PowerPoint(处理电子演示文稿)、

Access(数据库编辑)等部分组成。用户在第一次安装时可能会根据当时的需要只安装了其中的一部分，但在使用过程中可能又会根据新的需要增加或删除部分功能。

因此，在 Windows 10 中要卸载或更改应用程序时，一般应在"程序和功能"窗口的当前安装程序列表中找到相应的图标，然后单击上面的"卸载/更改"按钮来完成。

3.6.7　设置字体

Windows 10 支持多种字体，利用不同的字体可以美化文档的外观或者突出文章的重点。尽管 Windows 提供了很多常用的字体(如楷体、宋体、仿宋体、黑体等)，但在实际文字排版中仍然可以根据需要，安装系统中没有的艺术字体(如草体、花体等)。在"所有控制面板项"窗口中单击"字体"图标，打开"字体"窗口，如图 3-78 所示。

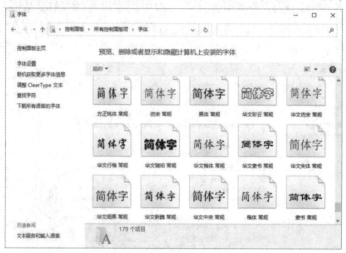

图 3-78　"字体"窗口

1. 显示字体属性

在"字体"窗口中选择某种字体(如华文琥珀)，单击"预览"按钮(或直接双击某种字体的图标)，打开"华文琥珀(True Type)"窗口(见图 3-79)，该窗口中包括字体名、字体文件大小、版本号，以及不同大小规格的汉字、字母及数字样例。

图 3-79　"华文琥珀(True Type)"窗口

2. 安装新字体

(1) 下载新字体。可以从软件程序、Internet 或相关网络下载字体。

(2) 右击要安装的字体，从弹出的快捷菜单中选择"安装"命令，还可以将字体拖动到"字体"窗口中进行安装。

3. 删除字体

如果不再使用某种字体，可以将其删除，以便为应用程序释放一些内存空间。在"字体"窗口中选择要删除的字体，在工具栏中单击"删除"按钮，即可完成删除字体的操作。

3.6.8 设置区域

Windows 10 充分考虑到用户使用计算机的地域环境，提供了更改 Windows 的日期、时间、货币、带小数点数字显示格式的功能，以便符合当地的使用习惯，还可以从多种输入语言和文字服务中选择不同的键盘布局、输入法编辑器以及语音和手写识别程序等。在"所有控制面板项"窗口中单击"区域"图标，打开"区域"对话框，如图 3-80 所示。

在"格式"选项卡中单击"其他设置"按钮，在弹出的"自定义格式"对话框(见图 3-81)中可以设置计算机中数字、货币、时间、日期及排序的格式，用户可以采用系统默认格式，也可根据需要自行设置。

图 3-80　"区域"对话框

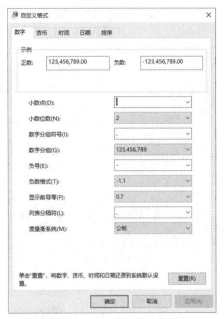

图 3-81　"自定义格式"对话框

3.6.9 用户账户

在 Windows 10 中可以为计算机创建多个用户或账户，并可以为每个用户独立定义使用计算机的风格习惯(如左右手习惯、音量大小、不同的显示器分辨率、经常访问的网络站点等)、界面(如不同的桌面、背景、窗口外观、开始菜单项目、程序图标等)，可使用的资源(如文档、磁盘、打印机、文件及文件夹等)及可操作的权限(更改控制面板中的项目、程序和功能等)。使用多用户设置后，不同用户用不同身份登录时，系统会自动应用该用户身份的设置，而不会影响到其他用户，并且可以方便地在不同的用户间进行切换而不必重新启动计算机。

Windows 10 允许在计算机上创建两种类型的用户账户：管理员账户和标准用户。在计算机上没有账户的用户可以使用来宾账户(来宾账户没有密码)。管理员账户、标准账户和来宾账户的具体权限如表 3-2 所示。

表 3-2　管理账户、标准账户和来宾账户的具体权限

可进行的操作项目	管理员	标准账户	来宾账户
安装软件或硬件	允许	不允许但可以访问	不允许但可以访问
进行全系统更改	允许	不允许	不允许
访问和读取非私人的文件	允许	不允许	不允许
创建和删除计算机上的用户	允许	不允许	不允许
更改其他人的用户账户	允许	不允许	不允许
更改自己的账户名或类型	允许	不允许	不允许
更改自己的图片	允许	允许	允许
创建、更改或删除自己的密码	允许	允许	没有密码

要管理计算机中的用户，必须先以管理员的身份或 Administrators 组成员进行登录，然后在"所有控制面板项"中单击"用户账户"图标，打开"用户账户"窗口，如图 3-82 所示。

图 3-82　"用户账户"窗口[①]

当用户需要管理其他账户时，单击窗口中的"管理其他账户"链接，打开"管理账户"窗口，如图 3-83 所示。

图 3-83　"管理账户"窗口

① 图中"帐户"应为"账户"，这是软件原因。

第 4 章　计算机网络及信息安全基础

计算机网络是计算机技术、现代通信技术与信息处理技术相互渗透、紧密结合而形成的一门新兴交叉学科，也是当今计算机科学中发展最为迅速、应用最为广泛的领域。目前，网络技术已广泛应用于办公自动化系统，信息管理系统，生产过程控制，金融与商业电子化，军事、科研、教育信息服务，医疗卫生等领域。随着 Internet 技术的迅速发展，计算机网络正在改变着人们的工作方式、学习方式与生活方式，网络与通信技术已成为影响一个国家和地区经济、科学与文化发展的重要因素。

4.1　计算机网络概述

4.1.1　计算机网络的概念及功能

计算机网络是指将计算机技术和现代通信技术相结合，按照一定的网络通信协议将多台分布在不同区域的自主计算机通过相关的设备和线路连接起来，以实现资源共享和相互通信及远程控制的目的。这样，不仅可以使计算机能独立于网络处理本机事务，而且能通过计算机网络共享网络上的硬件资源和软件资源。计算机网络综合应用了现代信息处理技术、计算机技术、通信技术的研究成果，将分散在不同领域中的大量信息及信息处理系统连接在一起，组成一个规模更大、功能更强、可靠性更高的信息综合处理系统。计算机网络的功能主要体现在以下几个方面。

1. 资源共享

接入计算机网络的用户可以共享网络中的各种资源。例如在网络的某些节点处配置高性能主机、高速打印机或图像处理设备等，那么，其他节点就可以通过网络很方便地调用存放在高性能主机上的大型软件包和数据资源或使用这些设备，这样既节约了设备投资，又为用户应用提供了极大的便利。

2. 信息服务

网络中的用户不仅可以从 Internet 中搜索、浏览、下载各种信息，而且可以建立自己的 Web 站点，将自己的信息在 Internet 上发布。现在，各大公司、学校、企业、政府机关甚至个人都拥有专业的网站。网站已经成为对外宣传和发布信息的一种重要工具。

3. 快速通信

在不同的计算机之间通信是网络最基本的功能之一。计算机网络为分布在不同地点的计算机用户提供了快速地传送数据(如文字、图形、图像、音频、视频、程序、文件等)和交换信息的手段，如电子邮件服务、即时通信服务(QQ、MSN)等。

4. 信息管理与数据传输

通过计算机网络可以将分散在不同地域的信息收集起来并传送到网络中的一台或多台服务器上，由服务器来完成这些信息的合并、加工、分析和处理。计算机网络不仅可以为管理者迅速地提供决策依据，还可以使客户之间实现信息沟通，大大提高工作效率。当前最为流行的各种管理信息系统、决策支持系统、办公自动化系统、电子商务系统等都是在计算机网络的支持下发展起来的。

5. 分布处理

随着计算机应用领域的不断拓展，计算机处理的数据模型也日趋复杂，数据量也迅速增加，因此，将分布在不同位置的多台计算机通过网络连接起来，构成一个高性能的计算机系统或集群，再将一个复杂的大任务分解成若干个子任务，由网络中的计算机分别承担其中的一个子任务，共同协作解决在单机上不易实现的问题，这样不仅可以降低总投入的费用，而且可以大大提高计算机的利用率。

6. 提高计算机应用的可靠性

在一个较大的系统中，个别部件或某台计算机出现故障是不可避免的。计算机网络中的各台计算机可以通过网络互相设置为后备机，这样，一旦某台计算机出现故障，网络中的后备机可代替它继续运行，保证任务正常完成，避免系统瘫痪，从而提高计算机的可靠性。

4.1.2　计算机网络的形成及发展

计算机网络由局部应用发展到如今覆盖全球的 Internet，纵观计算机网络的形成与发展，一般可将其划分为以下四个阶段。

1. 第一阶段(面向终端的计算机网络)

20 世纪 50 年代初，人们开始将彼此独立发展的计算机技术与通信技术结合起来，为计算机网络的产生做好了技术准备。最初的网络构成是将一台主机系统经由通信线路与多个终端设备直接相连，以供多人共享主机的资源，形成网络的雏形(如图 4-1 所示)。此时的网络只能在终端和主机之间进行通信，如著名的美国半自动地面防空系统和飞机订票系统等。

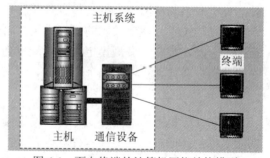

图 4-1　面向终端的计算机网络结构模型

2. 第二阶段(面向内部通信的计算机网络)

20 世纪 60 年代中期，出现了多个主机互联系统，实现了主机与主机之间的通信。该阶段将每个主机所连接的子网通过各自负责转发数据的通信控制处理机(Communication Control Processor，CCP)经由负责传输数据的通信线路相互连接起来，形成计算机网络结构，如图 4-2 所示。从此，世界上各大公司及部门都积极研究和建设自己的内部网络，最典型的如美国国防部高级计划局提出并规划的 ARPANET，它是计算机网络技术发展中的一个里程碑，它的研究成果对促进网络技术的发展起到了重要作用，并为 Internet 的形成奠定了基础。

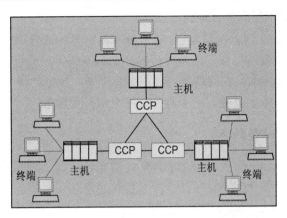

图 4-2　面向内部通信的计算机网络结构模型

3. 第三阶段(开放式系统互联的计算机网络)

20 世纪 70 年代中期，国际上各种广域网、局域网迅速发展起来，各个计算机生产商纷纷发展各自的计算机网络系统，但早期的网络没有统一的系统结构、网络协议及数据传输规范，使得各部门研制的网络互不兼容，给异种结构的网络互联带来很大的困难。为此，国际标准化组织(International Standards Organization，ISO)于 1981 年公布了构建网络体系结构的开放式系统互联参考模型(Open System Interconnection，OSI)，如图 4-3 所示。OSI 参考模型对网络理论体系的形成与网络技术的发展起到了规范和推动的作用，从而使网络的发展无论是软件方面还是硬件方面都有了统一的标准，结束了网络各自为政的局面，Internet 初步形成。

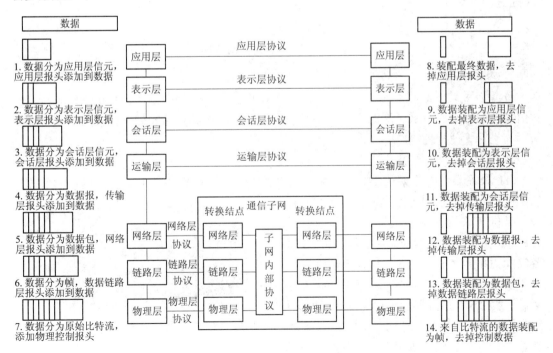

图 4-3　开放式系统互联参考模型

4. 第四阶段(高速的多媒体计算机网络)

1990 年以后，Internet 得以迅速发展，它将分布在世界各地的局域网通过统一的 TCP/IP 协议及各种高速通信设备连接成一个全球性的计算机网络，形成以信息高速公路和多媒体技术为代表的高速信息网络。在网络上可提供信息浏览、视频广播、网上会议、可视电话、远程教学、远程医疗、电子商务、电子政务、网上银行等服务。

4.1.3　计算机网络的组成

计算机网络是一个非常庞大、复杂的系统，通常由资源子网和通信子网两部分组成，如图 4-4 所示。

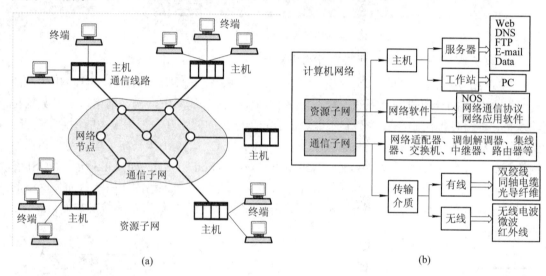

图 4-4　计算机网络结构模型

1. 资源子网

资源子网又称主机系统，由网络中的各种计算机及运行和存储在计算机中的各种软件和信息资源组成。资源子网的主要任务是完成信息的收集、存储和处理，并对网络中的通信行为进行管理和控制。

1) 主机

(1) 服务器。服务器是计算机网络的控制核心，它对硬件性能的要求很高，一般由高档的微机或大型机、中小型机来担当。相对于一般的微机来说，服务器具有更高的运算速度及运算精度，更大的存储容量、网络数据带宽及硬件容错能力和扩展能力，其体积较大，价格较高，一般安装在网络控制中心的机柜中，如图 4-5 所示。一般来说，服务器的主要功能包括：运行网络操作系统，存储和管理网络中的共享资源，对数据备份，为网络中的其他计算机提供应用程序，为用户提供打印机、磁盘等硬件共享，实现工作站与其他大型网络(Internet)的连接和

图 4-5　计算机网络中的服务器

控制工作站的运行等。

根据在网络中提供的服务不同，通常将服务器分为 Web 服务器、DNS 服务器、FTP 服务器、E-mail 服务器、Data 服务器等。

① Web 服务器。Web 服务器通常用来保存网站内容，提供网页及信息的浏览、讨论、下载等服务。

② DNS 服务器。DNS 服务器负责完成 IP 地址与域名的转换。

③ FTP 服务器。FTP 服务器也称为文件服务器，通常包含大容量的磁盘阵列，提供各种文件(如应用程序、游戏、电影、音乐、图片及学习资料等)的上传及下载服务。

④ E-mail 服务器。E-mail 服务器也称为电子邮件服务器，提供电子邮件的存储、管理及收发服务。

⑤ Data 服务器。Data 服务器也称为数据库服务器，用于对网络中各终端传回的数据进行合并、分析、处理、存储和转发。

图 4-6　计算机网络中的工作站

(2) 工作站。工作站是网络终端用户的工作平台，通常由微机组成，如图 4-6 所示。工作站具有自己的操作系统和应用软件，可以独立完成本机的数据处理工作；工作站也可借助网卡和传输介质与网络连接，使用共享的网络资源；还可以将本机资源共享到网络上，并使用各种工具与网络上的其他计算机与用户通信。在有些情况下，工作站甚至可以不安装硬盘，而通过无盘站技术来使用服务器上的硬盘，这样不仅可以降低计算机的成本，而且还极大地简化了网络的管理及安全工作。

2) 网络软件

网络软件是指用于网络管理和应用的软件，通常由网络操作系统(Network Operating System，NOS)、网络通信协议和网络应用软件三部分组成。

(1) 网络操作系统。网络操作系统是计算机网络中组织和协调网上活动的核心系统软件，它的主要功能是控制和实现对共享资源、用户权限、通信活动及系统安全的管理。目前，常用的网络操作系统有 UNIX、Linux、Windows Server、Novell NetWare 等。

(2) 网络通信协议。网络通信协议是为了在计算机之间传输信息而设立的一套规则和一组程序，它定义了在计算机网络活动中，信道如何建立、信息如何传输以及如何检错和校正等。使用同样的协议，不同种类和型号的计算机即可互相通信。根据任务的不同，一台计算机可以使用多种协议，例如一台计算机可以使用一种协议与局域网上的一台计算机通信，也可以使用另一种协议与 Internet 服务提供商的另一台计算机进行通信。

在计算机网络发展的过程中，人们开发了许多协议，如 OSI、TCP/IP(传输控制协议/网际协议)、NetBIOS、IPX/SPX 等。其中，TCP/IP 是目前 Internet 中使用最广泛的一种协议。

(3) 网络应用软件。网络应用软件是安装在计算机网络中，为用户使用网络资源提供最大方便的软件。网络应用软件与安装在单台计算机上的软件不同，它一般能支持多个用户同时操作同一个数据库，并通过系统的同步和组内通信来支持多用户的协同工作。典型的网络应用软件有浏览器软件、传输软件、电子邮件管理软件、网络游戏软件、聊天软件等。

2. 通信子网

通信子网是将网络中的各个工作站或服务器连接起来的数据通信系统，其主要任务是实现、控制和管理各计算机之间的通信，它通常由传输介质、网络适配器、调制解调器、集线器、交换机、中继器、路由器等组成。

1) 传输介质

传输介质也称通信信道或信道，是信息传输的物质基础，包括能够传送信号的材料或技术。传输介质可分为有线和无线两大类。有线传输介质是指能够传输信号的有形材料，如双绞线、同轴电缆、光导纤维等；无线传输介质则是指利用大气或空间来传输信号，如无线电波和红外线等。

(1) 有线传输介质。有线传输介质常用的有以下三种。

① 双绞线。双绞线俗称网线，它由 4 对两两按一定密度相互缠绕在一起的绝缘铜线组成，这样可以降低信号的干扰。与其他网络介质相比，双绞线虽然在传输距离、信道宽度和数据传输速率等方面均受到一定限制，但其价格低廉，所以是局域网中使用最为广泛的一种介质。双绞线一般要和 RJ-45 接头(俗称水晶头)配合使用(见图 4-7 和图 4-8)，用来在星型网络中连接计算机的网卡及交换机等通信设备。

图 4-7 双绞线和 RJ-45 接头 　　　　图 4-8 安装 RJ-45 接头后的双绞线

② 同轴电缆。同轴电缆是由一根空心的圆柱形导体围绕着单根内导体构成的。内导体为实芯或多芯硬质铜线电缆，外导体为硬金属或金属网，内、外导体之间有绝缘材料，如图 4-9 所示。同轴电缆可以采用 BNC 接头或 T 形接头连接计算机中的网卡，一般用在环型网络或混合型网络中，闭路电视系统常采用同轴电缆。由于同轴电缆的抗干扰能力很强，连接也不太复杂，所以曾经为中、高档局域网广泛采用。不过，如今大多数计算机网络不再使用同轴电缆，而是使用能以更快速度传输信号的光导纤维。

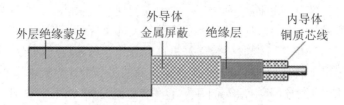

图 4-9 同轴电缆的结构

③ 光导纤维。光导纤维简称光纤或光缆，是一种由玻璃或塑料制成的纤维，利用光在这些纤维中以全内反射原理传输的光传导工具。微细的光纤封装在塑料护套中，使得它能够弯曲而不至于断裂。光纤的外形和剖面结构如图 4-10、图 4-11 所示。

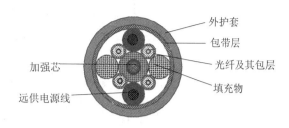

外护套
包带层
加强芯
光纤及其包层
远供电源线
填充物

图 4-10 光纤的外形 图 4-11 光纤的剖面结构

光纤采用光脉冲来传送信号，与其他有线传输介质相比，光缆价格较高、不易安装和改装，但光缆尺寸小，重量轻，具有很高的带宽，能快速同时传输许多信号，并且不受外界电、磁场的干扰，在数据传输中安全性较好，因此，通常用作广域网中的主干信道。

(2) 无线传输介质。通信系统中的物理传输介质一般铺设于建筑物中或者地下，无线传输介质的典型优点是灵活，对那些不易铺设缆线的场合尤为适用，如舰船或车辆之间的通信等。用于通信的无线传输介质有无线电波、蜂窝电话、微波、通信卫星和红外线等。由于它们涉及其他领域的专业知识较多，这里不再详述。

2) 网络适配器

网络适配器俗称网卡，是构成计算机网络最基本、最重要的连接设备，也是实现主机系统与通信子网连接的关键设备，如图 4-12 所示。网卡一般安装在计算机或服务器的扩展槽中，它一方面通过数据总线接口(如 PCI 接口)接收计算机准备发往网络的数据，将其按照一定的标准分解成若干个数据包，并加上本机地址和目标地址，转换成可以在信道上传输的电信号，然后通过电缆接口(如 RJ-45 接口、BNC 接口)将电信号传送给网络中的交换机或路由器；另一方面负责将电缆接口传送回来的电信号转换成数据，再送往计算机进行处理。每一块网卡在出厂时都有一个全球唯一的编号，称为 MAC 地址，也叫作物理地址 (Physical Address)，它固化在网卡的 ROM 芯片中。MAC 地址由多个十六进制代码组成，如 00-50-56-C0-00-01，通过该地址可以识别网络中的每台计算机。

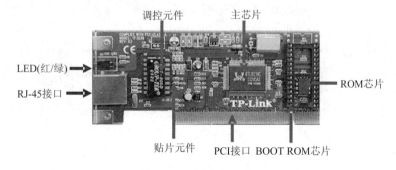

调控元件 主芯片
LED(红/绿)
RJ-45接口
ROM芯片
贴片元件 PCI接口 BOOT ROM芯片

TP-Link

图 4-12 网卡的结构

网卡按传输速率可分为 10 Mb/s、100 Mb/s、10/100 Mb/s 自适应以及 1000 Mb/s 网卡。家用网卡一般是 10/100 Mb/s，100 Mb/s 网卡用于宽带骨干网，1000 Mb/s 网卡一般用于高端服务器。网卡按数据传输方式可分为有线网卡和无线网卡，按安装方式可分为板载网卡和独立网卡等。

3) 调制解调器

调制解调器可将来自计算机的数字信号转换成模拟信号，以便发往信道进行传输，在计算机网络中，把此过程称为调制(Modulate)；也可将从信道接收到的模拟信号转换成数字信号供计算机使用，此过程称为解调(Demodulate)。调制解调器同时具有这两种功能，通信过程中，信道的两端一般都需要安装调制解调器，如图 4-13 所示。

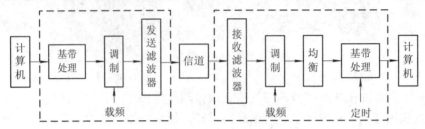

图 4-13　使用调制解调器的网络连接

调制解调器一般使用电话线作为传输介质，并通过电信局的程控交换机来实现数据的转发。传统的调制解调器由于速度慢、可靠性差，现在已被非对称数字用户(Asymmetric Digital Subscriber Line，ADSL)调制解调器所取代。ADSL 是目前家庭及小型企业使用得最多的一种 Internet 接入方式，如图 4-14、图 4-15 所示。

图 4-14　ADSL 调制解调器

图 4-15　ADSL 调制解调器的连接

4) 集线器

集线器也称为集中器或 HUB(见图 4-16)，其实质是一个多端口的中继器，主要是作为星型网络中心的接点，对接收到的信号进行整形、放大，并采用广播方式向所有节点发送信息。

图 4-16　集线器

由于集线器是一种共享介质带宽的网络设备，本身不具备识别网络数据包目的地址的功能，因此当同一网络中的两台主机传输数据时，数据包在以 HUB 为架构的网络上以广播方式传输，对网络上所有节点同时发送同一信息，然后再由每一台终端通过验证数据包头的地址信息来确定是否接收，这种方式很容易造成网络堵塞，另外，由于所发送的数据包每个节点都能侦听到，因而容易出现一些不安全因素。随着网络技术的发展，集线器的缺点越来越突出，因此现已经被一种技术更先进的数据交换设备——交换机取代。

5) 交换机

交换机也称为智能型集线器，如图 4-17 所示，它是集线器的升级换代产品，从外观和线路连接来看，它与集线器基本上没有多大区别，都是带有多个端口的设备，都可以通过 RJ-45 端口连接星型网络中的计算机。但是在交换机内部有一条很高带宽的背部总线和内部交换矩阵，交换机的所有端口都挂接在这条背部总线上。控制电路收到数据包以后，处理端口会查找内存中的 MAC 地址对照表以确定目标网卡挂接在哪个端口上，通过内部交换矩阵直接将数据包迅速传送到目的节点，这样可以明显地提高数据传输效率，节约网络资源，避免网络堵塞，并且还可以实现数据安全传输，这也是交换机快速取代集线器的重要原因之一。

图 4-17 智能型集线器

另外，交换机也可以将一个大的网络分成若干个小的网络，通过对照地址表，交换机只允许必要的网络流量通过交换机来实现网络管理，这就是计算机网络中常用的虚拟局域网技术(Virtual Local Area Network，VLAN)。通过交换机的过滤和转发，可以有效地隔离广播风暴，减少错误包的出现，避免共享冲突。

6) 中继器

当信号长距离传输时，信号强度会逐渐减弱，这种现象称为衰减。中继器安装在两段传输介质之间，它能够对接收到的信号进行恢复与整形，然后再继续传输，这样信号就可以有效地传向远方。模拟中继器通常只能放大信号，而数字中继器则能将接收到的信号整修到与原信号质量非常接近的程度。中继器通常用于局域网中各网段之间的连接，还可用来扩大有线和无线介质广域网的传输距离，如图 4-18 所示。

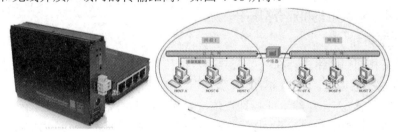

图 4-18 中继器

7) 路由器

所谓路由，是指通过相互连接的网络将信息从源地点移动到目标地点的活动，而路由器就是这样一种连接多个网络或网段的网络设备，它能对不同网络或网段之间的数据信息进行"翻译"，以使它们能够相互"读懂"对方的数据，从而构成一个更大的网络。路由器是一种智能通信设备，它可以为通信过程选择合适的网络和最快捷的有效路径。万一部分网络不能使用，路由器还能改变路径传送数据。正是由于路由器的作用，才能保证 Internet 上的数据、信息和指令能够正确地到达目的地。路由器可以说是在网络层上实现互联的关键设备，它通常有两大典型功能——数据通道功能和控制功能。数据通道功能包括转发决定、转发及输出数据链路调度等，一般由硬件来完成；控制功能一般由软件来实现，包括与相邻路由器之间的信息交换、系统配置、系统管理等。路由器的应用比网桥更加复杂，也具有更大的灵活性。过去路由器多用于广域网，近年来由于路由器性能有了很大的提高，价格也逐步下降，因此在局域网互联中也越来越多地使用路由器。常用的路由器外形如图 4-19 所示。

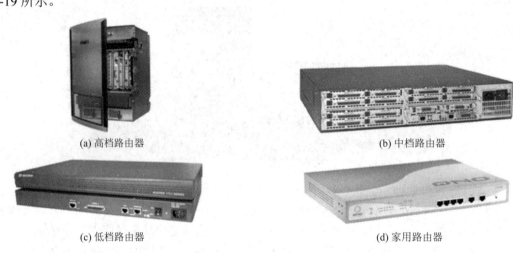

(a) 高档路由器　　　　　　　　　　　　　　　　(b) 中档路由器

(c) 低档路由器　　　　　　　　　　　　　　　　(d) 家用路由器

图 4-19　常用路由器

4.1.4　常见的网络拓扑结构

网络拓扑结构是指局域网中各计算机之间的连接形式。它借用数学领域中"图论"的方法，即抛开网络中的具体设备，将服务器、工作站等网络单元抽象为节点，将网络中的电缆通信媒体抽象为线，这样一个计算机网络系统就演变成由点和线组成的几何图形，从而描绘出计算机网络系统的具体结构。计算机网络的拓扑结构主要有总线型拓扑、星型拓扑、环型拓扑、树型拓扑和混合型拓扑等。

1. 总线型拓扑

总线型拓扑即在网络中存在一条公共的数据传输通道(或总线)，网络中的所有站点(主机)都并联到这条通道上，如图 4-20 所示。当网络中的某个站点需要和其他站点通信时，就发送数据包到总线上，总线上的各站点依次接收数据包并对数据包的目标地址进行判断，如果数据包的目标地址与自己相同，就予以接收，否则将其抛弃。总线型拓扑是一种被动的拓扑结构，总线上的计算机只负责接收网上的数据，不负责数据的转发。总线型拓扑的优点在于安装简单方便，需要铺设的电缆最短，成本低，并且某个站点的故障一般不会影响整个网络，但是如果总线介质发生故障将会导致整个网络瘫痪，因此总线型结构的网络安全性较低，监控比较困难。若要增加新的站点不如星型拓扑更方便。

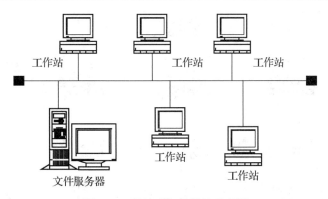

图 4-20　总线型拓扑结构示意图

2. 星型拓扑

在星型网络中,各站点通过线缆与中心站(多为集线器或交换机)相连, 如图 4-21 所示。当网络中的某个站点需要和其他站点通信时, 就发送数据包到中心站, 中心站再将数据包以广播的方式(中心站为集线器, 由各站点根据数据包的目标地址来决定是接收还是抛弃)或专线的方式(中心站为交换机, 根据交换机内部的对应表自动将数据包送到目标地址站点连接的端口)发送到目标站。星型拓扑是一

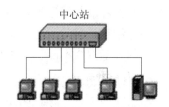

图 4-21　星型拓扑结构示意图

种集中控制的结构, 其特点是结构简单, 很容易在网络中增加或删除站点, 数据的安全性和优先级容易控制, 某一台计算机或某一根线缆的故障, 不会影响整个网络, 但因为所有的计算机都连接到中心站, 当网络规模较大时, 需要大量的线缆, 所以会增加建设成本, 并且如果中心站发生故障, 则整个网络会瘫痪。星型拓扑是目前计算机局域网中应用最广泛的一种网络结构。

3. 环型拓扑

环型拓扑是将各站点通过线缆连成一个封闭的环路。各站点以串联的方式连接到环中, 如图 4-22 所示。在网络中有一个按时间分配的数据收发标记, 也称为令牌。这个令牌按一定的时间间隔依次交给网络中的各站点, 只有当站点获

图 4-22　环型拓扑结构示意图

得令牌后, 才能将数据包发送到通信环上, 环上的各站点依次接收数据包并对数据包的目标地址进行判断, 如果数据包的目标地址与自己相同则予以接收, 否则将其转发到下一个站点。环型拓扑容易安装和监控, 成本较低, 但容量有限, 网络建成后, 难以增加新的站点。由于数据信号是依次通过每一台计算机的, 因此不容易保障数据安全, 并且网络中的任何一台机器或线缆出现故障都会影响整个网络的正常工作。

4. 树型拓扑

树型拓扑可以理解为由多级星型网络扩展形成的结构, 并自上而下呈三角形分布, 如图 4-23 所示。树型拓扑的最上层为核心层, 通常由高性能的骨干交换机构成, 中间为汇聚层, 最低层为桌面或边缘层。树型拓扑采用分级的集中控制方式, 其传输介质可有多条分支, 但不形成闭合回路, 每条通信线路都必须是支持双向传输的。

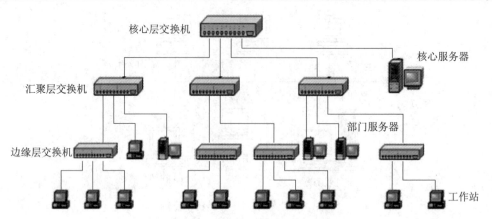

图 4-23　树型拓扑结构示意图

由于树型拓扑具有非常好的可扩展性、可管理性和易维护性，并可通过更换集中设备使网络整体性能得以迅速升级，极大地保护了用户的布线投资，因此大、中型网络多采用这种拓扑结构。但这种结构对根交换机(核心层交换机)的依赖性太大，如果根交换机发生故障，则整个网络不能正常工作，而且大量数据要经过多级传输，系统的响应时间较长。

5. 混合型拓扑

在组建一个较大规模的网络时，如果只单纯采用以上介绍的一种拓扑结构，往往会增加网络的复杂性和建设成本，这时就需要以总线型网络为骨干，以星型或树型网络为局部的混合型拓扑结构，如图 4-24 所示。

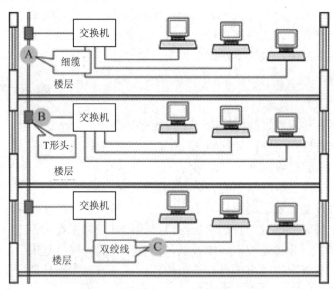

图 4-24　混合型拓扑结构示意图

4.1.5　计算机网络的分类

计算机网络是一个非常复杂的体系，按不同的分类标准可分为不同的类型，如表 4-1 所示。

表 4-1 　计算机网络的分类

分 类 标 准	网 络 名 称
地理范围	局域网(Local Area Network，LAN)、城域网(Metropolitan Area Network，MAN)、广域网(Wild Area Network，WAN)
管理方法	基于客户机/服务器的网络、对等网
网络操作系统	Windows 网络、Netware 网络、UNIX 网络
网络协议	NETBEUI 网络、IPX/SPX 网络、 TCP/IP 网络等
拓扑	总线型网络、星型网络、环型网络等
交换方式	线路交换、报文交换、分组交换
传输介质	有线网络、无线网络。
体系结构	以太网、令牌环网、AppleTalk 网络等
通信传播方式	广播网络、点到点网络

其中最常用的分类方法是按地理范围分类，如图 4-25 所示。

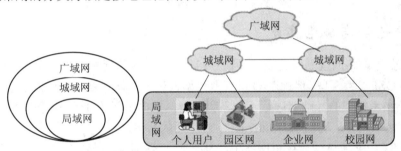

图 4-25 　计算机网络分类及关系

1. 局域网

局域网是一种在小区域内使用的网络，其分布距离一般在几十米到几十千米，是最常见的计算机网络。局域网具有速度快、延迟小、容易管理配置、拓扑结构构成简单等特点，在单位的内部网、校园网及中小企业网中得到了广泛的应用。随着社会信息化和光通信技术的不断发展，局域网的覆盖范围也将越来越大。同时为了更好地发挥网络作用，局域网也可以连接到城域网或广域网上。

2. 城域网

城域网的覆盖范围比局域网大，一般为几千米到几百千米。城域网主要为个人用户、企业局域网用户提供网络接入，并将用户信号转发到因特网中。城域网的信号传输距离比局域网长，布设更困难。城域网的网络结构较为复杂，往往采用点对点、环型、树型和环型相结合的混合结构。由于数据、语音、视频等信号可能都采用同一城域网，因此城域网的组网成本较高。比较典型的城域网有城市电子政府、园区网、Intranet 等。

3. 广域网

广域网也称为远程网，其覆盖范围比局域网要大得多，可从几百千米到几千千米甚至几万千米，典型广域网的构成如图 4-26 所示。广域网通常使用电话线、光纤、微波、卫星等作为传输介质。广域网虽然不如局域网结构规整、成本低、速度快、易管理，但其功能

强大、资源丰富，现已逐渐成为实现国家级信息交换与共享的有效途径。后面即将介绍的
Internet 就是一个功能强大、覆盖全球的广域网络。

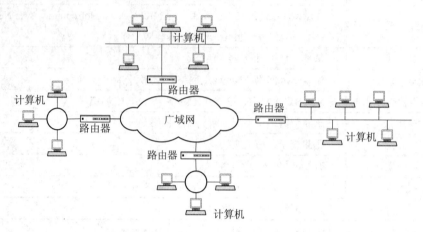

图 4-26　典型广域网的构成

4.1.6　IP 地址与域名系统

为规范全球网络的规划与建设，早在 1981 年，ISO(国际标准化组织)针对网络标准提
出了著名的 OSI 参考模型，但由于 OSI 参考模型太过于具体和复杂，难以通过硬件来实现，
为此在 OSI 参考模型的基础上进行了抽象和归纳，推出了新的 TCP/IP 协议集。TCP/IP 通
过不断地发展和完善，现已成为 Internet 中最主要的协议。

在使用 TCP/IP 协议的计算机网络中，为了唯一区别每一台主机，以标识数据收发的源
地址和目标地址，必须为全网中的每一个网络和网络中的每一台计算机都分配一个唯一的
编号，即 IP 地址。当主机要与局域网或 Internet 上其他主机通信，或者寻找 Internet 的各种
资源时，网络中的网卡、交换机、路由器等才会根据这个地址来决定数据包从哪台计算机
发出，又要送到哪台计算机去。

1. IP 地址的构成

根据现行 TCP/IP 协议 v4 版本的规定，计算机的 IP 地址由网络标识和主机标识两部分
组成，如图 4-27 所示。

网络标识	主机标识
122.	16.2.252

图 4-27　IP 地址的构成

其中，网络标识类似于某个电话号码的区号，表明了该主机位于哪一个网络中；主机标识
类似于某个电话号码，用来表示网络中的一台计算机的具体编号。

2. IP 地址的表示

(1) 二进制形式表示。二进制是计算机网络中各硬件能直接识别和使用的形式，后面
即将介绍的点分十进制地址及域名地址在计算机内部最终都要转换成二进制地址。现在使
用的 IPv4 版本规定：IP 地址由 32 位二进制数组成，以 8 位为单位分为四组，如 11001010
11000100 00001110 11010001。

注意：IPv4 版本由于地址有限，现已出现了地址枯竭的窘境，新一代的 IPv6 技术正在兴起，在不久的将来将取代 IPv4 网络。

(2) 点分十进制表示。由于二进制不容易记忆和书写，IP 地址通常还用点分十进制方式来表示，即将 32 位的 IP 地址中的每 8 位用其等效的十进制数字来表示，每个十进制数字之间用小数点分开。例如 01110001 00000000 00000001 00011111，用点分十进制方式可表示为 113.0.1.31。

3. IP 地址的分类

根据 IP 地址的结构(网络标识长度和主机标识长度)不同，Internet 中的 IP 地址可分为 A 类、B 类、C 类、D 类和 E 类，其中 A 类、B 类、C 类为主要类，如图 4-28 所示。

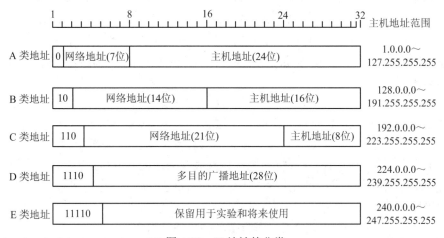

图 4-28　IP 地址的分类

(1) A 类地址。A 类地址的第一个字节为网络标识，第 1 位规定为“0”；后三个字节(24 位)为主机标识。因此，整个 Internet 中提供的 A 类网络的数目是 2^7，而每个 A 类网络可容纳的主机数最大为 $2^{24}-2$。A 类网络与其他类别网络相比，能够容纳的主机数目是最大的，但其网络数量有限，所以 A 类地址一般只用于世界上极少数具有大量主机的网络。

(2) B 类地址。B 类地址的前两个字节为网络标识，最高两位规定为“10”；后两个字节为主机标识。B 类网络的数目是 2^{14}，每个 B 类网络可容纳的主机数最大为 $2^{16}-2$。B 类地址适用于中等规模的网络。

(3) C 类地址。C 类地址的前三个字节为网络标识，最高三位规定为“110”；最后一个字节为主机标识。C 类网络的数目可以高达 2^{21}，因此 Internet 中绝大部分的网络是 C 类网络。每个 C 类网络可容纳的主机数最大为 2^8-2，C 类地址适用于主机数不多的小型网络。

4. IP 地址的管理

由于 IP 地址在 Internet 上全局有效并且是全球唯一的，因此其分配和回收应当由一个组织来统一管理，以避免 IP 地址冲突而导致网络不可用。IP 地址的管理机构和管理方式是层次型的，即由最高一级的管理机构——Internet 网络信息中心(Network Information Center，NIC)统一负责全球地址的规划和管理，并向提出地址请求的组织(对应于国家或网络)分配一个 IP 地址段，然后各组织再将这个大的地址段分成若干个小段，分配给再下一级组织，以此类推，直到最终用户从最低一级组织处分到一个 IP 地址为止。

5. 域名

IP 地址是一种数字型的标识方式，这对网络硬件和软件来讲是最有效的，但是对于广大网络用户来说不便于记忆和难以理解，为此 TCP/IP 协议引入了一种字符型的主机命名机制——域名。在网络中域名与 IP 地址是唯一对应的，它们通过计算机网络中的 DNS 服务器来相互转换。IP 地址与域名的转换实例如表 4-2 所示。

表 4-2　IP 地址与域名的转换实例

位　置	域　名	地　址	地址类别
中国教育和科研计算机网	Cernet.edu.cn	202.112.0.36	C
北京大学	www.pku.edu.cn	162.105.129.30	B
清华大学	www.tsinghua.edu.cn	166.111.250.2	B

为了避免重名，主机的域名也采用层次结构，各层次的子域名之间用圆点"."隔开，从右至左分别为第一级域名(也称顶级域名)，第二级域名，直至主机名(最低级域名)。

其结构如下：

　　　　　　　主机名. ……. 第二级域名. 第一级域名

例如 www.pku.edu.cn 是北京大学的一个域名，其中 www 表示的是一台提供网页服务的服务器，pku 是北京大学的英文缩写，edu 表示教育机构，cn 表示中国。

为保证域名系统的通用性，因特网国际特别委员会(International Ad Hoc Committee，IAHC)规定顶级域名为一组标准化符号和国家地区代码。另外，也可以以组织机构的性质来作为顶级域名，如表 4-3 所示。

表 4-3　顶级域名的代码及含义

顶级域名代码	含　义	顶级域名代码	含　义
cn	中国	ac	科研院所及科技管理部门
fr	法国	gov	国家政府部门
us	美国	org	各社会团体及民间非营利组织
hk	中国香港	net	接入网络的信息和运行中心
jp	日本	com	商业组织、公司
tw	中国台湾	edu	教育单位

4.2　局域网技术及其应用

局域网是目前计算机网络中最常用的一种小型网络，它一般采用光纤或超五类双绞线作为传输介质，以交换机为主要联网设备，以树型拓扑为主要网络结构。因其网速快、成本低，被广泛地应用于单位或部门的内部网、办公自动化网、校园网中。局域网虽然是广域网的一个重要组成部分，但是其技术原理和实现手段与广域网却有着很大的区别，这里先介绍局域网的一些基础知识。

4.2.1　局域网的构建模式

根据网络管理方式的不同，可以将局域网的构建模式分为对等网模式、基于客户机/服务器模式(Client/Server 模式,C/S 模式)和基于浏览器/服务器模式(Brower/Server 模式,B/S 模式)。

1. 对等网模式

对等网模式指在局域网中,每台计算机的地位和作用都是平等的,没有服务器和客户机之分。在不使用网络时,每一台计算机负责处理本机事务和维护自身资源的安全;而在使用网络时,每台计算机既可从网络中获取资源,也可向网络提供资源。一个典型的对等网模式的网络结构如图 4-29 所示。

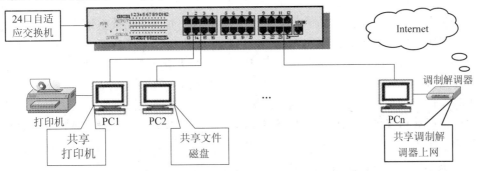

图 4-29　典型的对等网模式的网络结构

对等网的结构简单,其资源被分布到许多计算机中,因此对硬件的需求比较低,不需要高端服务器,节省网络成本。同时,对等网不需要安装功能复杂的网络操作系统,每一台机器都可以独立设置本机的共享资源、用户访问及权限等,管理网络的工作被分配给每台计算机的用户,因此对等网很容易安装和管理。

当然对等网的缺点也是非常明显的,如提供的服务功能较少,每个站点既要承担通信处理功能,又要进行网络资源和服务管理。因此信息处理能力下降,并且难以确定文件的位置,网络数据分散,使得整个网络难以管理。

2. 基于客户机/服务器模式

基于客户机/服务器模式在拓扑结构上与对等网模式没有太大的区别。在这种模式的局域网中,由一台或几台配置较高、功能强大的小型机或微机运行网络操作系统来担当服务器,用于对网络中的用户和共享资源进行集中管理,用户必须先以合法的身份登录网络,然后才能按系统分配的权限访问和使用网络中的各种资源,C/S 模式的网络结构如图 4-30 所示。

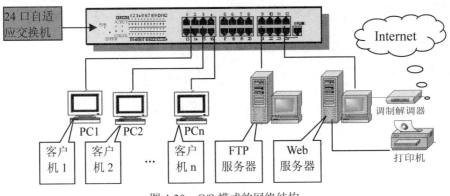

图 4-30　C/S 模式的网络结构

C/S 模式的特点是易于实现资源的管理和备份，具有良好的安全性和可靠性，但其构建成本较高，适用于对数据安全要求严格的场合。

3. 基于浏览器/服务器模式

浏览器/服务器模式将各种网络资源和核心数据库存放在服务器上，而客户端通过浏览器来获得相应的数据和服务。它是随着 Internet 技术的兴起，利用不断成熟的浏览器技术，结合多种 Script 语言(VBScript、JavaScript 等)和 ActiveX 技术，对 C/S 模式的一种改进。

在 B/S 模式中，用户通过浏览器向分布在网络上的许多服务器发出请求，服务器对浏览器的请求进行处理，将用户所需信息返回到浏览器，而其余如数据请求、加工、结果返回以及动态网页生成、对数据库的访问和应用程序的执行等工作全部由 Web Server 完成。随着 Windows 将浏览器技术植入操作系统内部，这种结构已成为当今应用软件的首选体系结构。显然 B/S 模式相对于传统的 C/S 模式是一个非常大的进步。

B/S 模式的主要特点是分布性强、维护方便、开发简单且共享性强，总体拥有成本较低，但也存在数据安全性较差、对服务器要求过高、数据传输速度慢、软件的个性化特点明显减弱等问题。

4.2.2　局域网的配置及测试

一般来说，用户如果要将自己的计算机联入局域网，首先要在自己的计算机中安装一块网卡(主板上已经集成网卡的情况除外)，并正确安装驱动程序，然后通过双绞线、水晶头连接到网络交换机的一个空闲端口上，以实现本机与网络的物理连接，然后还需要对网卡的参数进行配置和测试，这样才能实现计算机与网络的数据通信。

1. 局域网配置

由于现在的局域网一般都采用 TCP/IP 协议，所以对计算机网络属性的配置实际上就是对 TCP/IP 参数的设置，具体步骤如下：

(1) 执行"开始"→"Windows 系统"→"控制面板"命令，在打开的"所有控制面板项"窗口中单击"网络和共享中心"图标，在打开的"网络和共享中心"窗口中单击"更改适配器设置"链接，打开"网络连接"窗口。

(2) 在"网络连接"窗口中右击"以太网"，从弹出的快捷菜单中选择"属性"命令(见图 4-31)，打开"以太网属性"对话框，如图 4-32 所示。

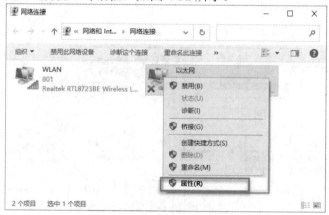

图 4-31　选择"属性"命令

(3) 在"以太网属性"对话框中双击"Internet 协议版本 4(TCP/IPv4)"选项，打开"Internet 协议版本 4(TCP/IPv4)属性"对话框，如图 4-33 所示。

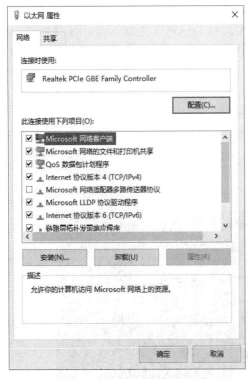
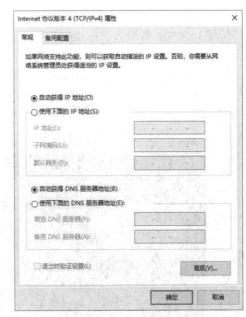

图 4-32　"以太网属性"对话框　　　　图 4-33　"Internet 协议版本 4(TCP/IPv4)属性"对话框

(4) 如果计算机网络中存在自动分配 IP 地址的动态主机配置协议(Dynamic Host Configuration Protocol，DHCP)服务器[具体可咨询提供网络接入的互联网服务提供商(Internet Service Provider，ISP)]，可选中"自动获得 IP 地址"单选按钮，这样可以省去手工输入的麻烦，同时还可以避免输入错误或 IP 地址冲突的情况。如果没有，则需要选中"使用下面的 IP 地址"单选按钮，并依次输入申请入网时从网络管理员处得到的 IP 地址、子网掩码、默认网关及 DNS 服务器地址等。

(5) 设置完成后，单击"确定"按钮。

2. 网络连接测试

网络配置完成后，为了验证配置是否生效，能否和网络上的其他计算机进行通信，还需要对网络进行测试。在 Windows 中，可使用 ipconfig 命令和 ping 命令来进行网络连接测试。

1) 用 ipconfig 命令测试

(1) ipconfig 命令的功能及格式。inconfig 命令用于显示本地连接(网卡)当前的 TCP/IP 网络配置值，用来验证人工配置的 TCP/IP 属性是否正确。如果计算机所在的局域网使用了 DHCP，则这个程序所显示的信息就更加实用。这时，ipconfig 可以让我们了解自己的计算机是否成功地租用到一个 IP 地址，如果租用到，则可以了解它目前分配到的是什么地址。使用 ipconfig 命令不仅可以查看计算机当前的 IP 地址，还可以查看子网掩码和默认网关以及 DNS 服务器的地址等信息，这些信息对测试网络故障和分析故障原因是非常必要的。ipconfig 命令的格式如下：

ipconfig [/all] [/renew] [/ release]

其中，[ ]中的参数均为可选，使用不带参数的命令可以显示网卡的 IP 地址、子网掩码、默认网关；all 用来显示本地连接的完整 TCP/IP 配置信息；renew 用来更新本地连接的 DHCP 配置；release 用来释放本地连接的当前 DHCP 配置，并丢弃 IP 地址配置。

(2) ipconfig 命令的使用步骤如下：

① 在桌面任务栏中输入"cmd"并按下 Enter 键，打开"命令提示符"窗口。

② 在光标位置处输入"ipconfig /all"并按下 Enter 键，窗口中显示运行结果，如图 4-34 所示。如果运行结果与在"Internet 协议版本 4(TCP/IPv4)属性"对话框中设置的参数一致，说明设置已生效。

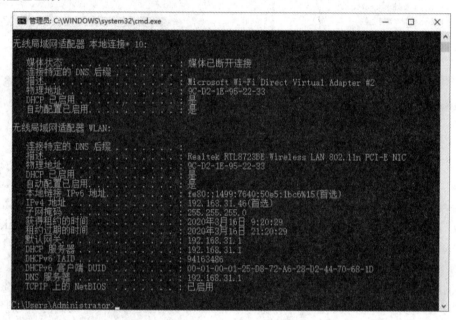

图 4-34　ipconfig 命令的运行结果

2) 用 ping 命令测试

(1) ping 命令的功能及格式。ping 命令的功能是校验本机与网络中其他计算机的连接状况，即从本机向目的主机发送 4 个 32 字节的数据包，并计算目的计算机的响应时间，若响应时间小于 400 ms 即为正常。ping 命令的格式如下：

ping 目标主机 IP 地址/域名

其中，目标主机 IP 地址指要与之通信的主机的 IP 地址，在实际应用中，一般以默认网关作为测试对象，如使用 61.189.159.145；目标主机域名即对方的域名，当不知道对方主机的 IP 地址时可以使用对方的域名。

(2) ping 命令的使用示例如下：

① 在"命令提示符"窗口中输入"PING WWW.QQ.COM"并按下 Enter 键，可显示运行结果如图 4-35 所示。该运行结果表明本机能连接到腾讯官网。

图 4-35　ping 命令的运行结果

② 在"命令提示符"窗口中输入"ping 210.33.119.117"并按下 Enter 键，可显示运行结果，如图 4-36 所示。运行结果说明本机与对方主机连接不通或对方主机拒绝了本机的 ping请求。

图 4-36　返回 4 个"请求超时"信息

4.2.3　局域网的简单应用

局域网比较典型的应用包括文件共享、文件的上传与下载、磁盘共享、打印共享及远程桌面共享等。

共享是使计算机中的软件及硬件资源不仅能被本机或本用户使用，而且可以通过计算机网络被其他的用户使用。共享是节约资源和充分利用资源的一种有效手段。Windows 10提供了丰富及安全的共享功能，用户不仅可以使用系统提供的共享文件夹，而且可以设置自己的共享文件夹。另外，在 Windows 10 中，文件是不能直接共享的，如果要共享某个文件，可将其移动或复制到某个共享的文件夹中。为实现共享功能，可按以下步骤操作。

1. 同步工作组

不管使用的是何种版本的 Windows 操作系统，首先要保证联网的各计算机的工作组名称一致且计算机名不同。

要查看或更改计算机的工作组、计算机名等信息，可在桌面上右击"计算机"图标，从弹出的快捷菜单中选择"属性"命令，打开"系统"窗口，在"计算机名、域和工作组设置"栏中可以查看计算机名和工作组，如图 4-37 所示。

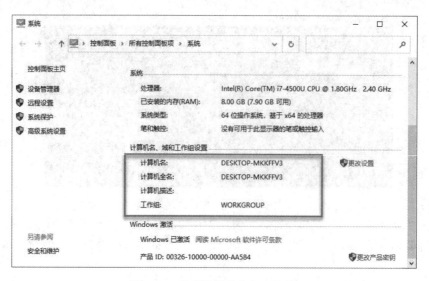

图 4-37　查看计算机名和工作组

若需更改相关信息，可在"计算机名、域和工作组设置"栏右边单击"更改设置"按钮，打开"系统属性"对话框，再单击"更改"按钮，打开"计算机名/域更改"对话框，如图 4-38 所示。在对话框中输入合适的计算机名和工作组名(确保两台或多台联网的计算机拥有相同的工作组名和不同的计算机名)，单击"确定"按钮，重新启动计算机使更改生效。

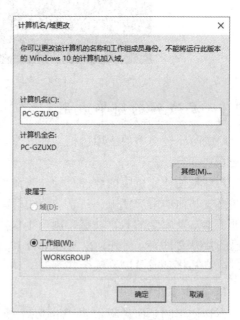

图 4-38　更改计算机名和工作组名

2. 设置高级共享

(1) 在桌面上右击"网络"图标，在弹出的快捷菜单中选择"属性"，打开"网络和共享中心"窗口，如图 4-39 所示。

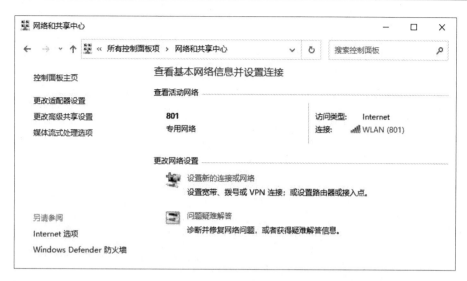

图 4-39　"网络和共享中心"窗口

(2) 在"网络和共享中心"窗口左侧面板中单击"更改高级共享设置"链接，打开"高级共享设置"窗口，如图 4-40 所示，在该窗口中进行高级共享设置。

图 4-40　"高级共享设置"窗口

3．共享文件或文件夹

在 Windows 10 中共享文件的方法非常简单，具体可按以下步骤操作：

(1) 右击准备共享的文件夹，从弹出的快捷菜单中选择"授予访问权限"→"特定用户…"命令，如图 4-41 所示。

(2) 在打开的"网络访问"窗口的"选择要与其共享的用户"文本框中输入"Everyone"(见图 4-42)后，单击"添加"按钮，"Everyone"出现在列表中，并在"权限级别"下拉列

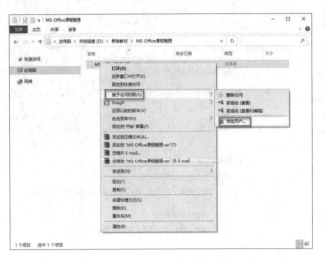

图 4-41　选择"特定用户"命令

表中选中将要赋予 Everyone 的相应权限(读取、读写/写入、删除)，设置完成后单击"共享"按钮，当出现如图 4-43 所示的窗口时，即表明共享完成。

图 4-42　设置共享权限

图 4-43　完成特殊用户共享

注意： 如果某文件夹被设为共享，那么它的所有子文件夹也将默认被共享。

4．访问共享文件夹

当共享设置完成后，就可以在网络中其他计算机桌面上双击"网络"图标来访问该机共享的资源，如图 4-44 所示。

图 4-44　共享计算机中可访问的资源列表

对于那些经常要使用的共享文件夹或磁盘，Windows 10 提供了另一种更加简单、快捷的访问手段——映射网络磁盘，就是将共享文件夹或磁盘图标添加到"此电脑"窗口中，就可以像使用本机磁盘一样来使用共享的文件或磁盘了。具体操作方法是：选中共享文件夹或磁盘图标，单击"映射网络驱动器"下三角按钮，在下拉菜单中选择"映射网络驱动器"命令(见图 4-45)，在打开的"映射网络驱动器"对话框中进行简单设置后单击"完成"按钮，"此电脑"窗口中出现映射网络位置，如图 4-46 所示。

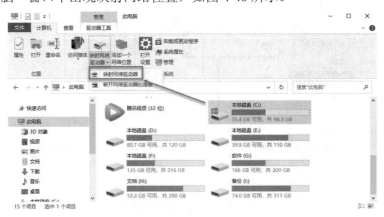

图 4-45　映射网络驱动器

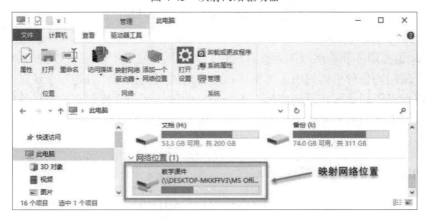

图 4-46　映射网络位置

如果被共享的计算机中安装了打印机，并且设置了打印机共享，那么网络中的其他用户也可以通过网络来远程使用打印机，如图 4-47 和图 4-48 所示。

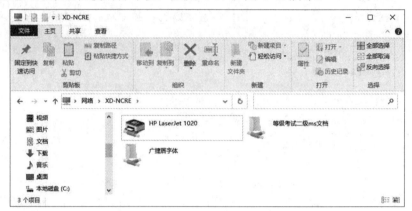

图 4-47　网络中共享的打印机列表

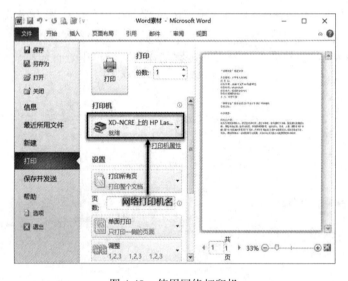

图 4-48　使用网络打印机

4.3　Internet 及其应用

Internet 也称国际互联网或国际计算机信息资源网，它是一个采用 TCP/IP 协议把各个国家、各个部门、各种机构的内部网络连接起来的数据通信网，也是一个通过光纤、微波及路由器将世界不同地区、不同规模、不同类型的网络互相连接起来的全球性的广域网。由于其提供了丰富的服务和资源，因此，越来越多的用户和组织加入其中。Internet 已经成为人们工作、学习、生活必不可少的工具。

4.3.1　Internet 的产生及发展

Internet 始于 1968 年美国国防部高级研究计划局(Defense Advanced Research Projects Agency，DARPA)提出并资助的实验性军用网络 ARPANET(Advanced Research Projects

Agency Network，阿帕网)，其目是将各地不同的主机以一种对等的通信方式连接起来，建立一个覆盖全国的网络，以便于研究发展计划的进行，并为各地用户提供计算资源和多途径的访问。虽然当时连接的计算机数量较少，但在这个网络的基础上发展了互联网络通信协议的一些最基本的概念，使 ARPANET 成为 Internet 的前身。

20 世纪 80 年代初期，TCP/IP 成为 ARPANET 上的标准通信协议，标志着真正的 Internet 出现。

20 世纪 80 年代后期，ARPANET 宣布解散，与此同时，美国国家科学基金会(National Science Foundation，NSF)发现 Internet 在科学研究上的重大价值，即在美国政府的资助下，采用 TCP/IP 协议将美国五大超级计算机中心连接起来，组建了 NSFNET 网络，并围绕 NFSNET 又发展了一系列新的网络，它们通过骨干网节点相互传递信息，推动了 Internet 的发展。1992 年美国高级网络和服务(Advanced Network Services，ANS)公司组建了新的广域网 ANSNET 以取代 NSFNET，其传输容量是 NSFNET 的 30 倍，传输速率达到 45 Mb/s，成为目前 Internet 的骨干网。

20 世纪 90 年代，Internet 的发展和巨大成功吸引了世界各先进工业国家和各大商业机构纷纷加入其中，成为 Internet 发展的一个重要动力，此后成千上万的用户以惊人的速度增长。Internet 的规模迅速扩大，应用领域也突破原来的限制，并逐步过渡为商业网络。时至今日，Internet 通过各种高速通信设备和线路将全世界几乎所有的国家连接起来，成为全球规模最大、用户数最多的网络，如图 4-49 所示。

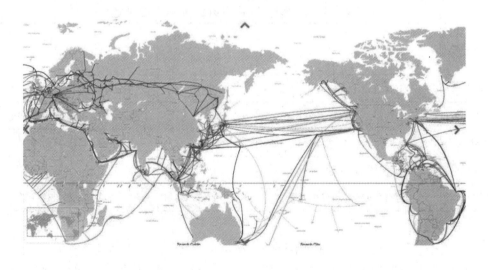

图 4-49 全球互联网骨干线路结构

Internet 虽然在我国起步较晚，但发展非常迅速。1987—1993 年，我国开始开展 Internet 的科学研究和技术合作，并通过拨号(X.25 协议)实现了电子邮件服务。1994 年 4 月开始，正式实现了 TCP/IP 连接，到 1996 年初已形成了以中国公用计算机互联网(ChinaNet)、中国国家计算机与网络设施(The National Computingand Networking Facility of China，NCFC)、中国教育和科研计算机网(China Education and Research Network，CERNet)、中国金桥信息网(China Golden Bridge Network，CHINAGBN)为国际出口的网络体系。

(1) 中国公用计算机互联网：由国家邮政局组建，包括 8 个地区的网络中心和 31 个省市的网络分中心，是一个可在全国范围提供 Internet 商业服务的网络。

(2) 中国国家计算机与网络设施：底层为中科院、北京大学、清华大学的校园网，高层为国内其他科研与教育单位的院校网及接入 Internet 的 NCFC 主干网。

(3) 中国教育和科研计算机网：1994 年由国家计划委员会(已更名为国家发展和改革委员会)和国家教育委员会(已更名为中华人民共和国教育部)出资组建。

(4) 中国金桥信息网(也称中国国家公用经济信息通信网)：1993 年开始建设，是建立金桥工程的业务网，也是一个可在全国范围提供 Internet 商业服务的网络。

4.3.2　Internet 的接入

Internet 是覆盖全球的网络，其各级主干网是由光纤铺设而成的，但是 Internet 并没有真正直接接入千家万户，用户必须通过各互联网服务提供商(Internet Service Provider，ISP)提供的线路和服务接入 Internet，如图 4-50 所示。

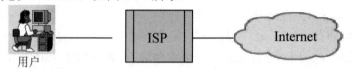

图 4-50　Internet 接入模型

ISP 为 Internet 用户提供综合互联网接入业务、信息业务和增值业务。国内主要的 ISP 如表 4-4 所示。

表 4-4　我国大型互联骨干网的国际出口带宽

骨干网	中文名称	国际出口带宽 /(Gb/s)	说　明
ChinaNet	中国公用计算机互联网	809.9	商业网，信息产业部主管
CNCNet	中国联通计算机互联网	466.9	商业网，信息产业部主管
CMNet	中国移动互联网	82.6	商业网，信息产业部主管
CSTNet	中国科技网	18.5	公益网，科技部主管
CERNet	中国教育和科研计算机互联网	11.7	公益网，科技部主管

1. 拨号接入

拨号接入是利用普通公用电话网接入 Internet 的方式，由于电话线只能传输模拟信号，因此在用户端和 ISP 端都需要配置调制解调器(Modem)，用于模拟信号和数字信号的转换和数据的收发(见图 4-51)，其中将计算机的数字信号转换为模拟信号叫作调制，将模拟信号转换成数字信号叫作解调。

由于拨号接入存在数据传输速度慢(最高速率只有 56 kb/s)、语音和数据不能共存(上网时不能打电话，打电话时不能上网)、费用高(按时计费，费用由通话时长和网络服务两部分组成)等缺点，因此现已逐渐退出主要应用领域，但对于一些不具备其他接入方式的地区和一些上网时间较短，对网速要求不高的用户而言，拨号上网也不失为一种好方法。

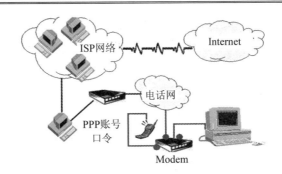

图 4-51　拨号接入 Internet

2．非对称数字用户线路

非对称数字用户线路(Asymmetric Digital Subscriber Line，ADSL)是系统在用户端采用 ADSL 调制解调器，通过普通电话线连接到电话交换局前端 ADSL 解调设备，解调后送入 ATM 网，其传输速度可达上行 1 Mb/s、下行 8 Mb/s。ADSL 在调制方式上采用离散多音复用技术，在一对铜线上用 0～4 kHz 传输电话音频，用 26 kHz～1.1 MHz 传输数据，并将它以 4 kHz 的宽度划分为 25 个上行子通道和 249 个下行子通道。利用 ADSL 上网时，ADSL 调制解调器产生 3 个信息通道(简称信道)，即 1 个为标准电话通道、1 个 640 kb/s～1 Mb/s 的上行通道、1 个 1 Mb/s～8 Mb/s 的高速下行通道，3 个信道同时进行 ADSL 传输而又互不影响。ADSL 接入 Internet 示意图如图 4-52 所示。

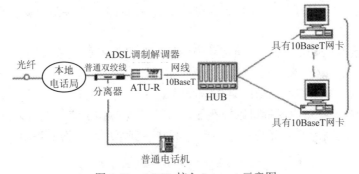

图 4-52　ADSL 接入 Internet 示意图

另外，最新的 VDSL2 技术可以达到上、下行各 100 Mb/s 的速率，其特点是速率稳定、带宽独享、语音数据不干扰等，适用于家庭、个人等大多数网络应用需求，满足一些宽带业务，如交互式网络电视(Internet Protocol Television，IPTV)、视频点播(Video On Demand，VOD)、远程教学、可视电话、多媒体检索、LAN 互联和 Internet 接入等。

3．小区宽带接入

小区宽带接入(局域网接入)是一种光纤接入方式，网络运营商 ISP 引光纤到小区(一般带宽是 100 Mb/s)，在小区内部组建局域网，小区用户共享这条光纤的带宽，即 FTTX+LAN 方式。ADSL 宽带是独享的，速度比较稳定，小区光纤接入带宽是被小区用户共享的，如果小区同时上网的用户过多，或者有用户占用很大的带宽时，就会影响上网速度。这种接入方式对用户设备要求最低，只需一台带 10/100 Mb/s 自适应网卡的计算机，软件设置方面需要配置 IP 地址或自动获取 IP 地址，如图 4-53 所示。

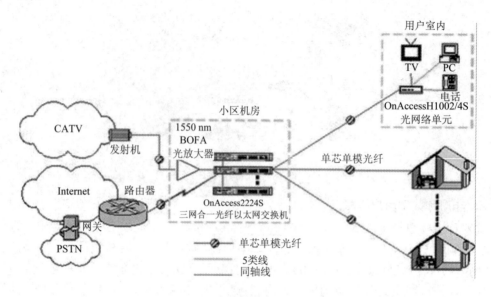

图 4-53　小区宽带接入 Internet 示意图

4．无线接入

无线接入分两种：一种是以传统局域网为基础，由无线 AP 或无线路由器、无线网卡构建的无线上网方式，也称为 Wi-Fi(Wireless Fidelity)接入；另一种是通过手机开通数据功能，以计算机通过手机或无线上网卡来达到无线上网的目的，上网速度则由所使用的技术、终端支持速度和信号纯度共同决定。

(1) Wi-Fi 接入。Wi-Fi 是一种可以将有线网络信号转换成无线信号，供支持 Wi-Fi 技术的计算机、手机、PAD 等接收的无线网络传输技术。

AP 或无线路由器是有线局域网络与无线局域网络之间的桥梁，只要在家庭中的 ADSL 或小区宽带中加装无线路由器就可以把有线信号转换成 Wi-Fi 信号，而装有无线网卡的计算机均可通过 AP 或无线路由器来分享有线局域网络甚至广域网络的资源，如图 4-54 所示。

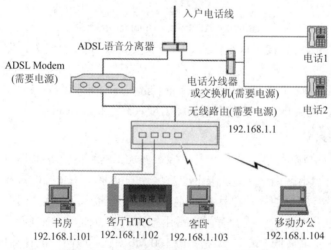

图 4-54　家庭 Wi-Fi 接入 Internet 示意图

根据无线网卡使用标准的不同，Wi-Fi 的速度也有所不同。IEEE808.11b 规定的最大数据传输速率为 11 Mb/s，IEEE802.11g 规定的最大数据传输速率为 54 Mb/s，IEEE802.11n 规定的最大数据传输速率为 600 Mb/s。

(2) 利用 4G/5G 网络手机接入。4G 网络是第四代移动通信网络。目前 ITU 审批的 4G 标准有两个：一个标准是由我国研发的 TD-LTE，它是由 TD-SCDMA 演进而来的；另一个标准是欧洲研发的 LTE-FDD，它是由 WCDMA 演进而来的。4G 上网速度可达 60 Mb/s，比 3G 网络快几十倍，如图 4-55 所示。

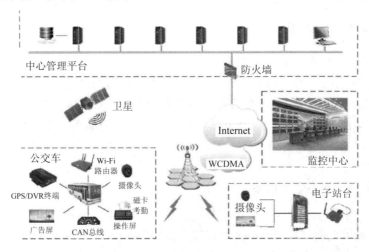

图 4-55　4G 接入 Internet 示意图

5G 是最新一代蜂窝移动通信技术。5G 的性能目标是高数据速率、减少延迟、节省能源、降低成本、提高系统容量和实现大规模设备连接。

4.3.3　Internet 中的服务

Internet 之所以受到大量用户的青睐，是因为它能够提供丰富的服务，主要包括以下几项。

1. 信息浏览

信息浏览(WWW)是因特网上发展最快和使用最广的服务。它以超文本和链接技术为基础，将全世界的各种信息有机地组织在一起，驻留在网站服务器上，用户可使用本机上的浏览器来检索和查阅各自所需的信息。

2. 电子邮件

电子邮件(E-mail)是因特网上最早提供的服务之一。通过因特网和电子邮件地址，通信双方可以快速、方便和经济地收发电子邮件，而且电子信箱不受用户所在地理位置的限制，只要能连接上因特网，就能使用电子信箱。它具有省时、省钱、方便和不受地理位置限制等优点，现已成为人们使用较多的沟通方式之一。

3. 文件传输

文件传输(FTP)为因特网用户提供在网络上下载和上传各种类型文件的功能，不仅扩大了用户的存储空间，而且也是用户保证文件安全的有效手段之一。FTP 服务分普通 FTP 服务和匿名 FTP 服务两种：普通 FTP 服务向注册用户提供文件传输服务；匿名 FTP 服务向任何因特网用户提供核定的文件传输服务。

4．远程登录

远程登录(Telnet)是一台主机的用户使用另一台主机的登录账号和口令与该主机实现连接，作为它的一个远程终端使用该主机的资源的服务。

此外，因特网还提供电子公告牌(Bulletin Board System，BBS)、IP 电话、网络视频会议、网上远程教学、网络游戏、视频点播、网络论坛、聊天室、电子政务、电子商务、网上银行和网上购物等多种特殊的服务。

4.3.4　WWW 的使用

WWW(即万维网)是 World Wide Web 的缩写，简称 3W，是 Internet 上一个非常重要的信息资源网。3W 是 20 世纪 90 年代初在 Internet 上新出现的服务，它遵循超文本传输协议(Hyper Text Transfer Protocol，即 HTTP，一种专门用来在网络中传输网页信息的协议)，以超文本或超媒体技术为基础，将 Internet 上各种类型的信息资源(包括文本、数字、声音、图形、图像、影视等)巧妙地集合在一起，形成 Web 信息，驻留在 Web 服务器上，供用户快速访问或查询。

1．WWW 中的几个重要概念

(1) 网页。网页也称为 Web 页，它采用超文本标记语言(Hyper Text Markup Language，即 HTML，一种用来做网页设计的计算机语言)编写程序，将各种类型信息资源有机地组合在一个页面上，即在一个网页中可以有序地包含文字、表格、图片、声音、视频动画等信息及其他数据资源。

(2) 链接。在 Web 页中，通常都有一些带下划线的文字或图片，将鼠标指针移动到其上时，指针会呈手形，这些文字和图片通常称为链接或超链接，单击链接就可以从一个网页转到另一网页，以此类推，再单击新网页中的链接又能转到其他网页。

(3) 网站。网站通常是指单位、公司或个人用于保存或发布网页的计算机或服务器。在 Internet 中，一台计算机除了拥有一个唯一的 Internet IP 地址外，一般还拥有一个唯一的域名地址(如 www.edu.cn)，当其他用户在其计算机浏览器的地址栏中输入域名或 IP 地址后，网络就会采用 HTTP 将保存在该计算机中的网页信息传送到用户计算机中，并显示在用户的浏览器窗口中。

(4) 主页。网站的第一个 Web 页或起始页通常称为主页，它包含了进一步打开网站其他内容的链接，用户要访问一个网站的具体内容，往往要从主页开始。

(5) 统一资源定位器(Uniform Resource Locator，URL)。URL 用来描述 Web 页或包含在 Web 页中各种资源的地址和访问它时所用的协议，其使用格式如下：

协议://IP 地址或域名/路径/文件名

其中，协议是指访问方式或获取数据的方法，简单地说就是"游戏规则"。常用的访问方式有 http、ftp 等，分别表示使用 http 或 ftp 协议来访问该主机；IP 地址或域名是指存放该资源的主机的 IP 地址或域名；路径/文件名是用路径的形式表示 Web 页在主机中的具体位置(如文件夹、文件名等)。

例如，http://www.gzmu.edu.cn/web/html/salsa.html 是一个 Web 页的 URL，它告诉系统：

使用 http 访问域名为 www.gzmu.edu.cn 的主机上的 web 文件夹中的 html 文件夹中的一个 HTML 语言文件 salsa.html。

(6) 浏览器。浏览器是一种用户使用 WWW 的客户端软件工具，安装在用户的计算机上，在基于 Web 的浏览器/服务器(B/S)工作环境中，浏览器起着控制的作用，它一方面将用户的请求(如在地址栏中输入某个网站地址、在网页中单击某个链接、下载某个资源等)转换成网络上计算机能够识别的命令，送到要访问的 WWW 服务器上。另一方面，WWW 服务器上运行的服务程序在收到请求后，把用户指定访问的资源文件通过 HTTP 协议传送回用户计算机，经浏览器解释后，把用超文本标记语言描述的信息转换成便于理解的网页形式并显示在浏览器窗口中。

用户要访问 WWW 服务器，必须在本地计算机上运行浏览器软件。浏览器软件有很多种，目前最常用的 Web 浏览器是 Microsoft 公司的 Internet Explorer，当然还有很多基于 IE 核心开发的浏览器，如 360 浏览器、QQ 浏览器等。

Internet Explorer 从 Windows 98 起便以组件的形式被集成到了操作系统中，成为操作系统的一部分。Internet Explorer 发展至今先后经历了 4.0、5.0、6.0、7.0 等多个版本，下面以当前广泛使用的 Internet Explorer 11(以下简称 IE11)为例来讲解浏览器的使用。

注意：现在 IE 已取消独立版本号，与 Windows 10 版本号相同。

2. IE11 浏览器的启动

双击桌面上的"Internet Explorer"图标，或单击"开始"按钮，在"开始"菜单中选择"Windows 附件"→"Internet Explorer"命令，即可打开 IE11 的窗口，如图 4-56 所示。

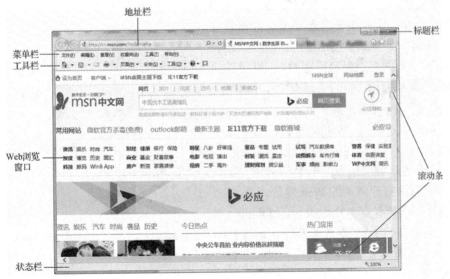

图 4-56　Internet Explorer 窗口组成

3. IE11 的窗口组成

(1) 标题栏。标题栏显示三个窗口控制按钮，依次为"最小化""最大化/还原"和"关闭"按钮，可对浏览器窗口大小进行控制和移动操作。

(2) 地址栏。地址栏显示当前打开的 Web 页面的地址，可以在地址栏中重新输入要打开的 Web 页面的地址，或单击"地址栏"右侧的扩展按钮，打开下拉列表，列出最近浏览过的几个页面，单击选定的页面，即可转到该页面。地址栏的左边还包含"前进"和"后退"两个按钮，用于在不同层次级别的 Web 页中进行跳转。

(3) 菜单栏。菜单栏包含了对 IE 窗口进行操作的各类菜单命令，如"文件""编辑""查看""收藏夹""工具""帮助"等，其具体功能和用法将在后面介绍。

(4) 工具栏。菜单栏下面是工具栏，包含用户在浏览网页时最常用的一些命令，如图4-57 所示。

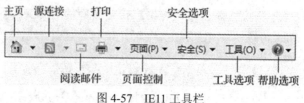

图 4-57　IE11 工具栏

① 主页。"主页"按钮用来打开、设置或删除浏览器默认的起始主页。

② 源连接。"源连接"按钮用于提供更新的网站内容。

③ 阅读邮件。单击"阅读邮件"按钮，可以启动 Microsoft Outlook 组件来阅读或管理电子邮件。

④ 打印。"打印"按钮用来将当前页面输出到打印机。

⑤ 页面控制。"页面"按钮用来对当前页面进行编辑或设置页面属性。

⑥ 安全选项。"安全"按钮用来设置页面安全属性。

⑦ 工具选项。"工具"按钮和"工具"菜单相似，提供实用 IE 工具选项。

⑧ 帮助选项。"帮助"按钮和"帮助"菜单相似，提供 IE 帮助。

(5) 滚动条。滚动条分为水平滚动条和垂直滚动条，分别位于 Web 浏览窗口的下方和右侧，当打开的网页页面超过窗口范围时，可以通过拖动滚动条来调整窗口中的显示内容(也可使用鼠标轮)。

(6) Web 浏览窗口。Web 浏览窗口用于显示网页的信息。

(7) 状态栏。窗口最下端的是状态栏，状态栏中显示了当前打开网页的 Web 地址。

注意：在标题栏空白处右击，利用弹出的快捷菜单中的命令可以设定浏览器窗口是否显示"菜单栏""收藏夹栏""命令栏"和"状态栏"。

4. 设置 IE11

在桌面上右击 IE11 图标，从弹出的快捷菜单中选择"属性"命令，或者先启动 IE，再执行"工具"→"Internet 选项"命令，打开"Internet选项"对话框，如图 4-58 所示。该对话框中包含"常规""安全""隐私""内容""连接""程

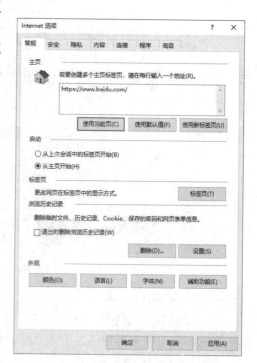

图 4-58　"Internet 选项"对话框

序"和"高级"七个选项卡，这里仅介绍普通用户常用的"常规""安全""高级"三个项目。

1)　"常规"选项卡

(1) 主页。主页即启动 IE11 后自动连接到的第一个网站，通常为 Microsoft 公司的主页。用户也可以将自己经常访问的网站地址输入至"主页"地址栏中，作为 IE11 的起始页。另外，还可以单击"使用当前页"将当前打开的网页设置为 IE11 的起始页，也可以单击"使用默认页"按钮将 Microsoft 公司的主页设置为 IE11 的起始页，或单击"使用新标签页"按钮，设置启动后打开网站搜索页面，如图 4-59 所示。

图 4-59　设置 IE 主页为网站搜索页面

(2) 启动。"启动"选项组用于设置 IE11 下次打开时是从主页开始还是从上次关闭时打开的页面开始。

(3) 标签页。"标签页"选项组用于更改网页在标签页中的显示方式。

(4) 浏览历史记录。历史记录是在浏览网页时由 Internet Explorer 记住并存储在计算机上的信息，包括临时 Internet 文件和网站文件(存储在计算机上的页面、图像和其他媒体内容的副本，下次访问这些网站时，浏览器可以使用这些副本更快地加载内容)、Cookie 和网站数据(网站在计算机上存储的信息，用于记住个人的偏好，如登录信息或位置)、历史记录(所访问的网站列表)、下载历史记录(从 Web 下载的文件列表)、表单数据(输入表单的信息，如电子邮件或发货地址)、密码(保存的网站密码)、跟踪保护、ActiveX 筛选和 Do Not Track(从 ActiveX 筛选中排除的网站，以及浏览器用来检测跟踪活动的数据)、收藏夹(保存到收藏夹中的网站列表)。在使用共享或公用电脑时，可能不希望 Internet Explorer 自动记住这些数据，可手动清除这些数据，具体操作如下：单击"删除"按钮，在打开的"删除浏览的历史记录"对话框(见图 4-60)中进行设置；也可单击"设置"按钮，在打开的"网站数据设置"对话框(见图 4-61)中对 Internet 临时文件、历史记录、缓存和数据库等项目进行设置。

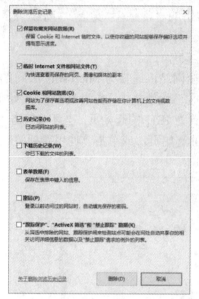

图 4-60　"删除浏览的历史记录"对话框　　　　图 4-61　"网站数据设置"对话框

(5) 外观。"外观"选项组用来设定浏览器窗口的颜色、语言、字体及其他辅助功能等信息。

2) "安全"选项卡

Internet 的安全问题对很多人来说并不陌生，但是真正了解它并引起足够重视的人却不多。IE11 浏览器提供了对 Internet 进行安全设置的功能，用户使用该功能可以对 Internet 进行一些基础的安全设置，以防止有害信息破坏计算机系统。在"Internet 选项"对话框中单击"安全"页框，即可打开"安全"选项卡，如图 4-62 所示。

在"安全"选项卡中可为 Internet 区域、本地 Intranet(企业内部互联网)、可信站点(受信任的站点)及受限站点设定安全级别。当在"选择要查看的区域或更改安全设置。"列表框中选择一个项目后，在"该区域的安全级别"选项组中即可显示安全级别的说明信息，拖动滑块可以调整默认的安全级别。(注意：若设置的安全级别小于其默认级别，则弹出"警告"对话框)。若要自定义安全级别，可单击"自定义级别"按钮，在弹出的"安全设置-Internet 区域"对话框中进行详细的设置，也可单击"站点"按钮，将网站添加到"Web 站点"列表框中。

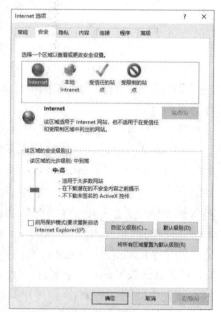

图 4-62　"安全"选项卡

3) "高级"选项卡

如果 IE11 在使用的过程中产生了错误或者用户想还原所有的设置，可以重置 IE11，将 IE11 恢复到刚安装时的状态，具体操作步骤如下：

(1) 关闭当前打开的所有 Internet Explorer 窗口。

(2) 在任务栏上单击 IE11 图标，打开 IE11 的窗口。

(3) 单击"工具"按钮，在其下拉菜单中选择"Internet 选项"命令。

(4) 单击"高级"选项卡，然后单击"重置"按钮。

(5) 在"重置 Internet Explorer 设置"对话框中单击"重置"按钮。

(6) 当 Internet Explorer 完成默认设置的应用之后，单击"关闭"按钮，然后单击"确定"按钮。

注意：重置 Internet Explorer 是不可逆的操作，并且需要重新启动计算机才能生效。

5. 使用 IE11 浏览网页

在设置完 IE11 以后，就可以使用其来浏览网站上的内容了。一般来说，当 IE11 启动后打开的是设置的默认网站，如果用户要访问其他的网站，可按以下几种方法来操作：

(1) 在地址栏中输入该网站的 Web 地址。IE11 为地址输入提供了许多方便，如由于 IE 默认使用的是 http 协议，因此用户在输入网站名时其前面的"http://"可以省略，IE11 会自动补上；用户第一次输入某个地址时，IE11 会记忆该地址，待再次输入时只需输入开始的几个字符，IE11 就会检查保存过的地址并把其开始几个字符与用户输入的字符吻合的地址罗列出来，此时用户可用鼠标器上、下移动亮条选中其中一个而不必输入完整的 URL。输入 Web 地址后，按下 Enter 键或单击地址栏右端的"转到"按钮就可转到相应的网站或页面。

(2) 单击"地址栏"的下三角按钮，在打开的下拉列表框中将显示曾经浏览过的 Web 页地址，单击要转到的 Web 页地址，即可打开相应的网站或页面。

(3) 在"收藏夹"下拉列表中选择要转到的 Web 页地址。

6. 保存 Web 页信息

在浏览过程中常常需要将一些页面保存下来，方便以后的阅读。另外，将 Web 页保存到硬盘上也是一种经济的上网方法。

1) 保存当前页

(1) 在打开的网页窗口中执行"文件"→"另存为"命令，打开"保存网页"对话框，如图 4-63 所示。

图 4-63　"保存网页"对话框

（2）在"地址栏"下拉列表框中或在左侧面板中选择一个保存网页的文件夹。

（3）在"文件名"文本框中输入文件名称。

（4）在"保存类型"下拉列表中选择一种类型，单击"保存"按钮。

2) 保存网页中的图片

（1）右击网页中要保存的图片，从弹出的快捷菜单中选择"图片另存为"命令，打开"保存图片"对话框。

（2）在对话框中分别设置保存位置、保存类型和文件名，并单击"保存"按钮。

3) 保存网页中的文字

（1）在网页中用鼠标拖动选定要保存的文字，在选定的文字上右击，从弹出的快捷菜单中选择"复制"命令。

（2）打开"Windows 附件"中的"记事本"程序(当然也可以选择其他文字处理程序，如 Word 等，但由于网页中的文字通常包含多种特殊的控制信息，如果在保存文字的时候不去除这些控制符，将给文字的后期编辑带来很大的麻烦，而"记事本"程序就可以只保存文字而不保存控制符)，在"记事本"程序窗口的编辑区中右击，从弹出的快捷菜单中选择"粘贴"命令。

（3）执行"文件"→"保存"或"另存为"命令。

（4）在打开的"另存为"对话框中选择文件保存位置、保存类型及文件名，单击"保存"按钮，即可将网页中的文字以文本文件的方式保存下来。

7. 收藏 Web 页

在使用 IE11 的过程中可能会遇到一些感兴趣或者要经常访问的网页，为了方便再次访问，可以将这些 Web 页收藏起来。

1) 将 Web 页地址添加到收藏夹中

（1）打开要收藏的网页。

（2）执行"收藏夹"→"添加到收藏夹"命令，打开"添加收藏"对话框，如图 4-64 所示。

图 4-64　"添加收藏"对话框

（3）如果要改变网页的名字，可在"名称"文本框中输入一个名字。

（4）单击"创建位置"下三角按钮，可以为要保存的网页选择一个在"收藏夹"中的位置，或者单击"新建文件夹"按钮在收藏夹中创建一个文件夹来保存网页地址。

（5）单击"添加"按钮，即可在收藏夹中添加一个网页地址。

也可执行"收藏夹"→"添加到收藏夹栏"命令，直接将网页地址添加到窗口的收藏夹栏中(如果收藏夹栏设置为显示)。

2) 管理收藏夹

为了方便查找存放在收藏夹中的网页地址，IE11 提供了管理收藏夹的功能。执行"收藏夹"→"整理收藏夹"命令，打开"整理收藏夹"对话框，如图 4-65 所示。在此对话框中，可以在收藏夹中新建、移动、重命名、删除文件夹或主页地址。

8. 资源的检索

一般来说，要在浩如烟海的 Internet 中快速、高效地搜索并下载指定的信息，可以使用 IE 的"搜索"按钮，但由于其功能有限，在实际应用中更多的是使用专门的搜索引擎来完成搜索。所谓搜索引擎，就是一些专门提供检索 Internet 信息功能的网站，如表 4-5 所示。

图 4-65　"整理收藏夹"对话框

表 4-5　搜索引擎地址

搜索引擎	URL 地址
百度	http://www.baidu.com
新浪网	http://www.sina.com
网易	http://www.163.com
搜狐	http://www.sohu.com

百度搜索引擎的界面如图 4-66 所示。

图 4-66　使用百度搜索引擎

4.3.5　电子邮件的使用

电子邮件服务(E-mail)是一种通过计算机网络来与其他用户进行联系的现代化通信手段。用户可以通过 E-mail 对各类文件进行传送、接收、存储等处理，与传统邮件相比，E-mail 具有方便、经济、快捷、高效、灵活、可靠等特点，因而受到人们的普遍欢迎，成为 Internet 中应用最广泛的服务之一。

1. E-mail 的工作原理

使用 E-mail 服务的前提是首先要拥有自己的电子邮箱和相应的 E-mail 地址。电子邮箱是在用户申请的 E-mail 服务被受理后，由 ISP(网络服务供应商，如中国电信、新浪、易邮、网易等)建立的。它实际上是 ISP 在一台与 Internet 联网的、高性能、大容量计算机(邮件服务器)上为邮件用户分配的一个专门存放往来邮件的磁盘存储区域，以及读取该区域的用户名及密码，而这个区域是由专门的 E-mail 系统软件操作管理的。

通常，邮件服务器是一台运行 UNIX 操作系统的计算机，它提供 24 小时不间断的 E-mail 服务。当需要给网上某一用户发送邮件时，只要通过 Internet 将要发送的内容与收信人的 E-mail 地址送入邮件服务器上，E-mail 系统会自动将用户的信息通过网络一站一站地送到收信人的电子信箱中。收信人只要开启自己的电子邮箱，便可读取邮件，还可将收到的信息再转发给其他用户。

2. E-mail 地址

E-mail 地址就是邮件服务器上的电子邮箱地址。每个使用 E-mail 的用户都必须至少有一个 E-mail 地址，这是在用户向 ISP 申请电子邮箱时分配的，同时分配的还有一个开启该电子邮箱的口令。与 IP 地址和域名一样，E-mail 地址也是全球唯一的，Mail Server 将根据收件人的 E-mail 地址把电子邮件送往其电子邮箱，只有该地址所对应邮箱的用户才有读取信件的权限。在 Internet 上，一个完整的 E-mail 地址由两部分组成，如图 4-67 所示。

pingzh_123@sina.com

用户名　　电子邮箱所在Mail Server的域名

图 4-67　E-mail 地址的组成

3. E-mail 的组成

一封完整的 E-mail 通常由三部分组成：

(1) 邮件头(mail header)。邮件头相当于一个信封，其中包含发信人(From:)、收信人(To:)、抄送人(Cc:)的地址，邮件的主题(Subject:)，回邮地址，发送的日期和时间等信息。

(2) 邮件体(mail body)。邮件体包含发送的邮件内容，一般来说，可直接在邮件程序中编辑，也可先使用其他文字处理程序编辑好，再粘贴到邮件中。

(3) 附加文件(attach)。附加文件是随邮件一起发送的计算机文件。

4.4　计算机网络与安全

计算机网络的广泛应用给人们带来了很多的方便，但同时也给信息和数据的安全带来极大的隐患。因此，我们在使用网络的同时应当培养必要的信息安全意识，并掌握一些简单的防范机制。

4.4.1　网络安全基本概念

网络安全就是确保网络上的信息和资源不被非授权用户破坏、访问和使用。一般来说，计算机网络所面临的安全威胁因素主要分为非人为因素和人为因素。

1. 非人为因素

非人为因素主要是指自然灾害所造成的不安全因素，如火灾、地震、水灾、战争等原因造成的网络中断、数据破坏和丢失等。解决的方法是加强系统的硬件建设，优化系统的硬件设计，并定期进行有效的数据备份。

2. 人为因素

人为因素是攻击者或攻击程序利用系统资源组中的脆弱环节进行人为入侵而产生的，如图 4-68 所示。

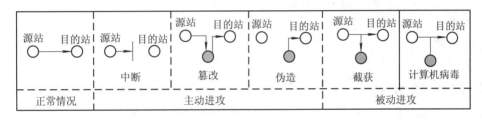

图 4-68　网络安全的主要类型

人为因素具体表现在以下几个方面：

(1) 破坏数据的完整性。攻击者有意毁坏系统资源，切断通信线路，造成文件系统不可用(中断)，或以非法手段窃取对数据的使用权，删除、修改、插入或重发某些重要信息，不断对网络服务系统进行干扰；改变作业流程，执行无关程序使系统响应减慢，影响正常用户的使用，甚至使合法用户不能进入计算机网络或得不到相应的服务，以取得有益于攻击者的响应。

(2) 非授权访问。非授权访问即攻击者违反安全策略，假冒合法身份或利用系统安全的缺陷非法占有系统资源或访问本应受保护的信息。

(3) 信息泄露或丢失。信息泄露或丢失指敏感数据在有意或无意中被泄露或丢失，通常包括信息在传输过程中泄露或丢失、信息在存储介质中泄露或丢失、通过隐蔽渠道被窃听等。

(4) 利用网络传播病毒。通过网络传播计算机病毒，其破坏性远远大于单机系统，而且一般用户难以防范。

4.4.2　防火墙技术

1. 防火墙的概念

"防火墙"(Fire Wall)类似建筑物中的防火墙，是用来连接两个网络并控制网络之间相互访问的系统。它包括用于网络连接的软件和硬件以及控制访问的方案。防火墙用于对进出的所有数据进行分析，并对用户进行认证，从而防止有害信息进入受保护网，防止内部网络用户向外泄密，为网络提供安全保障，如图 4-69 所示。

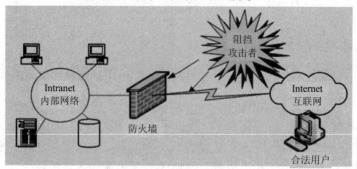

图 4-69　防火墙安全机制

2. 防火墙的功能特性

从广义上说，防火墙是一个用于 Intranet(内部网)与 Internet 之间的隔离系统或系统组(包括软件和硬件)，它在两个网络之间实施相应的访问控制策略，其主要功能如下：

(1) 控制进出网络的信息流向和信息包。

(2) 提供使用和流量的日志及审计。

(3) 隐藏内部 IP 及网络结构细节。

(4) 提供虚拟专用网功能。

3. 防火墙遵循的准则

防火墙可以采取如下两种之一理念来定义防火墙应遵循的准则：

(1) 未经说明允许的就是拒绝。防火墙阻塞所有流经的信息，每一个服务请求或应用的实现都基于逐项审查，只有带有允许标记的数据才能进出。这是一个值得推荐的方法，它将创建一个非常安全的环境。当然，该原则的不足在于过于强调安全而减弱了可用性，限制了用户可以申请的服务的数量。

(2) 未说明拒绝的均为许可的。约定防火墙总是传递所有的信息，但那些带有拒绝标记的数据除外，此方式认定每一个潜在的危害总是可以基于逐项审查而被杜绝。当然，该原则的不足在于它将可用性置于比安全更为重要的地位，增加了保证私有网安全性的难度。

4. 防火墙的分类

当前使用的防火墙种类非常多，一般习惯按防火墙的结构和原理来将其分为软件防火墙、基于 PC 的硬件防火墙和专用芯片级防火墙三类。

(1) 软件防火墙。软件防火墙运行于特定的计算机上，它需要客户预先安装好的计算机操作系统的支持，一般来说这台计算机就是整个网络的网关。软件防火墙就像其他的软件产品一样，需要先在计算机上安装并做好配置才可以使用。这种防火墙的特点是原理简单、设置便捷、价格便宜，但功能有限。

(2) 基于 PC 的硬件防火墙。目前市场上的大多数防火墙都是基于 PC 硬件架构的防火墙，它一般至少应具备三个端口，分别接内网、外网和 DMZ 区(demilitarized zone，非军事化区)。现在一些新的硬件防火墙还扩展了端口，常见四端口防火墙一般将第四个端口作为配置端口或管理端口。很多防火墙还可以进一步扩展端口数目。

(3) 专用芯片级防火墙。专用芯片级防火墙基于专门的硬件平台，所有的功能均由应用专用集成电路(Application Specific Integrated Circuit，ASIC)芯片来完成，使得它比其他种类的防火墙运行速度更快，处理能力更强，性能更高。这类防火墙由于是专用 OS(操作系统)，所以防火墙本身的漏洞比较少，不过价格相对较高。

4.4.3　防病毒机制

1. 计算机病毒的概念

计算机病毒是指编制的或者在计算机程序中插入的具有破坏计算机功能及数据，影响计算机使用并且能够自我复制的一组计算机指令或者程序代码。它一般具有寄生性、传染性、潜伏性和隐蔽性。

2. 计算机病毒的类型

(1) 寄生病毒。寄生病毒是一类传统的、常见的病毒类型，这种病毒寄生在其他应用程序中。当被感染的程序运行时，寄生病毒程序也随之运行，继续感染其他程序，传播病毒。

(2) 引导区病毒。引导区病毒感染计算机操作系统的引导区，是系统在引导操作系统前先将病毒引入内存，进行繁殖和破坏性活动。

(3) 蠕虫病毒。蠕虫病毒通过不停地自我复制，最终使计算机资源耗尽而崩溃，或向网络中大量发送广播，致使网络阻塞。蠕虫病毒是目前网络中最为流行、最为猖獗的病毒。

(4) 宏病毒。"宏"是 Word 和 Excel 等文件中的一段可执行代码，使用"宏"可以极大地增强 Office 软件的功能，并且可以简化很多操作(具体操作将在后续课程"办公自动化系统"中介绍)；而宏病毒则是专门感染 Word、Excel 文件的病毒，危害性极大，宏病毒与大多数病毒不同，它只感染文档文件，而不感染可执行文件。文档文件本来存放的是不可执行的文本和数字，但是宏病毒伪装成 Word 和 Excel 中的"宏"，当 Word 或 Excel 文件被打开时，宏病毒就会运行，感染其他文档文件。

(5) 特洛伊病毒。特洛伊病毒又称为木马病毒，它会伪装成一个应用程序或一个游戏而藏于计算机中，不断地将受到感染的计算机中的文件发送到网络中而泄露机密信息。

(6) 变形病毒。变形病毒是一种能够躲避杀毒软件检测的病毒。变形病毒在每次感染时会创建与自己功能相同、但程序代码明显变化的复制品，使得防病毒软件难以检测到。

3. 计算机病毒的破坏方式

(1) 破坏操作系统，使计算机瘫痪。有一类病毒采用直接破坏操作系统的磁盘引导区、文件分区表、注册表的方法强行使计算机无法启动。

(2) 破坏数据和文件。病毒发起攻击后会改写磁盘文件甚至删除文件，造成数据永久性丢失。

(3) 占用系统资源，使计算机运行异常缓慢，或使系统因资源耗尽而停止运行。

(4) 破坏网络。如果网络内的计算机感染了蠕虫病毒，蠕虫病毒会使该计算机向网络中发送大量的广播包，从而占用大量的网络带宽，使网络拥塞。

(5) 传输垃圾信息。Windows 内置消息传送功能，用于传送系统管理员所发送的消息。病毒会利用这个服务，使网络中的各个计算机频繁弹出一个名为"信使服务"的窗口，传播各种各样的信息。

(6) 泄露计算机内的信息。专门将驻留在计算机中的信息泄露到网络中，有的木马病毒会向指定计算机传送屏幕显示情况或特定数据文件(如所搜索到的口令)。

(7) 扫描网络中的其他计算机，开启后门。感染"口令蠕虫"病毒的计算机会扫描网络中的其他计算机，进行共享会话，猜测其他计算机的管理员口令。如果猜测成功，就将蠕虫病毒传送到那台计算机上，开启虚拟网络计算(Virtual Network Computing，VNC)后门，对该计算机进行远程控制。被传染的计算机上的蠕虫病毒又会开启扫描程序，扫描、感染其他计算机。

4. 计算机病毒的防范措施

(1) 备好启动盘，并设置写保护。在对计算机进行检查、修复和手工杀毒时，通常要使用无毒的启动盘，在较为干净的环境下操作设备。

(2) 尽量不用 U 盘、移动硬盘或其他移动存储设备启动计算机，而用本地硬盘启动。同时，尽量避免在无防毒措施的计算机上使用可移动的存储设备。

(3) 定期对重要的资料和系统文件进行备份。数据备份是保证数据安全的重要手段。可以通过比照文件大小、检查文件个数、核对文件名来及时发现病毒，也可以在文件损失后尽快恢复。

(4) 对于重要的系统文件和磁盘可以赋予只读功能，以避免病毒的寄生和入侵，也可以通过转移文件位置、修改相应的系统配置来保护重要的系统文件。

(5) 重要部门的计算机尽量专机专用，并与外界隔绝。

(6) 使用新软件时，先用杀毒程序检查，减少中毒机会。

(7) 安装杀毒软件、防火墙等防病毒工具，并准备一套具有查毒、防毒、杀毒及修复系统的工具软件，定期对软件进行升级，对系统进行查毒。

(8) 经常升级安全补丁。80%的网络病毒(如红色代码、尼姆达等病毒)都是通过系统安全漏洞进行传播的，所以应定期到相关网站中下载最新的安全补丁。

(9) 使用复杂的密码。有许多网络病毒是通过猜测简单密码的方式来攻击系统的，因此使用复杂的密码可大大提高计算机的安全系数。

(10) 不要在 Internet 上随意下载软件。免费软件是病毒传播的重要途径，如果特别需要，应在下载软件后进行杀毒。

(11) 不要轻易打开 E-mail 的附件。邮件病毒是当前病毒的主流之一，通过邮件传播病毒具有传播速度快、范围广、危害大的特点。较妥当的做法是先将附件保存下来，待杀毒软件检查后再打开。

(12) 不要随意借入和借出移动存储设备。在使用借入或返还的移动存储设备时，一定要先用杀毒软件的检查，避免感染病毒。对返还的设备，若有干净备份，应重新格式化后再使用。

5. 防病毒软件的使用

防病毒软件就是能预防并清除计算机病毒的工具，它依靠病毒特征代码对病毒进行判断。防病毒软件不仅能查杀绝大多数的已知病毒，同时还可以采用其他的行为分析判断技术查杀其他未知类型的病毒。

目前在计算机上使用的防病毒软件非常多，且每种防病毒软件都有自己的优缺点，用户可以根据需要自行到官网上下载安装。

第 5 章　Word 2016 文字处理系统

文字处理是现代办公的一项重要内容，也是利用计算机来实现办公自动化的一个重要途径。现在用于文字处理的软件非常多，除了 Windows 附件程序中的写字板、记事本外，更专业的还有微软公司的 Word、金山公司的 WPS、永中 Office 和开源为准则的 OpenOffice 等。本书就以 Word 为例来讲解文字处理软件的用法。Word 是 Microsoft Office 中的一个组件，在正式学习 Word 之前，先简单了解一下 Office 的基本功能和特点。

5.1　Microsoft Office 2016 概述

Microsoft Office 是微软公司推出的一个办公软件和工具软件的集合，它和 Windows 操作系统一起被称为微软双雄，占据了全球办公软件 90%以上的市场份额。从 1999 年 8 月 30 日微软正式发布 Microsoft Office 2000 中文版开始至今，Office 先后经过了 Office XP、Office 2003、Office 2007、Office 2010、Office 2013、Office 2016 等多个不同的版本。

Microsoft Office 2016(以下简称 Office 2016)包括了 Word、Excel、PowerPoint、OneNote、Outlook、Skype、Proiect、Visio 及 Publisher 等组件和服务。Office 2016 For Mac 于 2015 年 3 月 18 日发布，Office 2016 For Office 365 订阅升级版于 2015 年 8 月 30 日发布，Office 2016 For Windows 零售版、For iOS 版均于 2015 年 9 月 22 日正式发布。

5.1.1　Office 2016 的特色功能

Office 2016 的特色功能如下：

(1) 使用适合 Office 体验的新主题。"深色"和"深灰色"主题提供让双眼感到更加舒适的高对比度，"彩色"主题提供在各设备间保持一致的现代外观。

(2) 使用必应提供支持的 Insights 增强阅读体验，该功能可在阅读 Office 文件时显示来自网络的相关信息。

(3) 使用 Word docs 实现更多效果。打开并编辑 PDF，快速放入并观看联机视频而不离开文档，以及在任意屏幕上使用阅读模式观看而不受干扰。

(4) Excel 模板可以完成大部分设置和设计工作，让用户专注于信息。若要获得更深入的见解，可将信息转换为图表或表格，只需两步即可实现。

(5) PowerPoint 中新的对齐、颜色匹配以及其他设计工具，使用户更容易创建精美的演示文稿，并在 Web 上轻松共享。

(6) 用户可以在 OneNote 中绘制、手写、输入笔记，可保存、搜索多媒体笔记，并将其同步到其他设备的 OneNote 应用中。

5.1.2　Office 2016 的组成

Office 2016 是一个功能非常强大的办公自动化系统，几乎涵盖了现代办公的全部领域。Office 2016 根据功能不同分为多个不同的版本，其中较常用的"Office 2016 专业增强版"由以下几个部分组成。

1．Microsoft Access

Access 是基于 Windows 的小型关系数据库管理系统，提供了表、查询、窗体、报表、页、宏、模块等 7 种用来建立数据库系统的对象，还提供了多种向导、生成器和模板，使数据存储、数据查询、界面设计、报表生成等操作规范化，为建立功能完善的数据库管理系统提供了方便，也使得普通用户不必编写代码就可以完成大部分数据管理的任务。Access 通过最新添加的 Web 数据库，可以增强用户运用数据的能力，从而可以更轻松地跟踪、报告和与他人共享数据。

2．Microsoft Excel

Excel 通常被称为电子表格，其功能非常强大，可以进行各种数据的处理、统计分析和辅助决策操作，广泛地应用于管理、统计财经、金融等众多领域。Excel 2016 能够使用比以往更多的方式来分析、管理和共享信息，从而帮助用户做出更明智的决策。新的数据分析和可视化工具可帮助用户跟踪和显示重要的数据趋势，将文件轻松上传到 Web 并与他人同时在线工作，用户也可以借助任何的 Web 浏览器来随时访问重要数据。Excel 2016 还提供能够突出显示重要数据趋势的迷你图、全新的数据视图切片和切块功能，能够让用户快速定位正确的数据点；Excel 2016 支持在线发布，随时随地访问编辑表格；支持多人协助共同完成编辑操作。

3．Microsoft OneDrive for Business

OneDrive for Business 是一个针对商务文件的专业文档库，它使用 Office 365TM 将工作文档或资料存储在云中一个受到保护的位置。OneDrive for Business 可以让用户从任何地方使用多种设备(如 PC、平板电脑、手机)便捷地访问并且同步文档，它还提供方便的共享功能，可以使用户与同事更好地协作。

4．Microsoft OneNote

OneNote 最早出现在 Office 2003 中，是 Office 中类似于笔记本功能的组件，它提供了一个将笔记存储和共享在一个易于访问位置的最终场所，同时还提供了强大的搜索功能，让用户可以迅速找到所需内容。OneNote 2016 能够捕获文本、照片和视频或音频文件，可以使用户的想法、创意和重要信息随时可得。

5．Microsoft Outlook

Outlook 也是 Office 套件中的产品之一，并且比 Windows 自带的 Outlook Express 功能更加强大，应用的范围也比较广。它可以用来收发邮件、管理联系人、记日记、安排日程、分配任务等。Outlook 2016 以重新设计的外观和高级电子邮件整理、搜索、通信和社交网络功能为用户保持与个人网络和企业网络之间的连接提供了更加便捷的多邮箱邮件管理、动态图形和图片编辑工具，从而使用户可以创建更加生动的电子邮件，支持在收件箱中直接接收语音邮件和传真等。

6. Microsoft PowerPoint

PowerPoint 也是 Office 中非常出名的一个应用软件，它的主要功能是进行幻灯片的制作和演示，能有效帮助用户演讲、教学和产品演示等。PowerPoint 更多地应用于企业和学校等教育机构。PowerPoint 2016 提供了比以往更多的方法，能够为用户创建动态演示文稿并与访问群体共享，使用令人耳目一新的视听功能、新增图片效果及用于视频和照片编辑的新增和改进工具，可以让用户创作更加完美的作品。

7. Microsoft Publisher

Publisher 作为 Office 的产品之一，更多地面向于企业用户，主要用于创建和发布各种出版物，并可将这些出版物用于桌面及商业打印、电子邮件分发或在 Web 中查看。Publisher 2016 可以创建更个性化和共享范围广泛的、具有专业品质的出版物和市场营销材料，还可以轻松地以各种出版物的形式传达信息。用 Publisher 创建小册子、新闻稿、明信片、贺卡或电子邮件新闻稿，都可以获得高质量结果。

8. Microsoft Visio Viewer

Visio Viewer 是基于 Web 环境中查看 Visio 制作的图表信息内容的一款软件。它能够将复杂文本和表格转换为 Visio 图表并通过创建与数据相关的 Visio 图表来显示数据。Visio Viewer 包含业务流程的流程图、网络图、工作流图、数据库模型图和软件图等模板，可用于可视化和简化业务流程、跟踪项目和资源、绘制组织结构图、映射网络、绘制建筑地图以及优化系统，还可以在显示数据组和合计的分层窗体中可视化和分析业务数据，深入了解复杂数据、使用数据图形显示数据、动态创建不同的数据视图。常用于 IT 和商务专业人员分析和交流复杂信息。

9. Microsoft Word

Word 是 Office 套件中的最基本的部分，也是使用最为广泛的应用软件，它的主要功能是进行文字(或文档)的处理。Word 2016 的最大变化是改进了用于创建专业品质文档的功能，提供了更加简单的方法让用户与他人协同合作，使用户几乎从任何位置都能访问自己的文件。同时还提供了全新的导航搜索窗口、生动的文档视觉效果应用、更加安全的文档恢复功能、简单便捷的截图功能等。

10. Skype for Business

Skype for Business 是一款通信服务组件，支持随时随地与参加会议和通话的人员联系。它支持用户访问出席信息，并支持即时消息、音频和视频呼叫、丰富的在线会议和一系列 Web 会议功能，主要为企业实现不同地点、不同时间与客户的沟通问题，实现协同办公。

5.1.3 Office 2016 的安装和卸载

1. Office 2016 安装及运行的环境

不同于微软对以往 Office 版本的定义，Office 2016 版本对于操作系统有了严苛的要求：在 Windows 7(RTM)、Windows 7 SP1、Windows 8.1、Windows 10 等系统下安装(注意：Office 2016 不适用于 Windows Vista 以及 Windows XP 以下系统)。

2. 安装 Office 2016

Office 2016 的安装会因来源、版本、介质及计算机配置不同而有差异，这里只介绍一种常用的安装方法。

(1) 打开 Windows 10 资源管理器，找到 Office 2016 安装源文件夹，如图 5-1 所示。

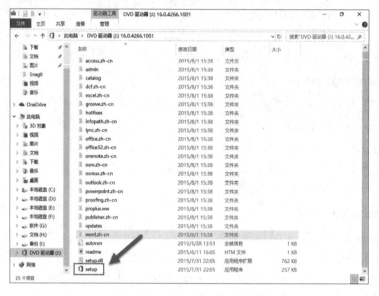

图 5-1　Office 2016 安装目录

(2) 在根目录下双击 setup.exe 文件，启动安装向导，选中"我接受此协议的条款"复选框，单击"继续"按钮，打开"选择所需的安装"对话框，如图 5-2 所示。

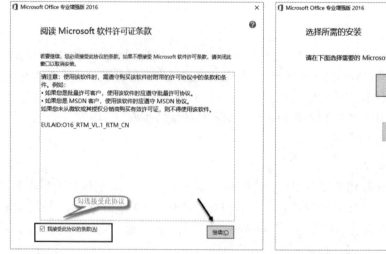

图 5-2　启动 Office 2016 安装界面

(3) Office 2016 提供了两种安装模式。"立即安装"可安装系统推荐的绝大部分常用组件，如果用户不了解系统模块的特点和功能，可选择此选项；"自定义"则由用户决定安装或不安装哪些组件，如果用户对系统功能有详细的了解，并且知道自己在今后的工作中需要用到哪些组件，可选择此项。这里我们单击"自定义"，然后打开如图 5-3 所示的对话框。

图 5-3　自定义安装 Office 2016

(4) 在该对话框中单击准备安装的组件右侧的下拉按钮，从"从本机运行"(先部分安装此组件的功能，用到没有安装的部分时再安装)、"从本机运行全部程序"(安装此组件的全部功能到本机)、"首次使用时安装"(暂时不安装该组件，用到时再安装)、"不可用"(不安装该组件)中选择一种安装方式。如果需要，还可单击"文件位置"选项卡更改 Office 2016 的默认安装路径，单击"用户信息"选项卡更改 Office 2016 的注册用户信息，如图 5-4 所示。

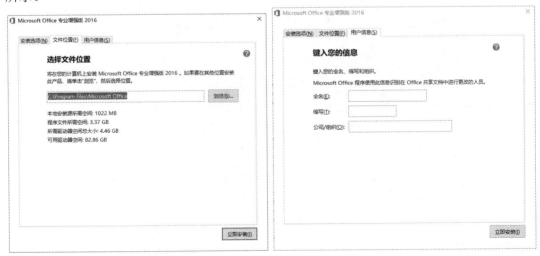

图 5-4　设置 Office 2016 安装位置和用户信息

(5) 设置相应信息后，单击"立即安装"按钮，安装向导将自动完成相应的安装工作，如图 5-5 所示。

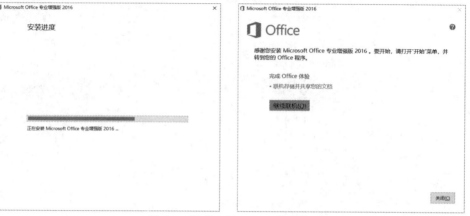

图 5-5　完成 Office 2016 的安装

　　(6) 安装完成后，还需注册 Office 2016。先启动 Office 2016 组件，然后执行"文件"→"账户"命令，在打开的"账户"窗口中单击"更改产品密钥"链接，打开"输入您的产品密钥"对话框(见图 5-6)，在其中输入产品密钥，以激活 Office 2016。激活后的 Office 2016如图 5-7 所示。

图 5-6　激活 Office 2016

图 5-7　激活后的 Office 2016

3. 卸载 Office 2016

　　当 Office 2016 运行异常或需要重装或添加、删除相应功能时，可按以下步骤操作：

　　(1) 执行"开始"→"Windows 系统"→"控制面板"命令，在打开的"所有控制面板项"窗口中单击"程序和功能"图标，打开"程序和功能"窗口，在程序列表中选择"Microsoft

Office 专业增强版 2016"(也可能是其他版本)，如图 5-8 所示。

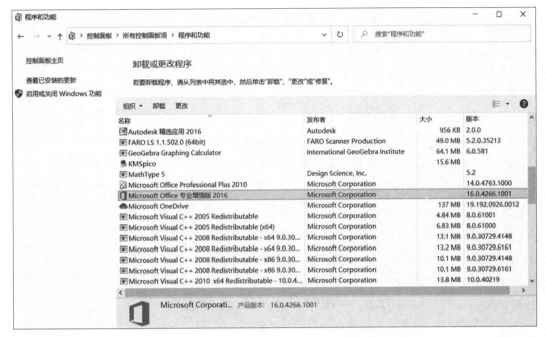

图 5-8 Windows 程序卸载列表

(2) 如果要完全卸载 Office 2016，可单击程序列表上方的"卸载"按钮，确认卸载后弹出"安装"提示框(见图 5-9)，单击"是"按钮就可将 Office 2016 所有组件及功能从计算机中删除。

图 5-9 卸载全部 Office 程序

如果要更改 Office 2016 组件，可单击程序列表上方的"更改"按钮，打开"更改 Microsoft Office 专业增强版 2016 的安装"界面，选中"添加或删除功能"单选按钮(见图 5-10)，单击"继续"按钮，按照前述安装程序第(3)步选择需要添加或删除的组件功能，再完成后续操作。

图 5-10　更改 Office 组件

5.2　Word 2016 的基本操作

利用 Word 2016 创建一篇文档的整个工作流程包括启动(打开)Word 2016、命名并保存文档、编辑文字、表格、图形、图像、页面排版、输出打印、退出(关闭)Word 2016 等环节。本节主要介绍软件启动与退出及用户界面的构成。

5.2.1　启动与退出

1. 启动 Word 2016

Word 2016 是 Windows 环境下的一个应用程序，因此可以像启动其他 Windows 应用程序一样来启动 Word 2016。启动 Word 2016 常用的操作有如下三种：

(1) 单击"开始"按钮，在打开的"开始"菜单中选择"Word 2016"命令，如图 5-11 所示。

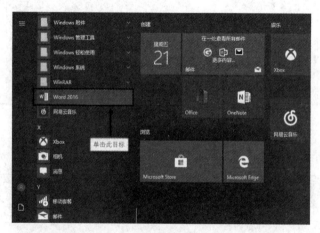

图 5-11　从"开始"菜单启动 Word 2016

(2) 在桌面上双击"Word 2016"图标。如果桌面上没有此图标，可在上一步打开的"开始"菜单中右击"Word 2016"，从弹出的快捷菜单中选择"更多"→"打开文件位置"命令，如图 5-12 所示。在打开的 Programs 窗口中右击"Word 2016"，从弹出的快捷菜单中选择"发送到"→"桌面快捷方式"命令(见图 5-13)，就会为 Word 2016 在桌面上创建快捷图标，以后可使用此图标来快速启动 Word 2016。后面将要学习的其他 Office 组件的快捷图标均可按此方法创建，如图 5-14 所示。

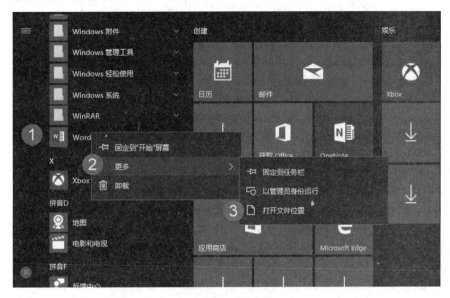

图 5-12　选择"打开文件位置"

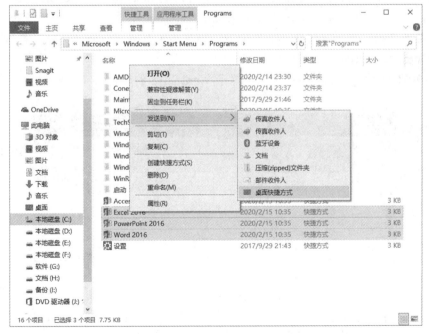

图 5-13　选择"桌面快捷方式"命令

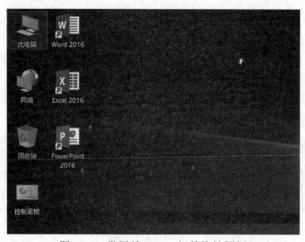

图 5-14　常用的 Office 组件快捷图标

2. 退出 Word 2016

Word 2016 的工作界面是一个窗口，因此用 Windows 关闭窗口的操作均可退出 Word 2016。退出 Word 2016 常用的方法有以下几种：

(1) 单击 Word 2016 窗口右上角的"关闭"按钮。

(2) 执行"文件"→"关闭"命令。

(3) 使用 Alt+F4 快捷键。

5.2.2　用户界面的组成

Word 2016 的用户界面风格相比 Word 2003 及更早期版本有了很大变化。自 2007 版开始，微软引入了灵活通畅的功能区界面(Office Fluent 用户界面)，每个功能区根据功能的不同又分为若干个组，用于取代早期版本中的菜单栏和工具栏，而且"文件"菜单也演变成了"后台视图"(Backstage 视图)。

Word 2016 成功启动后，将在桌面上显示 Word 2016 的工作窗口，如图 5-15 所示。

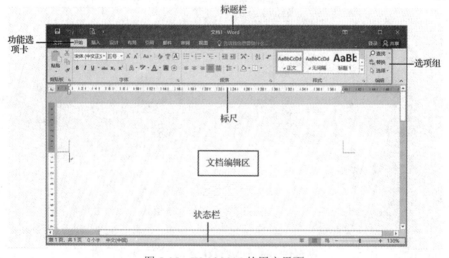

图 5-15　Word 2016 的用户界面

1. 标题栏

标题栏用来显示快速访问工具栏。在此工具栏，用户可以自定义项目和位置[具体可参考《大学计算机基础实训教程(Windows 10+Office 2016)》(西安电子科技大学出版社，2022年)]以及用户当前正在编辑的文档名字，并提供对主窗口进行"最大化""最小化""还原"及"关闭"操作的控件。启动 Word 2016 之后，系统会自动打开一个新的文档并将该文档命名为"文档 1"，供用户建立新文档时使用。

2. "文件"菜单

"文件"菜单包含了有关文档管理和执行文件操作的命令，如查看和管理文档属性，新建、保存文件等，如图 5-16 所示。"文件"菜单左侧为命令项，右侧的大部分区域则是展示各项命令所包含的详细信息和相关工具的区域，由于该区域中展示的内容属于后台信息和后台操作，因此微软公司将其称为 Office Backstage 视图，即后台视图。

图 5-16　Word 2016 后台视图

3. 功能选项卡及功能选项组

(1) "开始"选项卡。"开始"选项卡包括剪贴板、字体、段落、样式和编辑 5 个选项组，对应 Word 2003 的"编辑"和"格式"菜单中的部分命令。该选项卡功能区主要用于帮助用户对 Word 2016 文档进行文字编辑和格式设置，是最常用的功能。

(2) "插入"选项卡。"插入"选项卡包括页面、表格、插图、加载项、媒体、链接、批注、页眉和页脚、文本、符号 10 个选项组，对应 Word 2003 中"插入"菜单的部分命令，主要用于在 Word 2016 文档中插入各种对象。

(3) "设计"选项卡。"设计"选项卡包括文档格式和页面背景两个选项组，用于设置主题、水印、页面颜色和页面边框等。

(4) "布局"选项卡。"布局"选项卡包括页面设置、稿纸、段落、排列 4 个选项组，对应 Word 2003 的"页面设置"菜单命令和"格式"菜单中的部分命令，用于帮助用户设置 Word 2016 文档的页面样式。

(5) "引用"选项卡。"引用"选项卡包括目录、脚注、引文与书目、题注、索引和引文目录 6 个选项组，用于实现在 Word 2016 文档中插入目录等比较高级的编辑功能。

(6) "邮件"选项卡。"邮件"选项卡包括创建、开始邮件合并、编写和插入域、预览结果、完成 5 个选项组，该功能区的作用比较专一，主要用于在文档中进行邮件合并的操作。

(7) "审阅"选项卡。"审阅"选项卡包括校对、见解、语言、中文简繁转换、批注、修订、更改、比较和保护 9 个选项组，主要用于对 Word 2016 文档进行校对和修订等操作，适用于多人协作处理 Word 2016 长文档。

(8) "视图"选项卡。"视图"选项卡包括视图、显示、显示比例、窗口和宏 5 个选项组，主要用于帮助用户设置 Word 2016 操作窗口的视图类型。

(9) "加载项"选项卡。"加载项"选项卡包括菜单命令一个分组，加载项可以是 Word 2016 安装的附加属性，如自定义的工具栏或其他命令扩展。"加载项"选项卡可以用来在 Word 2016 中添加或删除加载项。

(10) "自定义"选项卡。在 Word 2016 中允许用户自定义功能区，既可以创建功能区，也可以在功能区下创建组，让功能区能更符合用户的使用习惯。自定义功能区的操作方法如下：

① 执行"文件"→"选项"命令，在打开的"Word 选项"对话框中单击"自定义功能区"，或在功能选项卡右侧空白处右击，从弹出的快捷菜单中选择"自定义功能区"命令，打开"自定义功能区"选项卡，如图 5-17 所示。

图 5-17　自定义 Word 2016 功能区

② 在"自定义功能区"列表中，可通过右侧的上、下按钮来改变各功能选项卡在窗口中的排列顺序，选中相应的主选项卡，即可在自定义功能区中显示该主选项。要创建新的功能区，则应单击"新建选项卡"按钮。在"主选项卡"列表中将鼠标指针移动到"新建选项卡(自定义)"上右击，从弹出的菜单中选择"重命名"命令，在"显示名称"右侧文本框中输入名称，单击"确定"按钮，为新建选项卡命名。单击"新建组"按钮，在选项

卡下创建组，右击"新建组(自定义)"，从弹出的快捷菜单中选择"重命名"命令，弹出"重命名"对话框，在"符号"列表中选择一个图标，在"显示名称"文本框中输入组的名称，单击"确定"按钮，即可在新建选项卡下创建组。

4. 文档编辑区

文档编辑区是 Word 中面积最大的区域，是用户的工作区，用于显示编辑的文档和图形，在这个区域中有两个重要的控制符：插入点(|)和段落标记(↵)。

(1) 插入点(|)。插入点也称光标，它指明了当前文本的输入位置。单击文档编辑区的某处，可定位插入点，也可以使用键盘上的光标移动键来定位插入点。

(2) 段落标记(↵)。段落标记是一个段落的结束。

另外，在文本区还有一些控制标记，如空格等。

单击"开始"选项卡"段落"选项中的"显示、隐藏编辑标记"按钮 ⁕，就可以显示或隐藏这些标记。

5. 标尺

标尺是位于选项组下面的包含有刻度的栏，常用于调整页边距、文本的缩进、快速调整段落的编排和精确调整表格等。Word 有水平和垂直两种标尺，其中水平标尺中包括左缩进、右缩进、首行缩进、悬挂缩进、制表符等标记。

6. 状态栏

状态栏位于窗口底部，不仅包括当前文档的当前页数、总页数、字数统计等信息按钮，还包括插入/改写状态转换按钮、拼写和语法状态检查按钮、视图切换按钮等，用来显示与当前操作相关的一些状态，其内容会随操作或系统状态变化而变化，单击这些显示信息的位置会弹出相应的对话框。在状态栏空白处右击，可打开用于对状态栏设置的快捷菜单，如图 5-18 所示。

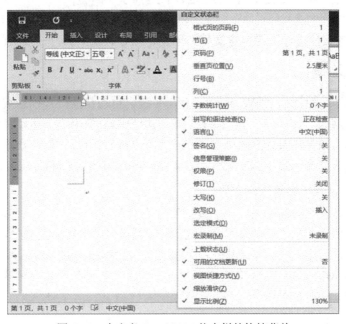

图 5-18　自定义 Word 2016 状态栏的快捷菜单

7. 浮动工具栏

浮动工具栏是 Word 2016 中一项极具人性化的功能。当 Word 2016 文档中的文字处于选中状态时，在其右侧会出现一个浮动工具栏，如图 5-19 所示。该工具栏中包含了常用的设置文字格式的命令，如设置字体、字号、颜色、居中对齐等。

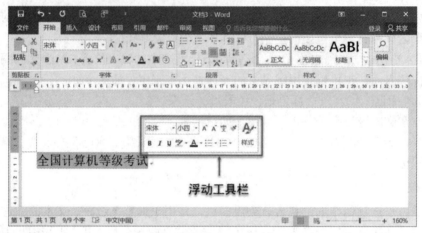

图 5-19　Word 2016 浮动工具栏

如果不需要在 Word 2016 文档窗口中显示浮动工具栏，可以在"Word 选项"对话框中将其关闭，操作步骤如下：

(1) 打开 Word 2016 文档窗口，执行"文件"→"选项"命令。

(2) 在打开的"Word 选项"对话框中取消选中"常规"选项卡中的"选择时显示浮动工具栏"复选框，单击"确定"按钮。

5.3　Word 2016 的文件操作

Word 2016 的文件操作一般包含文档的创建、保存、保护、打开及关闭等几个方面。

5.3.1　创建文档

在默认情况下，每次启动 Word 2016 后，系统会自动帮助用户以系统默认的页面、文字格式建立一个名为"文档 1"的空文档，以供用户编辑使用。当然，在编辑现有文档的过程中，用户也可根据需要建立若干个新的文档。Word 2016 对以后新建的文档按创建的顺序，依次命名为"文档 2""文档 3"等。新建 Word 2016 文档的方法有以下几种。

1. 在资源管理器中创建空白文档

一般来说，在正常安装 Office 后，安装程序会自动修改 Windows 注册表，在"新建"快捷菜单中增加创建相应文档的菜单项。因此，我们可以打开准备创建文档的文件夹窗口，在空白处右击，从弹出的快捷菜单中选择"新建"→"Microsoft Word 文档"，即可以创建一个名为"新建 Microsoft Word 文档.docx"的文件，并自动处于重命名状态，用户输入所需的文件名即可，如图 5-20 所示。

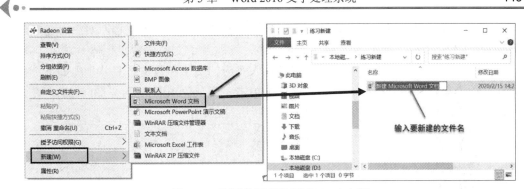

图 5-20　利用快捷菜单创建 Word 文档

2. 利用"空白文档"模板创建空白文档

空白文档默认的页面设置是 A4 页面(宽 21 cm，长 29.7 cm)，纵向，上、下页边距为 2.54 cm，左、右页边距为 3.17 cm，默认样式为"正文"，5 号宋体，单倍行距，两端对齐，这些设置都被保存在 Word 2016 程序自动创建的 Normal 模板中。

在 Word 2016 窗口中执行"文件"→"新建"命令，并在"可用模板"列表中双击"空白文档"图标，如图 5-21 所示。

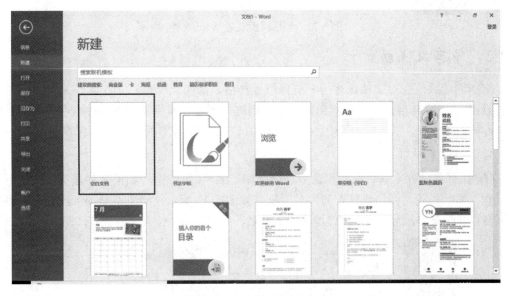

图 5-21　利用"空白文档"模板创建 Word 文档

3. 使用模板快速创建新文档

所谓模板就是系统中预先定义好格式(可以包含页面布局、段落设置、文字格式等)和框架(包含对应主题建议性的目录层次、标题、表格、图表等)，但是没有具体内容的一种特殊文档，其扩展名为 dotx(未启用宏的模板)、dot(兼容 Word 97-2003 文档)或 DOTM(启用宏的模板)，一般保存在"C:\Program Files\Microsoft Office\Templates\2052"文件夹中。Word 2016 为用户提供了许多预先设计好的模板(有些模板要连接到互联网才能使用)，当用户基于该模板创建新文档时，新建的文档就自动带有模板设置的所有格式，这样就能省去很多重复性的设置工作，为制作大量同类格式文档带来很大的方便。

　　例如,可以利用"蓝灰色求职信"模板来快速创建一个求职信文档,对于"蓝灰色求职信"模板的各种格式(如纸张大小,页面边距,标题及正文的位置、字体、颜色等),系统已根据实际情况设置,用户要做的仅仅是输入对应的文字和数据。具体步骤如下:执行"文件"→"新建"命令,在"新建"窗口中单击"蓝灰色求职信"(见图 5-22),在弹出的"蓝灰色求职信"对话框中单击"创建"按钮进行创建。

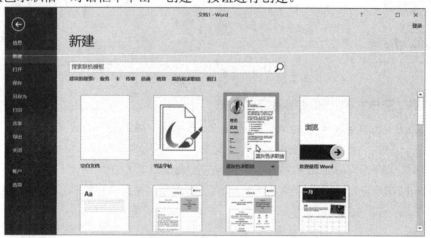

图 5-22　利用模板创建 Word 文档

5.3.2　保存及保护文档

　　文档创建后或在对文档进行了一些修改操作后,为防止 Word 2016 意外关闭(如停电、死机等)而导致文档信息丢失,应当及时对文档进行保存,即将临时保存在内存中的文档转移到各种外存中去,以便将来使用。在 Word 2016 中,保存文档可分为手工保存和自动保存。

1. 手工保存

　　(1) 执行"文件"→"保存"命令,或使用 Ctrl+S 组合键。如果文件是第一次执行存盘操作,那么系统将弹出"另存为"对话框,如图 5-23 所示;如果不是第一次存盘,则系统不会打开此窗口,而直接以文件原来的文件名、文件类型及位置进行保存,即更新原文件。

图 5-23　Word 的"另存为"对话框

(2) 单击"另存为"窗口中的"浏览"按钮，打开"另存为"对话框，在"保存位置"下拉列表框中选择一个保存位置，或者在对话框的左侧导航面板中选择一个要保存文档的磁盘驱动器和文件夹。如果不做选择，文件将保存在"C:\Users\Administrator(用户名)\Documents\"文件夹中。

(3) 在"文件名"文本框中输入或选择要保存的文档的名字。

(4) 在"保存类型"下拉列表框中选择文档要保存的类型，Word 2016 默认的文件类型是"Word 文档"(扩展名为 Docx)，如果不是很必要，用户一般不要修改。当然，如果要保证文档的兼容性，以便运行早期 Word 版本的计算机能够打开此文档，也可以选择保存为"Word 97-2003 文档"(扩展名为 Doc)。如果已经编辑好的文档格式以后经常要用到，可以选择保存为"文档模板"。

(5) 设置完成后，单击"确定"按钮，将当前文档保存并返回编辑状态。

注意：Word 的文件菜单中提供了"保存"与"另存为"命令，虽然它们都可以完成存盘功能，但"保存"命令是直接以文件原来的文件名、文件类型及位置进行保存，即更新原文件，而"另存为"命令则可保持原文件不变，将在原文件基础上更改后的内容用新的文件名、文件类型或新的位置另外保存，即生成一个新文件。

2. 自动保存

在文档编辑过程中，为防止软件意外关闭而丢失修改的内容，Word 采用了后台自动保存机制，即每隔一段时间会自动保存文档，这样即使文档因断电等意外原因导致未保存而关闭，也可以在下次打开该文件时找到意外关闭前系统最后一次自动保存的版本，但如果文档关闭前弹出了是否保存的对话框，无论单击"是"按钮还是"否"按钮，后台自动保存的版本均会全部消失。如果要启用系统自动保存功能，可打开"Word 选项"对话框，单击左侧的"保存"选项进行设置，如图 5-24 所示。

图 5-24　设置文件自动保存的时间间隔

5.3.3　打开文档

对于保存在磁盘上的文档，再次使用时应先将其打开。在 Windows 中打开文档的方法通常有两种：一种是先在资源管理器窗口中找到该文档，然后用鼠标双击即可打开；另一种是先启动 Word 2016，然后从"文件"菜单中打开，具体步骤如下：

(1) 启动 Word 2016。

(2) 执行"文件"→"打开"命令，打开"打开"窗口。

(3) 单击"浏览"图标，在弹出的"打开"对话框中选择要打开文档所在的磁盘驱动器和文件夹(保存路径)。

另外，Word 2016 还提供了默认最近使用文件功能，即最近打开过的文档名字都会记录在系统当中，用户可通过单击"最近"图标打开最近使用文件列表，如图 5-25 所示。

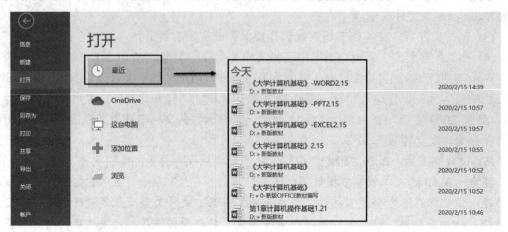

图 5-25　最近使用文件列表

5.3.4　关闭文档

在 Word 2016 中可以同时打开多个文档进行编辑，而当某个文档编辑完成后，为节约系统资源，防止对已编辑好的文档进行意外更改，应将此文档关闭，也就是将其从内存中退出。在日常工作学习中，一定要养成在编辑过程中边做边保存的良好习惯。

单击文档窗口中的关闭按钮，或者按 Alt+F4 键均可关闭文档，如果被关闭的文档尚未存盘，系统将打开一个消息框提示用户存盘，如图 5-26 所示。

图 5-26　关闭文档消息框

在此消息框中，如果文档是新建文档，单击"保存"按钮将打开"另存为"对话框，否则保存并关闭文档；单击"不保存"按钮则不保存对文档的修改而直接关闭文档；单击"取消"按钮则取消此次关闭文档操作，返回编辑状态。

5.3.5　查看和编辑文档属性

Word 文档属性包括作者、标题、主题、关键词、类别、状态和备注等信息，单击"文件"按钮，在打开的"信息"后台视图中列出了文档的主要信息(部分项目可编辑修改)。要修改或设置文档属性，单击"信息"后台视图中的"属性"，在打开的下拉列表中选择"高级属性"选项，打开"文档 1 属性"对话框，切换到"摘要"选项卡(见图 5-27)，分别修改作者、单位、类别、关键词等相关信息，然后单击"确定"按钮。

图 5-27　设置文档摘要

5.3.6　文档视图

1. 文档视图模式

在 Word 2016 中，"视图"是查看文档的方式，一个文档可以在不同的视图下查看，在不同的视图下，文档的编辑重点是不一样的。Word 2016 提供了多种视图模式供用户选择，包括"阅读视图""页面视图""Web 版式视图""大纲视图"和"草稿"。用户可以在"视图"选项卡的"视图"选项组中选择需要的文档视图模式(见图 5-28)，也可以在 Word 2016 文档窗口的右下方单击视图按钮进行选择。

图 5-28　视图切换工具按钮

(1) 阅读视图。阅读视图是显示和阅读文章的最佳方式。在阅读视图下，可以方便地增大或减小文本显示区域的尺寸，而不会影响文档中的字体大小和实际打印效果。

(2) 页面视图。页面视图主要用于版面设计，它是编辑文档中使用最多的一种视图。在此视图模式下，可以完成绝大部分文档的页面、段落、文字、表格、图形及其他对象的编辑和排版工作，也可以显示文档每一页打印出来的效果(所见即所得)。在页面视图方式下占用计算机资源相对较多，因此处理速度变慢。

(3) Web 版式视图。在该视图下，文档是以 Web 页的外观进行显示的，使用该视图方式可方便用户在将文档发布到网上前预览发布后的效果，文本和表格自动换行以适应窗口的大小，图形位置与在 Web 浏览器中显示的位置一致。同时文档将显示为一个不带分页符的长页，在 Web 版式视图下，可以创建能在屏幕上显示的网页或文档。

(4) 大纲视图。在大纲视图中，水平标尺由大纲工具栏替代，并按级别显示文档的各个标题，使文档的结构更加清晰，用户可通过大纲工具栏对标题进行移动、复制、删除或调整文档的整体结构，并且可以折叠文档以便只查看某一级的标题或子标题，也可以展开文档查看整个文档的内容。

(5) 草稿。草稿即显示文本格式设置和简化页面的视图，多用于纯文字处理工作，如输入、编辑和格式的编排。该视图方式简化了页面的布局，不再显示页边距、分栏、首字下沉、页眉和页脚等内容，给用户提供了更宽广的编辑区域，方便用户对文档进行各种操作。这种视图占用计算机资源少，响应速度快，可以提高工作效率。

2. 文档视图的显示比例

单击"视图"选项卡"显示比例"选项组中的命令按钮，可以调整文档视图的显示比例。在页面视图模式下，单击"多页"命令按钮 📖多页，系统会自动根据显示屏宽度缩小显示比例至每屏显示两页；单击"页宽"命令按钮 ↔页宽，系统会自动放大显示比例，使页面宽度占满屏幕。

小技巧：按住 Ctrl 键的同时前后滚动鼠标轮，可以快速实现页面的放大或缩小。

3. 窗口调整

在编辑一篇较长的文档时，如果要同时观察文档的不同区域(如对比文档的开头和结尾的内容)，可以将编辑区拆分成上、下两个子窗口，分别用于显示文档的不同位置，并且两个子窗口都有自己独立的滚动条，可以独立使用，如图 5-29 所示。

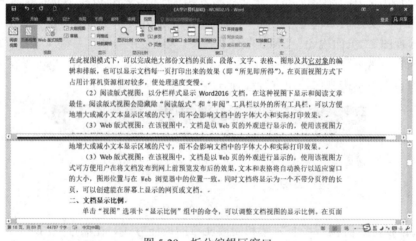

图 5-29   拆分编辑区窗口

拆分/合并窗口的方法如下：单击"视图"选项卡的"窗口"组中的"拆分"命令按钮 ⊟，窗口被拆分成上下两个窗口。如果要把拆分的窗口合并成一个窗口，单击"取消拆分"命令按钮 ⊟ 或双击分隔线即可。

4. 文档导航

利用"导航"窗格提供的导航工具可以方便、快捷地浏览和定位长篇文档。切换至"视图"选项卡，选中"显示"选项组中"导航窗格"复选框，即可打开"导航"窗格。"导航"窗格由搜索框、标题浏览框、页面浏览框和结果浏览框等部分构成，其中标题浏览只能在使用了标题样式的文档中使用。

1) 标题导航

(1) 打开"导航"窗格后，默认为按标题导航，其中列出了文档包含的各级标题。单击任意标题，光标会快速定位到该标题的开始处，如图 5-30 所示。单击列表右上角的"向上"按钮 或"向下"按钮 ▼，可以跳转到上一标题或下一标题。

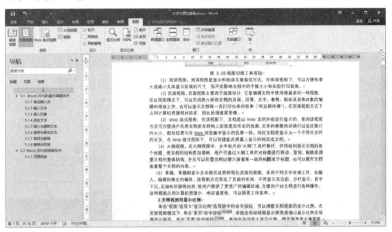

图 5-30　标题导航

(2) 在任意标题处右击，会弹出一个快捷菜单，其中包含对指定标题进行升级、降级、插入新标题、删除标题及其所包含的内容、全部展开或全部折叠标题，以及指定标题显示的级别等操作命令。如选择"显示标题级别"→"显示至标题 2(2)"命令，则列表中的标题只显示 1、2 级标题。

(3) 左键按住任意一个标题向上或向下拖动，可将该标题及其所包含的内容移动到其他标题之上或之下，达到重新调整文档的层次结构的目的。

2) 页面导航

单击"导航"窗格中的"页面"按钮，在窗格中将显示文档的页面缩略图，上、下滚动缩略图，可以快速概略浏览文档的所有页面。单击某个页面缩略图，文档视图会快速跳转至该页面，如图 5-31 所示。

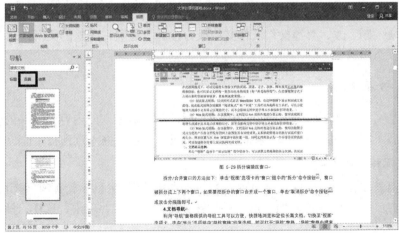

图 5-31　页面导航

3) 关键词导航

在"导航"窗格的搜索框中输入要搜索的关键词，系统会自动搜索该关键词出现在文档中的位置，并按出现顺序将其展现在搜索结果浏览框中，文档视图也会自动跳转到关键词出现的第一个位置，并以黄色底纹突出显示搜索到的关键词。单击浏览框中列出的某一个搜索结果，文档窗口将自动跳转到该搜索结果所在的页面。

4) 对象导航

单击"导航"窗格搜索框旁的下三角箭头，弹出搜索选项下拉菜单，单击"查找"下面的图形、表格等对象，可实现按特定对象类型进行导航。如果选择"表格"，则标题浏览框中含有表格的标题会突出显示，且文档视图会自动跳转到第一个表格出现的位置并呈选中状态(见图 5-32)，页面浏览框和搜索结果浏览框也会列出含有表格的页面和位置。

图 5-32　表格导航

5.4　Word 2016 的基本编辑技术

编辑文档主要是指如何在已创建的空 Word 文档或打开的 Word 文档中输入各种信息，并对其进行增、删、改、查等操作，使文档成为正确、通顺、完整的文章，这是 Word 文字处理的第二个步骤。

5.4.1　移动插入点

插入点是文档编辑区中一个竖向的闪烁光标，从键盘输入的内容及粘贴的信息均插入在插入点之后。因此在文档中插入各种信息之前应当先移动插入点到指定的位置。

1. 用鼠标移动插入点

对于一篇长文档，可先拖动垂直或水平滚动条(也可使用鼠标轮)将要编辑的文本显示在当前屏幕窗口中，然后移动"I"形鼠标指针到所需的位置并单击。这样，插入点就移到该位置了。

2. 用键盘按键移动插入点

在 Word 2016 中，插入点除可以用鼠标移动之外，还可以用键盘来移动。表 5-1 列出了移动插入点的几个常用键。

表 5-1　移动插入点的常用键

按　键	功　能	按　键	功　能
↑(向上键)	上移一行	Shift+Tab	左移一个单元格
↓(向下键)	下移一行	Tab	右移一个单元格
←(向左键)	左侧的一个字符	End	移至行尾
→(向右键)	右侧的一个字符	Home	移至行首
Ctrl+←	左移一个单词	PageUp	上移一屏(滚动)
Ctrl+→	右移一个单词	PageDown	下移一屏(滚动)
Ctrl+↑	上移一段	Alt+Ctrl+PageUp	移至窗口顶端
Ctrl+↓	下移一段	Alt+Ctrl+PageDown	移至窗口结尾
Ctrl+PageDown	移至下页顶端	Ctrl+Home	移至文档开头
Ctrl+PageUp	移至上页顶端	Shift+F5	打开文档后，转到上一次关闭时的位置
Ctrl+End	移至文档结尾		

3. 用"定位"命令移动插入点

在"开始"功能选项卡的"编辑"选项组中单击"查找"右侧的下三角按钮，在打开的下拉菜单中选择"转到"命令，利用打开的"查找和替换"对话框中的"定位"选项卡(见图 5-33)可以快速移动插入点。

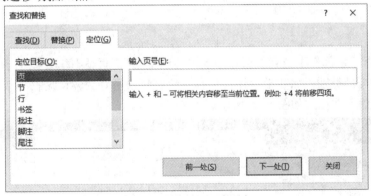

图 5-33　"定位"选项卡

5.4.2　输入文本

新建一个空文档后就可以输入文本了。在默认状态下 Word 2016 输入的是英文字符，如果要输入汉字，应先切换到相应的中文输入法。

当输入文本时，插入点会自动自左向右移动。如果输入一个错误的字符或汉字，可以按 Backspace 键删除该错字，然后再继续输入。Word 有自动换行的功能，当输入到达每行的末尾时不必按 Enter 键，系统会自动换行，只有想要另起一个新的段落时才按 Enter 键。按 Enter 键表示一个段落的结束，并在段落的后面显示一个回车符"↵"。

5.4.3 插入对象

在文档中，除了可以输入数字、字母、标点符号，还可以插入各种键盘上没有的特殊符号、日期和时间、脚注和尾注、批注、公式等对象。

1. 插入特殊符号

在输入文档的过程中，可能要输入(或插入)一些键盘上没有的特殊符号(如俄文字符、日文字符、希腊文字符、数学符号、图形符号等)，除了可以利用汉字输入法的软键盘进行输入，还可以利用 Word 2016 提供的"插入符号"功能进行输入。

(1) 移动插入点到要插入符号的位置。

(2) 单击"插入"选项卡的"符号"选项组中的下三角按钮，在打开的列表中选择"其他符号"命令，打开"符号"对话框，如图 5-34 所示。

图 5-34 "符号"对话框

(3) 先选择"字体"下拉列表框项中的"普通文本"，再根据需要在"子集"下拉列表框中选择一个符号类别，如数学运算符，则系统将显示所有数学运算符，双击需要的符号即可将该符号插入文档，如图 5-35 所示。

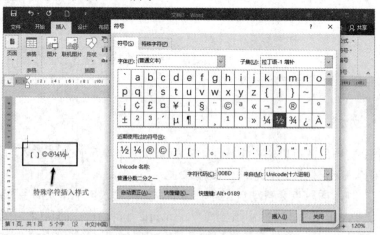

图 5-35 插入特殊符号

2. 插入日期和时间

日期和时间是编辑文档中最常用的一种对象。在 Word 2016 中，可以直接输入日期和时间，也可以使用"插入"选项卡的"文本"选项组中的"日期和时间"按钮快速插入标准格式的日期和时间，或者可以随文档打开的时间而自动更新日期和时间。

(1) 移动插入点到要插入日期和时间的位置。

(2) 单击"插入"选项卡的"文本"选项组中的"日期和时间"按钮，打开"日期和时间"对话框，如图 5-36 所示。

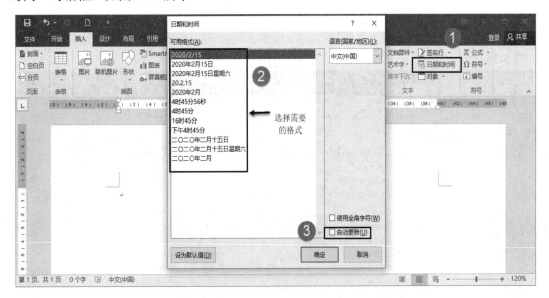

图 5-36　"日期和时间"对话框

(3) 在"语言(国家/地区)"下拉列表框中选择一种日期和时间的风格，以便符合相应的语法习惯。如果用户编辑的是英文文章，则选择"英语(美国)"；如果用户编辑的是中文文章，则选择"中文(中国)"。

(4) 在"可用格式"列表框中选定所需的格式。

(5) 如果选中"自动更新"复选框，则所插入的日期和时间会自动在每次打开文档时以当前系统时间进行更新，否则保持原插入的值。如果选中"使用全角字符"复选框，则日期和时间中的数字将被转换为全角字符，否则为半角字符。

(6) 单击"确定"按钮，即可在指定位置处插入系统当前的日期和时间。

注意：如果插入的日期和时间与实际不符，可在"控制面板"的"日期和时间"对话框中进行调整。

3. 插入脚注和尾注

脚注和尾注主要用于为文档中的某些文本提供解释、说明以及相关的参考资料，如图 5-37 所示。脚注放在每一页面的底端，尾注放在整篇文档的结尾处。脚注和尾注由两个关联的部分组成，即注释引用标记和对应的注释文本。

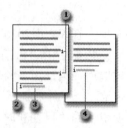

| ① 脚注和尾注引用标记 |
| ② 分隔符线 |
| ③ 脚注文本 |
| ④ 尾注文本 |

图 5-37　脚注和尾注示例

(1) 移动插入点到要插入脚注或尾注的位置。

(2) 单击"引用"选项卡"脚注"选项组的扩展按钮，打开"脚注和尾注"对话框，如图 5-38 所示。

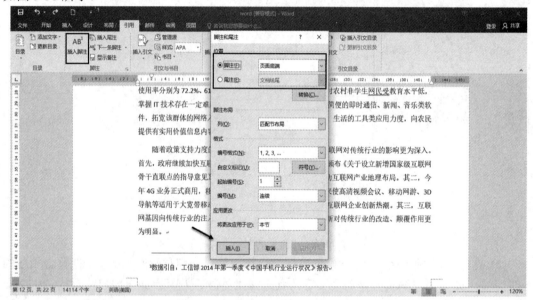

图 5-38　"脚注和尾注"对话框

(3) 在对话框中根据需要选中"脚注"单选按钮或"尾注"单选按钮，并选择脚注或尾注的位置。

(4) 在"编号格式"下拉列表框中选择所需格式。

(5) 单击"插入"按钮，系统将在文本后插入一个注释编号，并将插入点置于相应的注释编辑区上。

(6) 在注释编辑区中输入注释文本。

如果要删除脚注或尾注，则选中脚注或尾注标记，按 Delete 键。

注意：脚注或尾注只能在页面视图模式下编辑。

4. 插入批注

批注是显示在文档右页边距中的作者或审阅者为文档添加的注释，插入批注的步骤如下：

(1) 选择要设置批注的文本或内容。

(2) 单击"审阅"选项卡的"批注"选项组中的"新建批注"按钮。

(3) 在批注框中键入批注文字，如图 5-39 所示。

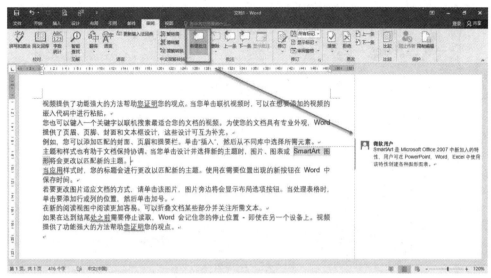

图 5-39　插入批注

如果要删除批注，可在批注上右击，从弹出的快捷菜单中选择"删除批注"命令。

5. 插入公式

Word 2016 提供了录入各种数学、物理公式的工具和模板，它们位于"插入"选项卡"符号"组中。

(1) 单击"插入"选项卡的"符号"选项组中的"公式"按钮，或单击"公式"下三角按钮，从弹出的公式库列表中选择公式样式或选择"插入新公式"命令手动编辑新公式，如图 5-40 所示。

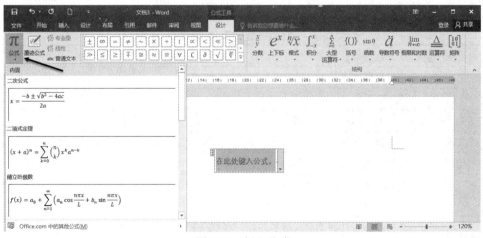

图 5-40　插入公式

(2) 在光标插入点出现公式编辑框(公式编辑控件)，同时出现"公式工具"上下文选项卡(包含编辑公式要用到的各项命令)，其中"工具"选项组用于设置相关选项，"符号"选项组用于在编辑框中录入各种公式符号，"结构"选项组包含了各类公式的结构样式。

如果在公式编辑框中先用键盘录入"x="，再选择"结构"选项组中的"根式"结构样式，就可录入一个带根式的公式，如图 5-41 所示。若要录入复杂公式，可先选择适当的结构样式嵌套插入，然后再编辑修改参数。

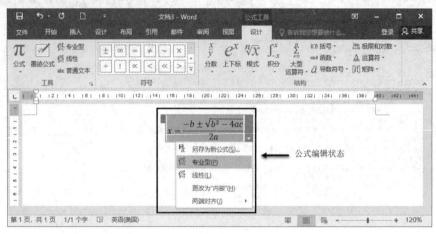

图 5-41　编辑公式

(3) 选择编辑好的公式，单击"工具"选项组"公式"下三角按钮，在打开的下拉列表框中选择"将所选内容保存到公式库"命令；或者单击公式编辑框右侧的下三角按钮，在弹出的下拉菜单中选择"另存为新公式"命令，将选中的公式保存起来供以后调用。

5.4.4　选定文本

在编辑文本时，必须选中文本，然后才能对其进行进一步的操作，如移动、复制、删除和设置字体等。

1. 用鼠标选中文本

用鼠标选定文本的操作方法如表 5-2 所示。

表 5-2　用鼠标选中文本的操作方法

对象范围	操　作　方　法
任意文本	拖过这些文本
一个单词	双击该单词
不相邻的区域	选择所需的第一个区域，按住 Ctrl，继续选择其他所需的区域
一行文本	先将鼠标指针移动到该行的左侧，直到指针变为指向右边的箭头，然后单击
一个句子	按住 Ctrl，然后单击该句中的任何位置
一个段落	将鼠标指针移动到该段落的左侧，直到指针变为指向右边的箭头，然后双击；或者在该段落中的任意位置三击
多个段落	先将鼠标指针移动到段落的左侧，直到指针变为指向右边的箭头，然后再单击，并向上或向下拖动鼠标
大块文本	当要选择的文本区域较长，用前面的方法不方便操作时，可先单击要选中内容的起始处，然后再按住 Shift 键单击要选定内容的结束位置
整篇文档	将鼠标指针移动到文档中任意正文的左侧，直到指针变为指向右边的箭头，然后三击
一块垂直文本	按住 Alt 键，然后将鼠标拖过要选定的文本
取消选择	在编辑区任意位置单击

2. 用键盘选中文本

用键盘选定文本的操作方法如表 5-3 所示。

表 5-3　用键盘选中文本的操作方法

组合键	选取范围	组　合　键	选取范围
Shift+→	右侧的一个字符	Ctrl+Shift+→	至单词结尾
Shift+←	左侧的一个字符	Ctrl+Shift+←	至单词开始
Shift+PageDown	下一屏	Ctrl+Shift+↓	至段尾
Shift+PageUp	上一屏	Ctrl+Shift+↑	至段首
Shift+End	至行尾	Ctrl+Shift+Home	至文档开头
Shift+Home	至行首	Ctrl+Shift+End	至文档结尾
Shift+↓	下一行	Alt+Ctrl+Shift+PageDown	窗口结尾
Shift+↑	上一行	Ctrl+A	整篇文档

5.4.5　插入与删除文本

1. 插入文本

将插入点移到需要插入文本的位置，插入文本即可。若按 Insert 键，则系统处于改写状态，此时插入点右边的字符或文字将被新输入的文字或字符所替代。

2. 删除文本

如果仅删除单个字符，可先将插入点放置到该字符的前方，然后再按 Delete 键；或者先将插入点放置到该字符的后方，然后再按 Backspace 键。如果要删除多个字符，可先选中这些字符，然后再按 Delete 键或 Backspace 键。

5.4.6　复制与移动文本

1. 复制文本

在输入文本或编辑文档时，常常会重复输入一些前面已经输入过的文本，使用复制操作可以提高输入效率，减少输入错误。

(1) 使用鼠标操作。先选中要复制的对象，然后按住 Ctrl 键并将选定的对象拖动到合适位置。

(2) 使用快捷键操作。先选中要复制的对象，按下 Ctrl+C 组合键，移动插入点到合适位置后按下 Ctrl+V 组合键。

2. 移动文本

在编辑文档时，常常需要调整一些字、词、句或段落的先后顺序，这时可使用移动操作。

(1) 使用鼠标操作。先选中要移动的对象，然后将选中的对象拖动到合适位置。

(2) 使用快捷键操作。先选中要移动的对象，按下 Ctrl+X 组合键，移动插入点到合适位置后按下 Ctrl+V 组合键。

5.4.7　查找与替换

1. 查找

Word 2016 提供了丰富的查找功能，用户不仅可以查找文档中的某一指定的文本，而且还可以查找特殊符号(如段落标记、制表符等)。

1) 常规查找

(1) 在"开始"选项卡的"编辑"选项组中单击"查找"按钮或按 Ctrl+F 组合键，即可打开"常规查找"导航面板，如图 5-42 所示。

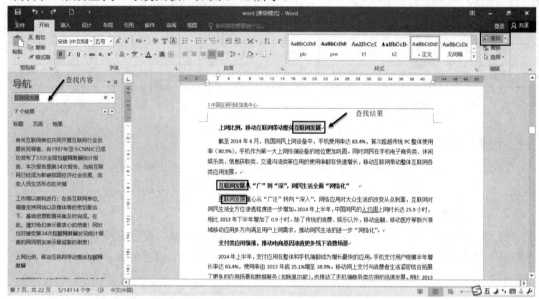

图 5-42　常规查找

(2) 在"导航"文本框中输入准备查找的文字，系统就会自动在文档中查找相应内容，并加上黄色底纹显示在窗口中，如图 5-43 所示。

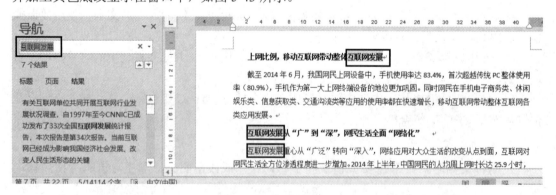

图 5-43　显示查找结果

(3) 单击"查找下一处"按钮，系统开始查找，当查找到指定的信息后，系统将文档窗口移动到该信息处，并反色显示找到的文本。

(4) 如果单击"取消"按钮，系统将停止查找，插入点也将停留在当前查找到的文本处。

2) 高级查找

(1) 在"开始"选项卡的"编辑"选项组中单击"查找"右侧的下三角按钮，在打开的下拉菜单中选择"高级查找"命令，打开"查找和替换"对话框，如图 5-44 所示。

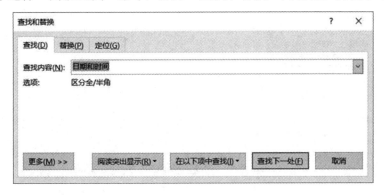

图 5-44　"查找和替换"对话框

(2) 在对话框中单击"更多"按钮，在展开的界面中设置好相关选项(见图 5-45)，单击"查找下一处"按钮即可完成高级查找。

图 5-45　设置查找选项

2. 替换

上面叙述的仅仅是一种单纯的查找方法，但实际上查找和替换总是密切联系在一起的，常常要将多次出现在文档中的某些文本替换为另一个文本，例如将"电脑"替换成"计算机"等。这时可以利用"替换"功能来完成。"替换"的操作与"查找"操作类似，具体如下：

(1) 在"查找和替换"对话框中单击"替换"选项卡，如图 5-46 所示。

(2) 在"查找内容"文本框中输入要查找的内容。

(3) 在"替换为"文本框中，输入要替换的内容。

(4) 单击"查找下一处"按钮开始查找，找到后反色显示。

图 5-46　替换文本

(5) 如果要替换找到的一处文本，则单击"替换"按钮；如果此处不替换，可单击"查找下一处"按钮继续查找。

(6) 重复进行(4)、(5)两步，可以边审查边替换；如果要全部替换，只需单击"全部替换"按钮就可一次替换完毕。同样，也可以使用高级功能来设置要替换的文字。

5.4.8　撤销与恢复

在排版的过程中经常会出现误操作，或对当前设置不满意，想将文档恢复到以前的某个状态，这时可使用 Word 2016 提供的撤销与恢复工具按钮 ，只要不超过撤销限制，可在保存后撤销更改，然后再次保存(默认情况下，系统保存了最近 100 个可撤销操作)。

1. 撤销

单击 或按下 CTR+Z 组合键可以撤销前一次操作；若要撤销多步操作，可连续单击 多次，或者单击其右侧的下三角按钮，在打开的"编辑操作"下拉列表框中拖动鼠标到某项后单击，即可撤销到该步，如图 5-47 所示。

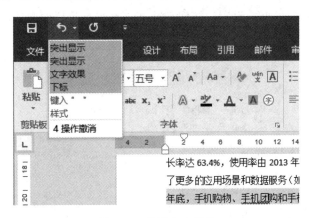

图 5-47　撤销多步操作

2. 恢复

单击 或按 Ctrl+Y 组合键可以恢复之前撤销的操作。该功能只能在执行撤销操作之后使用，其操作方法与撤销相似，只不过操作方向相反。

5.5　Word 2016 的排版技术

文档经过前面的基本编辑(即增、删、改、查)后，已经初具形态，但还需要进行排版，才能使之成为一篇层次分明、赏心悦目的文章。Word 2016 提供了丰富的排版功能，如页面排版、文字排版、段落排版、表格排版、图形排版、特殊长文档排版等。在实际工作中，用户可以根据自己的习惯来决定排版的先后顺序，但从经验来看，一般要先进行页面排版，从总体上设置好文档的页面属性，然后再进行文字排版，最后进行段落排版，这样可以减少很多重复的工作。本节先介绍页面、文字、段落的排版，表格、图形、长文档的排版相对复杂，将在后面的分节中单独介绍。

5.5.1　页面排版

1. 页面设置

在创建文档时，Word 预设了一个以 A4 纸为基准的 Normal 模板，其版面几乎可以适用于大部分文档，但对于特殊型号的纸张，用户可以根据需要重新进行页面设置。

(1) 单击"布局"选项卡(见图 5-48)，在"页面设置"选项组中单击各按钮，可以对文字方向、页边距、纸张方向、分栏等选项进行设置。

图 5-48　"布局"选项卡

(2) 单击"页面设置"选项组的扩展按钮，或执行"文件"→"打印"命令，在打开的"打印"窗口中单击"页面设置"按钮，或双击水平标尺栏两侧的区域，都可打开"页面设置"对话框，如图 5-49 所示。

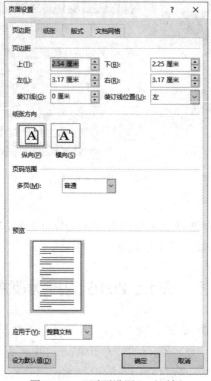

图 5-49　"页面设置"对话框

(3) 在"页边距"选项卡中可对页边距、装订线位置及纸张方向等进行设置。

(4) 在"纸张"选项卡中可对纸张大小及进纸方式进行设置。

(5) 在"版式"选项卡中可对页眉、页脚的位置进行设置。

(6) 在"文档网格"选项中可对每页中的行数、每行的字数进行设置。

(7) 在设置过程中，可通过对话框下侧的预览缩略图来观察效果，完成设置后单击"确定"按钮。

2. 设置页面边框和底纹

在默认情况下，Word 2016 文档的页面是没有边框和底纹的，用户可以根据实际情况添加。

1) 添加页面边框

(1) 在"设计"选项卡中单击"页面背景"选项组中的"页面边框"按钮，打开"边框和底纹"对话框(见图 5-50)，单击"页面边框"选项卡。

(2) 在"设置"栏中选择一种边框的类型。

(3) 在"样式"下拉列表框中选择一种边框的线型，在"颜色"下拉列表框中选择一种颜色，在"宽度"下拉列表框中选择边框宽度，在"艺术型"下拉列表框中选择一种艺术线型。

(4) 在"应用于"下拉列表框中选择边框应用的范围。

(5) 如果还想设置边框线与页面的距离，可以单击"选项"按钮，在打开的"边框和底纹选项"对话框中进行设置。

(6) 在操作过程中，可以通过对话框右侧的预览区来观察效果，也可在预览区中单击某一边线来添加或取消该位置的边框，完成设置后单击"确定"按钮。

注意：如果 Word 2016 不是完全安装，则"样式"下拉列表框中的"艺术型"将不可用，如果选择了这个选项，系统将提示插入 Office 2016 的安装光盘进行安装。

图 5-50　"边框和底纹"对话框

2) 添加底纹

(1) 在"设计"选项卡中单击"页面背景"选项组中的"页面颜色"按钮，打开"页面颜色"下拉列表，如图 5-51 所示。

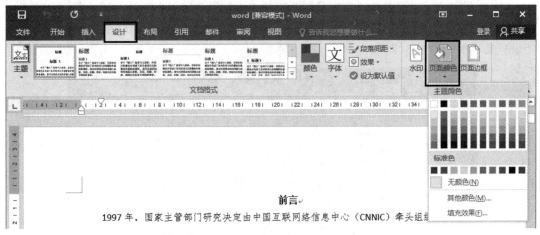

图 5-51　"页面颜色"下拉列表

(2) 在下拉列表中选择一种颜色，可将此颜色设置为页面背景，如果已经设置了文档背景，再选择"无颜色"命令，可以删除背景。

(3) 选择"填充效果"命令，将打开"填充效果"对话框(见图 5-52)，利用该对话框可以为文档设置渐变、纹理、图案和图片背景效果。

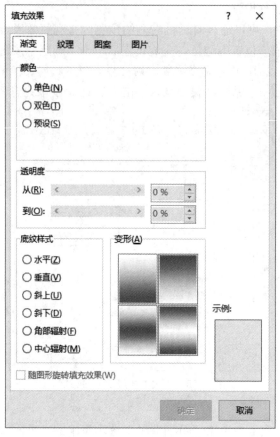

图 5-52　"填充效果"对话框

(4) 如果需要，也可单击"页面背景"选项组中的"水印"下三角按钮，在打开的"水印"下拉列表框中选择"自定义水印"命令，利用打开的"水印"对话框(见图 5-53)为文档设置文字水印或图片水印。

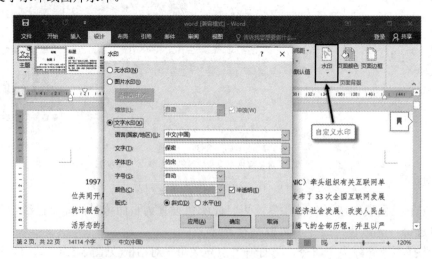

图 5-53　"水印"对话框

注意： 水印是显示在文本下面的文字或图片，它们可以增加文档趣味或标识文档的状态，如注明文档是"草稿"。水印适用于打印文档，在页面视图或打印出的文档中可以看到水印。如果使用图片作为水印，可将其淡化或冲蚀，以不影响文档文本的显示。如果使用文字作为水印，可从内置词组中选择或自定义。若在"无水印"对话框中选中"无水印"单选按钮，则可以删除水印。

3．插入分页符

一般情况下，Word 2016 会根据设置的页面参数及输入的内容自动分页，但有时用户也可根据排版的需要手工插入分页符，将文档的某一部分内容单独放在一页。

(1) 移动插入点到要分页的位置。

(2) 按 Ctrl+Enter 组合键，或者在"布局"选项卡的"页面设置"选项组中单击"分隔符"按钮，在弹出的下拉列表中根据需要在"分页符"列表中选择一个项目。

4．插入页码

在默认情况下，Word 2016 的页面是没有页码的。当文档较长时，为便于装订和阅读，应当给文档添加页码，具体步骤如下：

(1) 在"插入"选项卡的"页眉和页脚"选项组中单击"页码"按钮，在打开的"页码"下拉列表(见图 5-54)中根据需要选择一种页码格式。

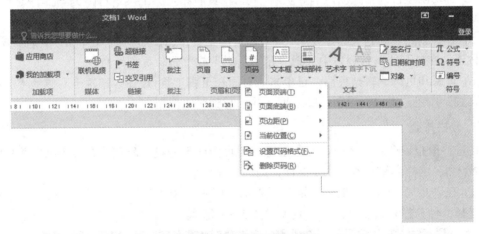

图 5-54　"页码"下拉列表

(2) 选择"设置页码格式"命令，在打开的"页码格式"对话框中可进一步设置页码格式。

(3) 选择"删除页码"命令可取消页码设置。

注意： 只有在页面视图和打印预览方式下才可以看到插入的页码。

5．插入页眉和页脚

页眉和页脚分别是位于每页上页边距与纸张边缘之间及每页下页边距与纸张边缘之间的图形或文字，如页码、日期、文档标题、公司徽标及文档的水印效果等。

(1) 在"插入"选项卡的"页眉和页脚"选项组中单击"页眉"按钮，根据需要在打开的下拉列表中选择一种页眉[如"空白(三栏)"]，切换到页眉编辑状态，如图 5-55 所示。

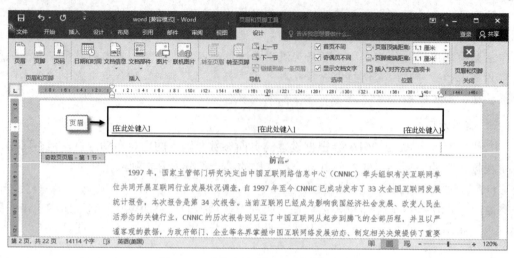

图 5-55　"空白(三栏)"页眉编辑状态

(2) 根据提示在页眉区域中输入文本和图形。

(3) 若要创建页脚,可在"页眉和页脚"选项组中单击"页脚"按钮,根据需要在打开的下拉列表中选择一种页脚类型,切换到页脚区域,然后输入文本或图形。

(4) 若要创建特殊格式的页眉和页脚,可在"页眉和页脚工具|设计"选项卡中选中"首页不同"或"奇偶页不同"复选框。

(5) 若要删除页眉和页脚,可在"页眉和页脚工具|设计"选项卡中单击"页眉"或"页脚"按钮,在打开的下拉列表中选择"删除页眉"或"删除页脚"命令。

(6) 页眉和页脚编辑结束后,可单击"页眉和页脚工具|设计"选项卡右侧的"关闭页眉和页脚"按钮,退出页眉和页脚编辑,并返回到页面视图。

6. 分栏排版

在进行简报或公告排版时,经常要把一个页面或部分段落分割成若干个纵向并列的编辑区域(栏),这样会使文本更便于阅读,版面更显生动。

(1) 在"布局"选项卡的"页面设置"选项组中单击"分栏"按钮,从打开的下拉列表中选择一种分栏方式即可。两栏效果如图 5-56 所示。

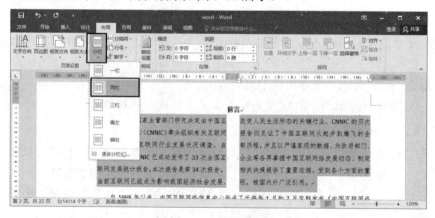

图 5-56　两栏效果

(2) 如果要对页面进行更加复杂的分栏设置，可在"分栏"下拉列表中选择"更多分栏"，打开"分栏"对话框，如图 5-57 所示。

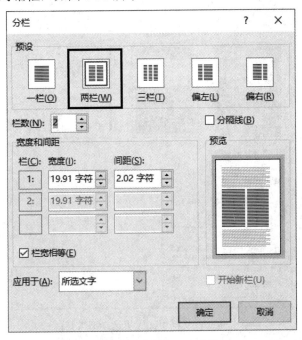

图 5-57　"分栏"对话框

(3) 在"预设"选项组中选择分栏格式，在"栏数"文本框中键入分栏数。

(4) 在"宽度和间距"框中设置栏宽和间距，若选中"栏宽相等"复选框，则系统将依据页面平均分配各栏栏宽。

(5) 选中"分隔线"复选框，可以在各栏之间加一分隔线。

(6) 若要对整篇文档进行分栏，可在"应用于"下拉列表框中选择"整篇文档"。

注意：

• 因为各栏宽度与间距之和等于页面宽度，所以如果要同时设置栏宽和间距，则应先调整页面宽度。

• 如果对整篇文档分栏后，页面上各栏的长度不一致，最后一栏可能比较短，这样版面就显得很不美观，这时可先移动插入点到分栏的结尾，然后再单击"页面设置"选项组中的"分隔符"命令下三角按钮，在打开的下拉列表中选择"连续"选项，系统将插入一个连续分节符，以平衡各栏中的文本长度。

7. 插入封面

Word 2016 提供了很多设计精美的封面模板，可以让用户在很短的时间内通过简单的操作便能制作出专业的文档封面。

在"插入"选项卡的"页"选项组中单击"封面"按钮，在打开的下拉列表框中根据需要选择一种适合的封面模板(如"运动型"，见图 5-58)，然后输入或修改相关内容即可。

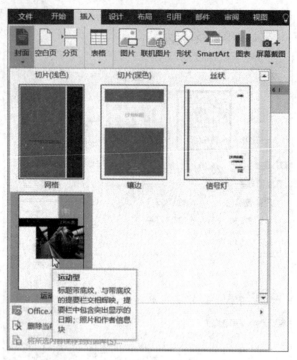

图 5-58　在文档中插入"运动型"封面

5.5.2　文字排版

文档是否简洁、醒目和美观，除了页面合理设置外，文字格式的设置也很重要。在没有设置文字的格式之前，所有的文字都是千篇一律的，既不美观，也不能突出重点，为此，在输入文本之后，应该对其进行格式设置。Word 2016 提供了非常丰富的文字格式，我们既可以通过"开始"功能选项卡上的"字体"选项组按钮来简单、快速的设置，也可以使用快捷菜单中的"字体"对话框来进行详细的设置。

1. 更改文字的外观

文字的外观主要包含字体、字形、字号、颜色、边框、加下划线、加着重号和改变字间距等，可按以下方法来更改这些属性。

(1) 利用"字体"选项组。

① 选定要更改外观的一个或多个字符。

② 根据需要单击"开始"选项卡的"字体"组(见图 5-59)进行设置。

图 5-59　"字体"选项组

注意：将鼠标停放在某个按钮上，可获得该按钮的功能说明。某些按钮后面带有"▼"，表明单击"▼"后可以进一步打开详细选项。

(2) 利用"字体"对话框。

① 选定要更改外观的一个或多个字符。

② 在"开始"选项卡中单击"字体"选项组的扩展按钮，打开"字体"对话框，在"字体"选项卡中可对字体常规属性及效果进行设置；在"高级"选项卡中可对文字缩放、字符间距及 OpenType 功能进行设置，如图 5-60 所示。

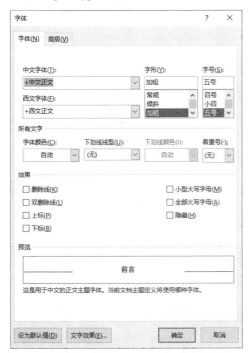

图 5-60　设置字体

③ 在操作过程中，可通过对话框下侧的预览来观察效果，完成后按"确定"按钮。

2. 给文本加边框和底纹

在 Word 2016 中，除了可以使用"字体"选项组中的"字符边框"按钮 Ａ 和"字符底纹"按钮 Ａ 来简单设置边框和底纹外，还可以使用"边框和底纹"对话框进行更加详细的设置。

(1) 选定要添加边框或底纹的一个或多个字符。

(2) 在"开始"选项卡中单击"段落"选项组中的"边框"下三角按钮 □ ▼，在打开的下拉列表框中选择"边框和底纹"命令，打开"边框和底纹"对话框，如图 5-61 所示。

(3) 在"边框"选项卡中可以对"设置""样式""颜色"和"宽度"等选项进行设置，在"应用于"下拉列表框中选择"文字"选项。

(4) 选择"底纹"选项卡，在"填充"下拉列表框中选择纯色的填充底纹，也可在"图案"选项组的"样式"下拉列表框中选择底纹的式样，在"颜色"下拉列表框中选择底纹的颜色。

图 5-61　"边框和底纹"对话框

(5) 在操作过程中，可通过对话框右侧的"预览"框来观察效果，完成设置后按"确定"按钮。

要取消边框和底纹，只要在"边框和底纹"对话框的"设置"栏中单击"无"按钮即可。

3. 设置文本艺术特效

在 Word 2016 中，除了可以给文字设置常规外形外，还可以使用"文本特效"功能为文本设置更加丰富的效果。

(1) 选定要设置特效的一个或多个字符。

(2) 在"开始"选项卡的"字体"选项组中单击"文本效果和版式"按钮，在打开的下拉列表中进行设置，如图 5-62 所示。

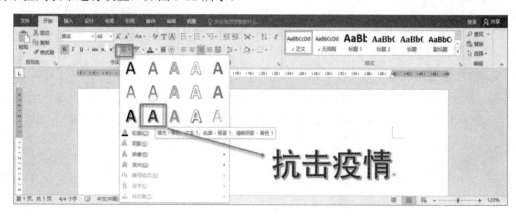

图 5-62　设置文字特效

4. 格式的复制和清除

在处理文档的过程中，如果需要将已设定好的样本格式快速应用到文档或表格中的其他部分，使之自动与样本格式一致，可利用 Word 2016 提供的"格式刷"来完成这一功能。使用"格式刷"的具体操作步骤如下：

(1) 选中已经设置好格式的一个或部分字符。

(2) 单击 "开始" 选项卡的 "剪贴板" 选项组中的 "格式刷" 按钮以提取样本格式，这时鼠标指针变为 ▲I 。

(3) 用鼠标在要设置格式的文字上拖动，拖动范围内的所有字符格式自动与样本格式一致。

(4) 若要清除格式，可选定文字，按下 Ctrl+Shift+Z 组合键，文字即可恢复到系统默认格式。

注意：

• 单击 "格式刷" 按钮只能应用一次样本格式，双击可使用多次。如果要将格式连续应用到多个文本块上，则应将上述第(2)步的单击操作改为双击，或者当执行完一次格式刷操作之后，再选中其他文本，按F4键重复上一步操作。

• 在文档中选定文本后，按下 Shift + F1 组合键，即可在 "显示格式" 任务窗格中显示所选文本的格式，单击蓝色的链接文字即可打开相应的对话框，对格式进行修改。

5.5.3　段落排版

为了使文档的结构清晰、层次分明，在完成了文档的页面及文字排版后，通常还需通过段落排版来设置段落格式。在 Word 2016 中，段落就是指以段落标记 "↵" (回车符)作为结束标记的一组文字。段落格式即可以使用 "开始" 选项卡的 "段落" 选项组中的按钮进行简单、快捷的设置，也可以利用 "段落" 对话框来进行全面而精确的设置。

1. 段落的创建、拆分与合并

(1) 段落的创建。在输入文字的过程中，每按一次 Enter 键就插入一个段落标记，而且新段落的格式(如字体、字号、左右边界、行间距、边框、底纹等)与前一段相同。

(2) 段落的拆分。当根据文档结构的需要将一个大的段落分成几个小的段落时，可移动插入点到要分段的位置，按 Enter 键即可。

(3) 段落的合并。将多个段落合成一个段落，只要移动插入点到要合并的第一个段落最后的回车符 "↵" 前，按 Delete 键将回车符删除即可。在删除段落标记后，后面一段文本就连接到前一段文本之后，成为前一段文本的一部分，其段落格式变成与前一段相同，如图 5-63 所示。

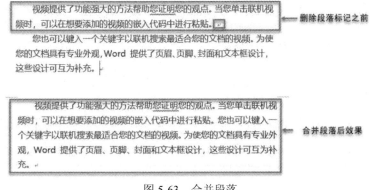

图 5-63　合并段落

2. 设置段落的缩进

缩进就是指段落文字距纸张左、右边界的距离。根据文档的规范性要求(中英文有所不同)和排版的需要，可以调整每个段落相对于页边距的缩进量(以中文字符数、磅或厘米为单位)，也可以调整段落内每行之间的间隔距离或段落前、后与其他段落之间的间隔距离。

(1) 段落缩进的类型。

在 Word 2016 中，段落的缩进可分以下几种类型：

① 左缩进。整个段落与纸张左边界的距离，默认情况下与页面的左边界相同。

② 右缩进。整个段落与纸张右边界的距离，默认情况下与页面的右边界相同。

③ 首行缩进。段落第 1 行与纸张左边界的距离，按中文习惯，首行缩进为两个汉字宽度。

④ 悬挂缩进。段落第 2 行起距纸张左边界的距离，悬挂缩进常用于项目符号和编号列表。

段落缩进示例如图 5-64 所示。

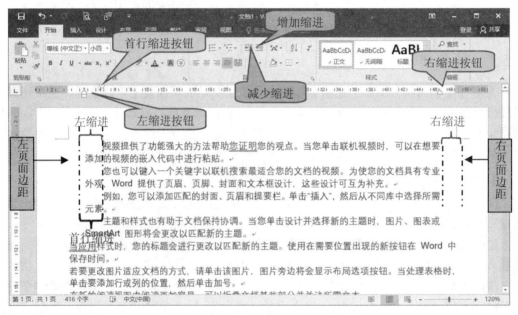

图 5-64　段落缩进示例

(2) 调整段落缩进的方法。

在 Word 2016 中调整段落的缩进，一般可按以下几种方法：

① 通过水平标尺设置。

选定要调整缩进的一个或多个段落(如果仅是一个段落，可不用选定，只需将插入点放置在段落内任意位置即可)。

分别拖动标尺上的 3 个缩进按钮进行调整，如果在拖动标记的同时按住 Alt 键，那么在标尺上会显示出具体缩进的数值。

注意：如果窗口中不显示标尺，可选择"视图"选项卡的"显示"组中选中"标尺"复选框。

② 通过"段落"对话框设置段落缩进。

选中要调整缩进的一个或多个段落。单击"开始"选项卡的"段落"选项组的扩展按钮，打开"段落"对话框，如图 5-65 所示。

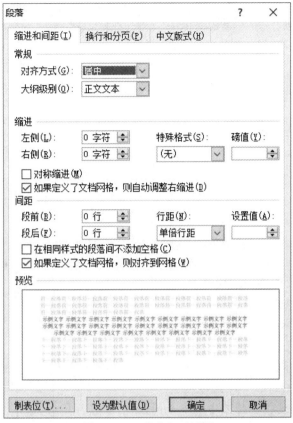

图 5-65　"段落"对话框

在"缩进"选项组的"左侧""右侧"文本框中输入一个数字，可以改变段落的左、右缩进。

在"特殊格式"下拉列表框中选择"首行缩进"或"悬挂缩进"，再在"磅值"文本框中输入一个数字。

在设置过程中可通过对话框下部的"预览"区来观察效果，设置完成后单击"确定"按钮。

③ 通过工具按钮设置段落缩进。

在"段落"选项组中单击"减少缩进量"按钮 或"增加缩进量"按钮 ，可缩小或增加段落的左边界，这种方法虽然缩进量固定、灵活性差，但使用方便快捷。

3. 设置段落对齐方式

段落对齐方式是指当段落中的字不满一整行时，段落在页面中的显示方式。在 Word 2016 中，段落有"两端对齐""左对齐""居中""右对齐"和"分散对齐"五种方式，可使用"段落"选项组中的按钮或"段落"命令来设置。

(1) 使用"段落"选项组设置段落对齐方式。

① 选定要调整对齐方式的一个或多个段落或移动插入点到一个段落内。

② 根据需要单击"开始"选项卡的"段落"选项组中的"两端对齐""左对齐""居中""右对齐"和"分散对齐"按钮，如图 5-66 所示。

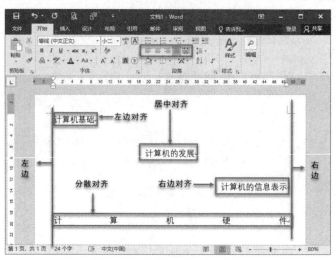

图 5-66　段落的各种对齐方式

(2) 使用"段落"命令设置段落对齐方式。

① 选定要调整对齐的一个或多个段落。

② 右击选中的段落，从弹出的快捷菜单中选择"段落"命令，打开"段落"设置对话框，在"对齐方式"下拉列表框中选择一种对齐方式，如图 5-67 所示。

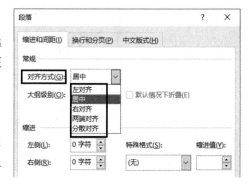

注意：两端对齐是指调整文字的水平间距，使其均匀分布在左、右页边距之间，使两侧文字具有整齐的边缘，在中英文混排出现右侧不对齐的情况下可使用此项。

图 5-67　设置段落对齐方式

4. 设置行距

行距决定段落中各行文本间的垂直距离，其默认值是单倍行距，该设置可容纳所在行的最大字体并附加少许额外间距。如果某行包含大字符、图形或公式，Word 2016 将增加该行的行距。

(1) 行距的类型。

在 Word 2016 中，行距通常有以下几种类型：

① 单倍行距。单倍行距是将行距设置为该行最大字体的高度，并上、下留有适当的空隙，空隙的大小取决于所用的字体。

② 1.5 倍行距。1.5 倍行距为单倍行距的 1.5 倍。

③ 两倍行距。两倍行距为单倍行距的 2 倍。

④ 最小值。最小值是指系统为容纳最大字体而自动调整的高度。

⑤ 固定值。固定值是指将行距设置为用户手工输入的某个固定数值。

⑥ 多倍行距。多倍行距是在单倍行距的基础上按指定百分比增大或减小。

(2) 行距的设置方法。

一般情况下，系统会根据用户设置的字体大小自动调整行高。有时键入的文档不满一页，为了使页面显得饱满、美观，可以适当增加字间距和行距；有时键入的内容稍稍超过了一页(如超出了 1～2 行)，为了节省纸张，可以适当减小行距。其操作步骤如下：

① 选定要调整行距的一个或多个段落。

② 右击选定的对象，从弹出的快捷菜单中选择"段落"命令，打开"段落"对话框。

③ 在"间距"选项组的"行距"下拉列表框中选择一种行距类型(见图 5-68)，如果需要，再在"设置值"文本框中输入一个数字。

图 5-68 设置段落行距

④ 在设置过程中可通过对话框下部的"预览"区来观察效果，设置完成后单击"确定"按钮。

注意：

• 也可使用"段落"选项组中的"行和段落间距"按钮 ≡ 来简单快速设置。

• 如果出现项目显示不完整的情况，可增加行距。

5. 设置段落间距

段落间距是指本段落与另一个段落之间空白距离的大小。默认情况下与上一段落设置的行距相同。当然，用户也可以根据实际需要调整，其操作步骤如下：

(1) 选定要调整行距的一个或多个段落。

(2) 右击选定的对象，从弹出的快捷菜单中选择"段落"命令，打开"段落"对话框。

(3) 在"间距"选项组的"段前"或"段后"文本框中输入一个数字。

(4) 在设置过程中可通过对话框下部的"预览"区来观察效果，完成设置后单击"确定"按钮。

注意：也可使用"段落"选项组中的"行和段落间距"按钮来简单、快速设置。

6. 设置段落边框和底纹

在文档编辑的过程中，有时为了突出文档的某些重要段落或文字，可以给它们加上边框或底纹，具体操作步骤如下：

(1) 选定要添加边框或底纹的一个或多个段落。

(2) 单击"段落"选项组中的"边框"下三角按钮，在打开的下拉列表中选择"边框和底纹"命令，打开"边框和底纹"对话框。在"边框"选项卡中对"设置""样式""颜色"和"宽度"等选项进行设置，在"应用于"下拉列表框中选定"段落"选项。

(3) 选择"底纹"选项卡，在"填充"下拉列表框中选择纯色的填充底纹，也可在"图案"选项组的"样式"下拉列表框中选择底纹的式样，在"颜色"下拉列表框中选择底纹的颜色，如图 5-69 所示。

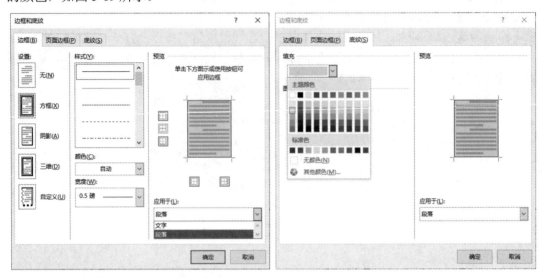

图 5-69 "边框和底纹"设置对话框

(4) 在操作过程中，可通过对话框右侧的"预览"区来观察效果，完成设置后单击"确定"按钮。

要取消边框和底纹，只要在"设置"栏中选择"无"即可。

7. 设置首字下沉

在对小说、报刊等进行排版时，经常会遇到某个段落的首行不是用缩进的方式开头，而是将段落的第一个字符放大后放置到段落的前方的情况，这种特殊的排版方式称为"首字下沉"。在 Word 2016 中，要设置"首字下沉"，可按以下步骤进行：

(1) 单击要用下沉的首字开头的段落(该段首必须含有文字)。

(2) 在"插入"选项卡的"文本"选项组中单击"首字下沉"按钮，在打开的下拉列表中选择"下沉"命令，如图 5-70 所示。

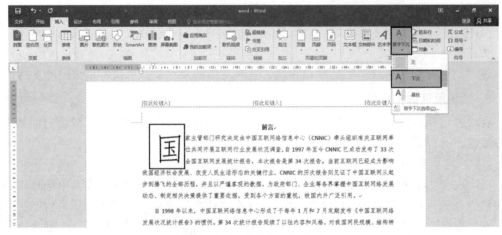

图 5-70 设置首字下沉效果

5.6　Word 2016 的表格编辑技术

表格是 Word 2016 中一种由多行和多列构成的特殊的文字、数据组织形式。相对于段落文字而言，表格更具有结构严谨、显示直观等特点，尽管其对数据的处理能力不如后面将要学习的 Excel 2016，但它操作简单、格式丰富，并且容易实现文、表混排，因此广泛应用于各种对数据处理要求不高的场合，如制作课程表、简历表、人员表等。在 Word 中不仅可以采用多种方式在文档中创建表格，而且可以对表格进行编辑、修改、转换、排序及简单计算。

5.6.1　创建及删除表格

在 Word 2016 文档中创建表格的方法非常多，可以使用表格模型、表格对话框快速创建规则表格，可以使用快速表格来创建某种风格的表格，可以将现有文字转换成表格，还可以手工绘制复杂表格等。每一种方法都有其各自的特点，有时还可以将它们结合起来使用。但在创建表格前要注意以下两点：

(1) 如果文档以表格开头，那么为方便以后编辑，在插入表格前应先插入一个空段落，即表格从第二行起插入。

(2) 如果表格在文档内部插入，那么它的单元格会继承上一个段落的文字格式(见图 5-71)，一般来说这是我们不希望的，因此，在插入表格前应插入一个空段落，并清除空段落的格式，具体操作是：将鼠标移到空段落的左侧，当光标变成空

图 5-71　表格对上一段落格式的继承

心箭头时单击选定段落，在"开始"选项卡的"字体"选项组中单击"清除格式" 按钮取消新段落格式，最后在空段落后面单击，取消段落的选定状态。

1. 使用表格模型创建表格

(1) 移动插入点到要创建表格的位置。

(2) 在"插入"选项卡的"表格"组中单击"表格"按钮，在打开的下拉列表的表格模型中拖动鼠标，选中所需的行数和列数后点击即可插入表格，如图 5-72 所示。

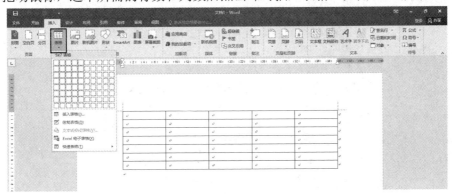

图 5-72　插入简单表格

2. 使用表格对话框创建表格

(1) 移动插入点到要创建表格的位置。

(2) 在"插入"选项卡的"表格"选项组中单击"表格"按钮，在打开的下拉列表中选择"插入表格"命令，打开"插入表格"对话框，如图 5-73 所示。

(3) 在"表格尺寸"选项组中根据需要设置列数、行数。

(4) 在"'自动调整'操作"选项组中选择一种设定表格栏宽的方式，其中：

① 固定列宽。可以在"固定列宽"文本框中输入列宽数值，若选取"自动"，则系统会自动根据设置的纸张大小、页边距和列数来平均分配各列。

图 5-73　插入表格设置

② 根据内容调整表格。创建表格后，各列列宽处于最小值状态，当在列中输入信息后，系统会根据输入的信息来自动调整列宽。

③ 根据窗口调整表格。"根据窗口调整表格"单选按钮的功能与"固定列宽"中的"自动"选项相同。

(5) 单击"确定"按钮，完成表格创建。

3. 使用"快速表格"创建表格

快速表格是 Word 2016 中预先由系统定义并命名的若干个表格模板，用户可以从中选择一种适合的风格以快速创建表格，从而节约设置表格格式的时间。

(1) 移动插入点到要创建表格的位置。

(2) 在"插入"选项卡的"表格"选项组中单击"表格"按钮，在打开的下拉列表中选择"快速表格"命令，打开"内置"表格列表，如图 5-74 所示。

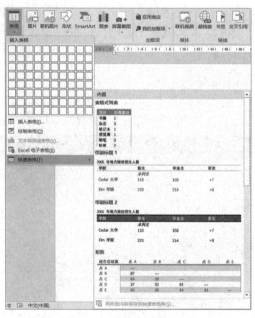

图 5-74　"快速表格"列表

(3) 在表格列表中根据需要单击一个项目即可快速创建一个已设置好格式的表格。

4．将文本转换成表格

在 Word 2016 文档中，可以将具有固定分隔符(如逗号、空格、制表符或固定的文字及字符等)的一组文字(见图 5-75)转换成表格。

> 书名 主编 定价
> 平面设计与制作技能实训教程 张琴 78
> Premiere 影视后期编辑技能实训教程 胡欢 48
> Photoshop 图像设计与制作技能实训教程 冯伟毅 72
> InDesign 版式设计与制作技能实训教程 张晓芸 55

图 5-75　具有固定分隔符的一组文字

可以看出，该组文字每段一行，每行被空格(当然也可以是其他符号)分成三部分，对于具有这样结构的一组文字，可按以下步骤将其快速转换成表格：

(1) 选定要转换成表格的段落文字。

(2) 在"插入"选项卡的"表格"选项组中单击"表格"按钮，在打开的下拉列表中选择"将文字转换成表格"命令，打开"将文字转换成表格"对话框，如图 5-76 所示。

(3) 在"文字分隔位置"选项组中选择"空格"单选按钮，并选中"根据内容调整表格"单选按钮，单击"确定"按钮，结果如图 5-77 所示。

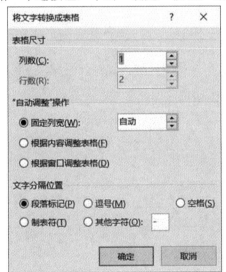

图 5-76　"将文字转换成表格"对话框

书名	主编	定价
平面设计与制作技能实训教程	张琴	78
Premiere 影视后期编辑技能实训教程	胡欢	48
Photoshop 图像设计与制作技能实训教程	冯伟毅	72
InDesign 版式设计与制作技能实训教程	张晓芸	55

图 5-77　由一组文字转换成的表格

5．手工绘制复杂表格

手工绘制复杂表格的步骤如下：

(1) 移动插入点到要创建表格的位置。

(2) 在"插入"选项卡的"表格"选项组中单击"表格"按钮，在打开的下拉列表中选择"绘制表格"命令，此时鼠标光标会变成铅笔形状，在编辑区拖动鼠标，先绘制出表格的外边框，如图 5-78 所示。绘制出外边框后，Word 2016 窗口的功能选项卡中将增加"表格工具"选项卡。

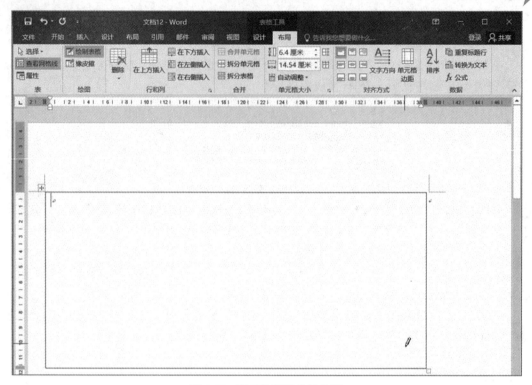

图 5-78   手工绘制表格外边框

(3) 根据需要先设置线型、粗细、颜色等属性，再在边框区域内拖动，绘制出表格内部线条(见图 5-79)。在绘制线条的过程中，可用"擦除线条"清除不要的线条。

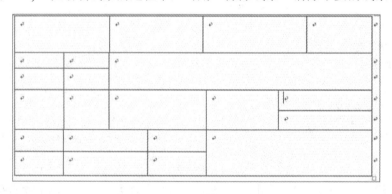

图 5-79   绘制表格内部线条

6. 删除表格

移动插入点到表格内部，在"表格工具｜布局"选项卡的"行和列"选项组中单击"删除"按钮，在打开的下拉菜单中选择"删除表格"命令，即可将表格删除。

5.6.2   设置表格属性

默认情况下，在文档中插入的表格是以左对齐的方式嵌入文档的两个段落之间的，用户也可以根据实际情况对表格的属性进行设置。

（1）右击要修改属性表格中的任意一个单元格，从弹出的快捷菜单中选择"表格属性"命令，打开"表格属性"对话框，如图 5-80 所示。

图 5-80　"表格属性"对话框

（2）在"表格"选项卡中可以设置表格的总体宽度、表格在页面中的对齐方式、表格与文字之间的环绕方式；单击"边框和底纹"按钮，可在打开的"边框和底纹"对话框中设置表格的边框与底纹；单击"选项"按钮，可在打开的"表格选项"对话框中设置单元格内部文字距边框的距离等。

（3）在"行"或"列"选项卡中可以设置每一行的行高或每一列的列宽。

（4）在"单元格"选项卡中可以设置单元格的宽度和其中文本的垂直对齐方式，以及单元格内部对象距单元格边框之间的距离等。

5.6.3　在表格中输入及编辑对象

创建表格后，插入点自动定位在首行首列的单元格内，此时可以向表格输入各种信息，包括文字、数字、图片及符号等，它的输入方式、编辑方式和格式设置方法均与普通文本的操作相同。

当输入内容超过单元格右边界时，文本会自动换行，单元格的行高将随之改变。在输入过程中按 Enter 键，可以在该单元格中开始一个新的段落。一个单元格输入完成后，按 Tab 键或光标右键、下键可将插入点移动到下一个单元格，按 Shift+Tab 组合键可将插入点移动到上一个单元格，或者用鼠标单击某个单元格也可将插入点定位到该单元格。

5.6.4　选定表格

在对表格进行进一步操作前，应当先选定相应的一个或一组单元格，具体可分为以下几种情况。

1. 选定一个单元格

(1) 用鼠标操作。从单元格的开始位置拖动到结束位置，或将鼠标指针放置在单元格左侧边缘，当指针呈黑色实心箭头时单击，即可选中一个单元格。

(2) 用命令操作。移动插入点到要选中的单元格内，在"表格工具|布局"选项卡"表"选项组中单击"选择"按钮，在打开的下拉列表中选择"选择单元格"命令，即可选中该单元格。

2. 选定连续的多个单元格

从第一个单元格拖动到最后一个单元格，或者移动插入点到第一个要选定的单元格内，按住 Shift 键，单击最后一个单元格，即可选中连续的多个单元格。

3. 选定不连续的多个单元格

选定第一个单元格，按住 Ctrl 键不放，再分别单击其他单元格，即可选中不连续的多个单元格。

4. 选定整行

(1) 用鼠标操作。移动光标到行首，当光标呈空心箭头(⤢)时单击，即可选中整行。

(2) 用命令操作。移动插入点到要选中行的任意单元格内，在"表格工具|布局"选项卡的"表"选项组中单击"选择"按钮，在打开的下拉列表中选择"选择行"命令，即可选中整行。

5. 选定整列

(1) 用鼠标操作。移动光标到列首，当光标呈黑色实心向下箭头时单击左键，即可选中整列。

(2) 用命令操作。移动插入点到要选中列的任意单元格内，在"表格工具|布局"选项卡的"表"选项组中单击"选择"按钮，在打开的下拉列表中选择"选择列"命令，即可选中整列。

6. 选定整个表格

(1) 用鼠标操作。移动光标到表格内，这时表格左上角将出现一个移动控件 ⊞，用鼠标单击该控件即可选中整个表格。

(2) 用命令操作。移动插入点到要选中表格的任意单元格内，在"表格工具|布局"选项卡的"表"选项组中单击"选择"按钮，在打开的下拉列表中选择"选择表格"命令，即可选中整个表格。

7. 取消选定

在选定区域之外单击鼠标，即可取消选定。

5.6.5 调整行高、列宽及表格大小

将光标放置到要调整表格属性的行或列内，Word 2016 窗口的功能选项卡中将自动显示"表格工具"选项卡，从中选择"布局"选项卡，利用"单元格大小"组中的"高度"

"宽度""分布行""分布列"及"自动调整"按钮即可完成，如图 5-81 所示。

图 5-81　调整表格高度和宽度

另外，也可按以下操作来调整表格的行高、列宽及大小。

1. 调整行高

(1) 移动光标到行的下边线，当指针呈上下调整箭头时，拖动鼠标到适合的位置。

(2) 右击行内任意一个单元格，从快捷菜单中选择"表格属性"命令，打开"表格属性"对话框，在"行"选项卡中选中"指定高度"复选框，并在后面的文本框中输入一个数值，如图 5-82 所示，然后单击"确定"按钮。

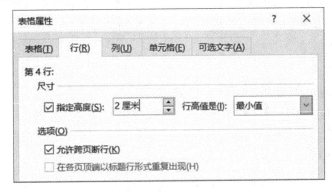

图 5-82　调整表格的行高

2. 调整列宽

(1) 移动光标到列的右边线，当光标呈左右调整箭头时，拖动鼠标到适合位置。

(2) 右击行内任意一个单元格，从快捷菜单中选择"表格属性"命令，打开"表格属性"对话框，在"列"选项卡中选中"指定宽度"复选框，并在后面的文本框中输入一个数值，如图 5-83 所示，然后单击"确定"按钮。

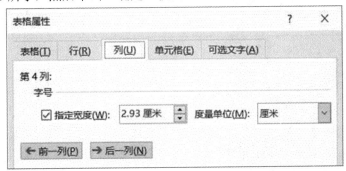

图 5-83　调整表格的列宽

(3) 如果要单独调整一个或部分单元格的列宽，可先选中单元格，移动鼠标指针到选定单元格的左边线或右边线，当光标呈左右调整箭头时，拖动鼠标到适合位置即可，如图5-84 所示。

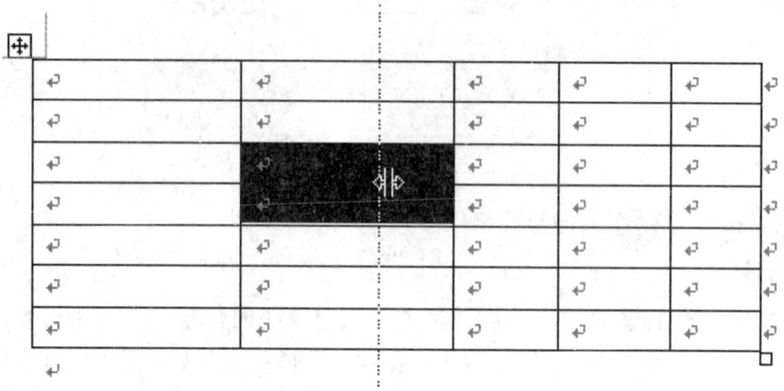

图 5-84　调整部分单元格的列宽

注意： 对于需要自动调整行高或列宽的表格，先将其选中，然后右击鼠标，根据实际需要从快捷菜单中选择"自动调整"中的"根据内容调整表格""根据窗口调整表格"或"固定列宽"命令即可。

3. 调整表格大小

调整表格大小的方法如下：

(1) 将光标定位到表格的任意单元格内，这时表格右下角将出现一个方形的调整控件，将鼠标指针移动到该控件上，当光标呈斜向调整箭头时，拖动鼠标到适合位置即可调整表格大小，如图 5-85 所示。

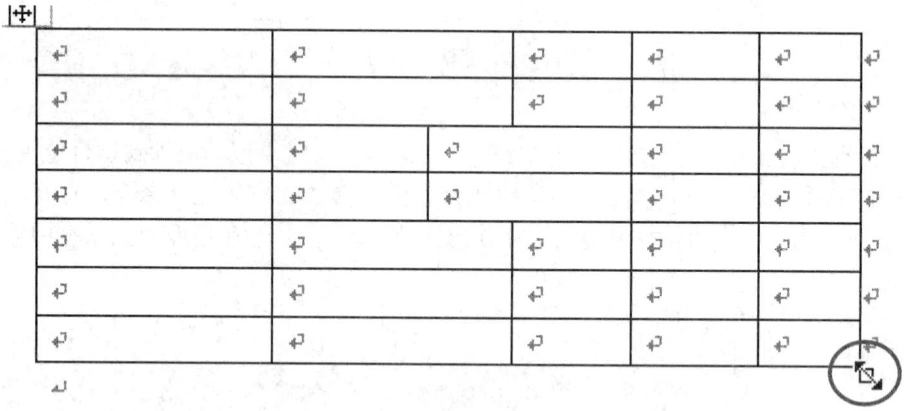

图 5-85　调整表格大小

注意： 当调整表格大小时，表格内的单元格随之按比例缩放，如果列宽小于单元格内容，则自动换行并增加行高。

(2) 若要精确调整表格的大小，可移动插入点到列内任意一个单元格内，右击鼠标，从弹出的快捷菜单中选择"表格属性"命令，打开"表格属性"对话框，在"表格"选项卡中选中"指定宽度"复选框并在后面的文本框中输入一个数值，如图 5-86 所示，然后单击"确定"按钮。

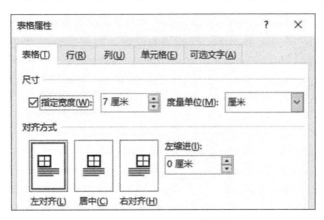

图 5-86　精确调整表格大小

5.6.6　在表格中插入或删除

1. 插入单元格、行或列

(1) 移动插入点到要插入单元格、行或列的位置，右击鼠标，根据需要从弹出的快捷菜单中选择"插入"菜单下的"在左侧插入列""在右侧插入列""在上方插入行""在下方插入行"或"插入单元格"命令，如图 5-87 所示。

图 5-87　插入单元格、行或列的命令

(2) 使用"表格工具|布局"选项组中的"绘制表格"按钮在要插入行或列的位置画线，如图 5-88 所示。

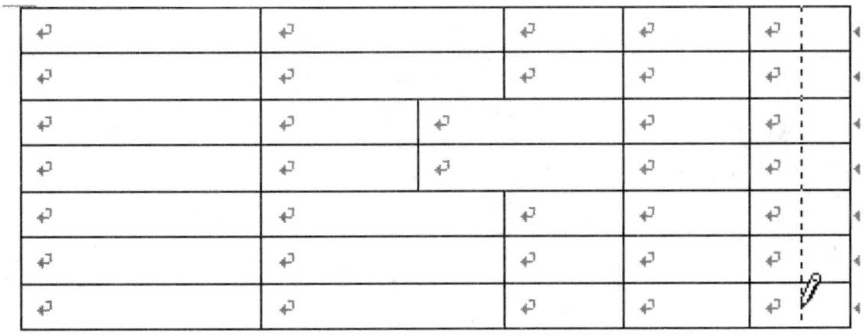

图 5-88　使用"绘制表格"按钮增加列

2. 删除单元格、行或列

(1) 移动插入点到要删除单元格、行或列的位置，根据需要在"表格工具|布局"选项组中单击"删除"按钮，在打开的下拉菜单中选择"删除单元格""删除行"或"删除列"命令，如图 5-89 所示。

图 5-89　删除单元格

(2) 使用"表格工具|布局"选项卡的"绘图"选项组中的"橡皮擦"按钮，在要删除行或列的边线上拖动(见图 5-90)，则可删除行或列，并且原边线两侧的两个单元格数据将合并在一个单元格中。

姓名	C 语言	操作系统	大学语文	英语	可视化编程
晁盖	94	77	56	59	97
伍松	78	87	75	43	54
李逵	75	67	65	75	67
西门庆	40	79	55	89	80
鲁智深	56	69	67	47	49
燕青	70	50	76	64	75
林冲	80	60	89	96	67
卢俊义	91	80	98	45	55

图 5-90　删除表格边线

5.6.7 合并或拆分单元格

1. 合并单元格

选中要合并的多个连续单元格，在"表格工具|布局"选项卡的"合并"选项组中单击"合并单元格"按钮，则原来选定的多个单元格及单元格中的数据就合并成一个单元格，如图 5-91 所示。

姓名	C 语言	操作系统	大学语文	英语	可视化编程
晁盖	94	77	56	59	97
伍松	78	87	75	43	54
李逵	75	67	65	75	67
西门庆	40	79	55	89	80
鲁智深	56	69	67	47	49
燕青	70	50	76	64	75
林冲	80	60	89	96	67
卢俊义	91	80	98	45	55

姓名	C 语言	操作系统	大学语文	英语	可视化编程
晁盖	94	77	56	59	97
伍松	78	87	75	43	54
李逵	75	67	65	75	67
西门庆	40	79	55	89	80
鲁智深	56	69	67	47	49
燕青	70	50	76	64	75
林冲	80	60	89	96	67
卢俊义	91	80	98	45	55

图 5-91　合并单元格前和合并单元格后的表格

2. 拆分单元格

(1) 移动插入点到要拆分的单元格内，在"表格工具|布局"选项卡的"合并"选项组中单击"拆分单元格"按钮，打开"拆分单元格"对话框，如图 5-92 所示。

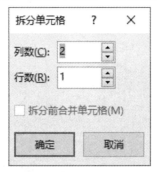

图 5-92　拆分单元格

(2) 在对话框中输入要拆分的列数和行数，单击"确定"按钮。

5.6.8　拆分或合并表格

1. 拆分表格

移动插入点到要拆分的行上，在"表格工具|布局"选项卡中单击"拆分表格"命令，则表格从当前行位置处被拆分成两个表格。

2. 合并表格

(1) 调整两个表格的左、右边线相同(若使用鼠标无法精确调整，可使用"表格属性"命令。)

(2) 移出或删除两个表格间的内容，再使用 Delete 键删除两个表格间的段落标记，即可合并表格，如图 5-93 所示。

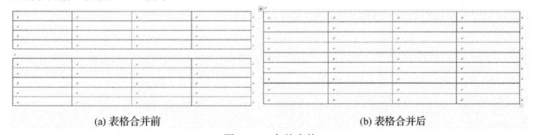

(a) 表格合并前　　　　　　　　　　　　　　(b) 表格合并后

图 5-93　合并表格

5.6.9　设置表格对齐方式

在 Word 2016 中，表格除了具有常规的水平对齐方式外，还可以设置垂直方向上的对齐方式，具体操作如下：

(1) 选定要设置对齐方式的一个或多个单元格。

(2) 根据实际需要在"表格工具|布局"选项卡的"对齐方式"组中单击"对齐方式"按钮，图 5-94 为单击"靠上两端对齐"按钮后的效果。

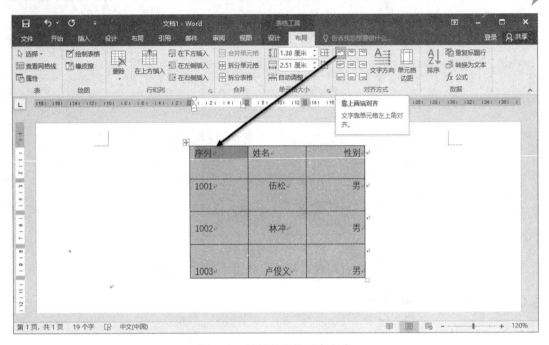

图 5-94　设置单元格对齐方式

5.6.10　设置表格边框和底纹

设置表格边框和底纹的步骤如下：

(1) 选中要设置边框的一个单元格、多个单元格或整个表格。

(2) 在"表格工具|设计"选项卡的"表格样式"选项组中单击"底纹"按钮可设置底纹，单击"边框"按钮可设置边框。如果单击"边框"选项组右侧的下拉按钮，可打开"边框和底纹"对话框。

(3) 在"边框"选项卡中先设置必要的样式、颜色、宽度，再在"设置"栏中选择一个项目，如果需要，还可在"预览"图例中单击相应的线条，设定或取消这些线条。

(4) 在"应用于"下拉列表框中设置一个应用范围。

(5) 切换到"底纹"选项卡对底纹进行相应设置。

(6) 在操作过程中，可通过对话框右侧的预览来观察效果，完成设置后单击"确定"按钮。

5.6.11　套用表格样式

要快速为表格套用一种系统样式，可在表格创建时完成，也可在表格创建后进行操作。移动插入点到表格的任意单元格，根据需要在"表格工具|设计"选项卡的"表格样式"选项组中选择一种样式，如图 5-95 所示。

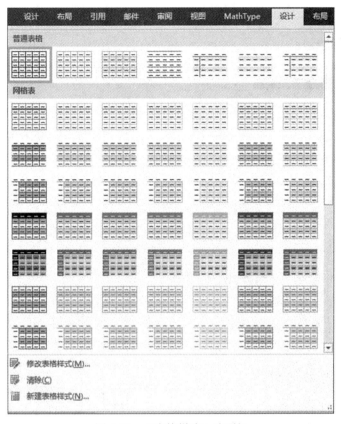

图 5-95　"表格样式"选项组

5.6.12　表格数据的排序

对表格内的各种数据进行排序是表格最常用的操作之一。在 Word 2016 中，对于那些规整的表格可以根据数据审阅和分析的需要，以某列数据为依据，重新排列整个表格的先后顺序。另外，如果在对表格进行多次排序操作后，要想使表格恢复到原来的顺序，可在对表格进行排序前，先在表格中插入一个能标识原始顺序的列，这样，无论对表格进行怎样的排序，最后只要按插入的列进行排序即可将表格中的数据恢复到原序。

对表格数据进行排序的操作步骤如下：

(1) 移动插入点到表格内，在"表格工具|布局"选项卡的"数据"选项组中单击"排序"按钮，打开"排序"对话框，如图 5-96 所示，这时系统会自动选定整个表格。

(2) 在"主要关键字"选项组中选择要作为排序主要依据的列标题、该列的数据类型及排序的方式。

(3) 如果需要，再在"次要关键字"(第二关键字，在排序过程中，当作为主要排序依据列中的值相同，则此列来排列)或"第三关键字"选项组选择相应的列标题、该列的数据类型及排序的方式。

(4) 在"列表"选项组中根据实际情况选中"有标题行"单选按钮(表格的第一行不参与排序)或"无标题行"单选按钮(表格的第一行参与排序)。

(5) 设置完成后单击"确定"按钮。

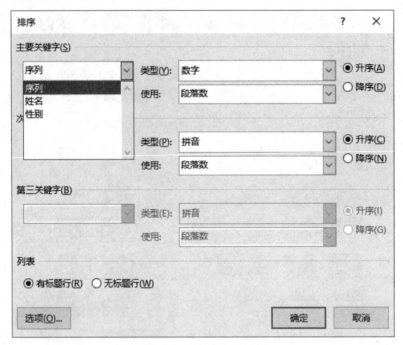

图 5-96　"排序"对话框

5.6.13　表格数据的计算

尽管在表格中进行计算不是 Word 2016 的主要功能，但其"表格工具|布局"选项卡的"数据"选项组中也提供了"公式"按钮来完成一些简单的计算工作，因此这里先以在表格中求和、求平均值为例来介绍有关计算的一些概念，其他详细的操作将在第 6 章中学习。

1. 表格计算中几个重要概念

表结构如图 5-97 所示。

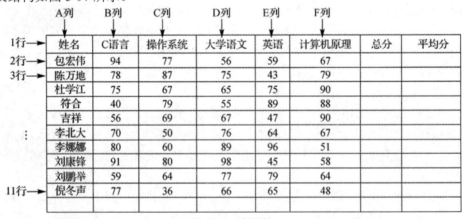

姓名	C语言	操作系统	大学语文	英语	计算机原理	总分	平均分
包宏伟	94	77	56	59	67		
陈万地	78	87	75	43	79		
杜学江	75	67	65	75	90		
符合	40	79	55	89	88		
吉祥	56	69	67	47	90		
李北大	70	50	76	64	67		
李娜娜	80	60	89	96	51		
刘康锋	91	80	98	45	58		
刘鹏举	59	64	77	79	64		
倪冬声	77	36	66	65	48		

图 5-97　表结构

(1) 列号。列号即第几列，用数字 A，B，…，Z 来表示。

(2) 行号。行号即第几行，用数字 1，2，…，n 来表示。

(3) 单元格地址。单元格地址用列号+行号来表示，如表格左上的第一个单元格地址是

A1, 第三列的第四个单元格地址是 C4。如要表示不连续的多个单元格, 可先依次书写每个单元格地址, 再用英文半角的逗号 ", " 隔开, 如 "A1, C4, D5"; 如果要表示连续的多个单元格, 可先依次书写开始单元格地址和结束单元格地址, 然后再用英文半角的冒号 ":" 隔开, 如 "A1:D5" 表示从 A1 到 D5 这个区间。在 Word 2016 中, 还可用 "ABOVE" 表示当前单元格上边的所有单元格, 用 "LEFT" 表示当前单元格左边的所有单元格。

(4) 函数。函数是用于简化计算的一个由特定的英文单词、括号及参数组成的字符串, 如用于对 A1 到 A6 单元格求和的函数 "SUM(A1:A6)", 用于对当前位置上边的所有单元格求平均值的函数 "AVERAGE(ABOVE)"。

(5) 公式。公式是以等号 "=" 开头, 用各种运算符将参与计算的所有元素连接起来的式子, 如 "=A1+3*(AVERAGE(A1, A6))"。

2. 在表格中进行求和运算

求图 5-97 所示的表格中各学生成绩总分的步骤如下:

(1) 移动插入点到要保存计算结果的单元格(如 G2 单元格)中。

(2) 选择 "表格工具 | 布局" 选项卡的 "数据" 选项组中的 "公式" 按钮, 打开 "公式" 对话框, 如图 5-98 所示。

图 5-98 　"公式" 对话框

(3) 在 "公式" 文本框中, 系统会根据表格的特点自动给出一个公式, 默认为 "=SUM(LEFT)" 即对 G2 左边有数字的单元格求和, 单击 "确定" 按钮, 完成本次计算。

(4) 移动插入点到下一行 G3 单元格, 重复执行(2)、(3)步骤, 直到全部学生的总分计算完成。

3. 在表格中进行求平均值运算

求图 5-97 所示的表格中各学生成绩平均分的步骤如下:

(1) 移动插入点到要保存计算结果的单元格(如 H2 单元格)中。

(2) 单击 "表格工具 | 布局" 选项卡的 "数据" 选项组中的 "公式" 按钮, 打开 "公式" 对话框。

(3) 在 "公式" 文本框中, 系统会自动给出一个公式, 默认就是对 H2 左边有数字的单元格求和, 但这与我们计算意图不合, 因此要把系统给出的公式删掉, 再手工输入公式 "=AVERAGE(B2:F2)", 如图 5-99 所示。

图 5-99　输入公式 "=AVERAGE(B2:F2)"

(4) 单击 "确定" 按钮，完成本次计算。

(5) 移动插入点到下一行 H3 单元格，重复执行第(2)~(4)步骤(公式中的 B2:F2 应当换成 B3:F3)，直到全部学生的平均分计算完成。

注意：

• 公式中的所有字符必须在英文半角状态下输入，如在编辑文档过程中启动了中文输入法，则在输入公式时应使用 Ctrl + 空格组合键将中文输入法关闭，需要时再次按 Ctrl + 空格组合键打开。

• 如果用于求和的行或列中含有空单元格，那么系统将不对这一整行或整列进行累加，要对这样的整行或整列求和，要在每个空单元格中键入零值。

5.7　Word 2016 的图形编辑技术

图文混排是 Word 2016 的特色功能之一，可以实现在文档中插入由其他软件制作的图片，也可以直接在文档中绘制各种自选图形，还可以使用系统提供的各种工具和命令对图形进行编辑与处理，使图形更符合文档排版的要求，使文章达到图文并茂的效果。

在 Word 2016 中可以使用的图形通常有文件图片、剪贴画、形状、SmartArt 图形、文本框、艺术字、屏幕截图及图表等，其中文件图片和剪贴画具有类似的属性，习惯上将其合称为图片。本节只简单介绍前几种图形对象的编辑方法，将图表放到第 6 章中进行介绍。

5.7.1　创建图形

1. 插入图片

图片是指用户拍摄的、下载的或用其他图形编辑软件绘制的图形。这些图形通常以文件的形式(如扩展名为 .jpg、.bmp 的文件)存放在计算机磁盘中。插入图片的操作步骤如下：

(1) 移动光标到要插入图片的位置。

(2) 在 "插入" 选项卡的 "插图" 选项组中单击 "图片" 按钮，打开 "插入图片" 对话框，如图 5-100 所示。

(3) 在对话框的地址栏或左侧的导航面板中选择一个要插入的图片的位置。

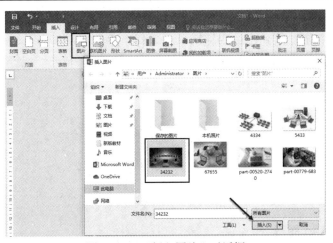

图 5-100　"插入图片"对话框

(4) 在文件列表中双击需要插入的图片。

注意：也可以直接在文件夹窗口中右击图片文件，或在各种图形处理软件中选择整个图片或者部分区域并右击，从弹出的快捷菜单中选择"复制"命令，再在文档要插入图片的位置右击，从弹出的快捷菜单中选择"粘贴"命令。

2. 插入形状

形状是 Word 2016 提供的一组现成的矢量图形，包括线条、基本几何形状、箭头、公式形状、流程图形状、星、旗帜和标注等。用户可以在文档中添加一个形状，也可以在文档中添加文字、项目符号、编号和快速样式，或者合并多个形状以生成一个绘图或一个更为复杂的形状。插入形状的操作步骤如下：

(1) 移动光标到要插入图片的位置。

(2) 在"插入"选项卡的"插图"选项组中单击"形状"按钮，打开"形状"列表，如图 5-101 所示。

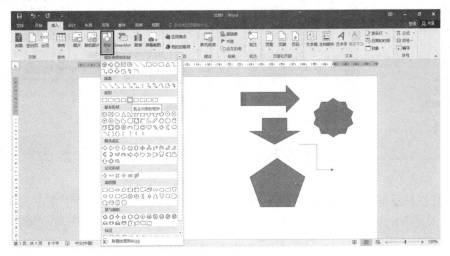

图 5-101　"形状"下拉列表

(3) 先在"形状"下拉列表中单击一个图标，然后在编辑区内拖动鼠标，即可在文档中插入相应的形状。

(4) 在形状上右击，从弹出的快捷菜单中选择"添加文字"命令，即可在形状对象中加入文字，如图 5-102 所示。

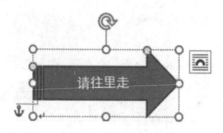

图 5-102　在形状对象中添加文字

3. 插入 SmartArt 图形

SmartArt 是一种全新的信息和观点的视觉表示形式，与纯文字描述相比，SmartArt 能将文档中的某些理念以图形的方式展现出来，从而可更直观、有效地帮助读者理解和记住信息。Word 2016 提供了多种不同布局、设计精美的 SmartArt 图形供用户选择使用。插入SmartArt 图形的操作步骤如下：

(1) 移动光标到要插入 SmartArt 图形的位置。

(2) 在"插入"选项卡的"插图"选项组中单击"SmartArt"按钮，打开"选择 SmartArt图形"对话框，如图 5-103 所示。

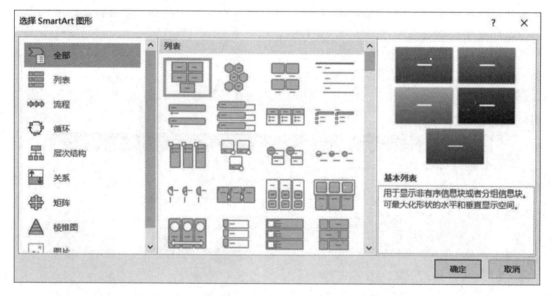

图 5-103　"选择 SmartArt 图形"对话框

(3) 先在对话框左侧选择一种 SmartArt 图形，然后再在中部的列表中单击某个图标(如"交替六边形")，这时在对话框的右侧将显示该 SmartArt 图形的缩略图和详细说明。选择完成后，单击"确定"按钮，将所选择的 SmartArt 图形插入到文档中。

(4) 在 SmartArt 图形中输入相应内容，如图 5-104 所示。

图 5-104　在交替六边形中输入相应内容

4. 插入文本框

文本框是一种可移动、可调大小的文字或图形容器(注意：它实际上是一种特殊的图形对象，与给文字加边框是不同的概念)。使用文本框可以在页面上建立一个与文档中其他文字或段落不同的独立编辑区域。如果文档中的部分文字需要采用特殊的编辑方式，可将其放到文本框中。插入文本框的操作步骤如下：

(1) 移动光标到要插入文本框的位置。

(2) 在"插入"选项卡的"文本"选项组中单击"文本框"按钮，打开"文本框"下拉列表，如图 5-105 所示。

图 5-105　"文本框"下拉列表

(3) 根据需要在"内置"列表中单击一个图标，即可将对应风格的文本框插入到文档当中。如果选择"绘制文本框"或"绘制竖排文本框"命令，然后在文档编辑区中拖动鼠标，即可建立一个传统格式的文本框。

(4) 在文本框中输入所需的文字。

(5) 在文本框边框上单击，使用"绘图工具"选项卡中的相应按钮可设置文本的边框(线型、颜色、粗细)、底纹、文字颜色、阴影及三维效果等属性。

(6) 在文本框边框上单击，拖动边框上的控制点，可改变文本框的大小。

注意：调整边距后，如果文字被剪掉或看不到，可以通过拖动控制点来放大文本框。

(7) 拖动文本框边框可改变文本框位置。

(8) 在文本框的边框上右击，从弹出的快捷菜单中选择"设置形状格式"命令，在打开的"设置形状格式"任务窗格(见图 5-106)中可以详细设置文本框的颜色、边框、版式及内部文字距边框的距离等。

图 5-106 "设置形状格式"任务窗格

5．插入艺术字

艺术字是一种特殊的文字样式库。在 Word 2016 中，既可以将艺术字添加到 Office 文档中制作出装饰性效果，如带阴影的文字或镜像(反射)文字，也可以将现有文字转换为艺术字。插入艺术字的操作步骤如下：

(1) 移动光标到要插入艺术字的位置。

(2) 在"插入"选项卡的"文本"选项组中单击"艺术字"按钮，打开"艺术字"列表，如图 5-107 所示。

(3) 根据需要在列表中单击一个图标(如第 3 行第 3 列的图标)，即可将该风格的艺术字插入文档中，如图 5-108 所示。

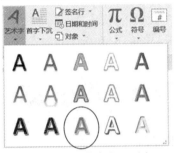

图 5-107　"艺术字"列表　　　　　　　　　图 5-108　在文档中插入指定风格艺术字

(4) 输入艺术字的内容。

(5) 在"绘图工具|格式"选项卡的"艺术字样式"选项组中单击相应按钮，即可对艺术字的各种属性进行更加详细的设置。

6. 使用屏幕截图

屏幕截图可以让用户方便地在文档中直接插入已经在计算机中开启的应用程序或窗口界面，也可以使用"屏幕剪辑"功能捕获当前桌面选中的范围。

(1) 移动光标到要插入屏幕截图的位置。

(2) 在"插入"选项卡的"插图"选项组中单击"屏幕截图"按钮，在打开的图像列表中选择一个需要截取的程序界面，即可将该程序界面以图形的方式插入到文档中，如图 5-109 所示。

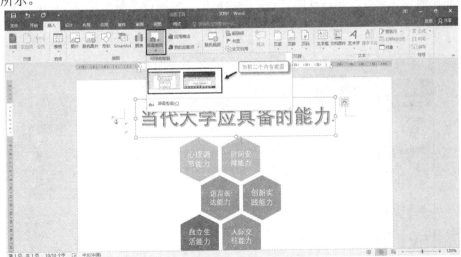

图 5-109　插入屏幕截图

也可在"屏幕截图"下拉列表中选择"屏幕剪辑"命令，通过鼠标拖动的方式截取屏幕区域，并将截取的区域作为图片插入文档。

5.7.2 图形的常规编辑

图形对象被插入文档后，经常需要对其进行选中、移动、缩放、旋转、复制等常规操作，使图形满足文档的要求。

1. 选中图形

(1) 在页面中用鼠标单击图形。

(2) 当选定一个图形后，将在图形的四周出现控制边框的控制点，同时在功能选项卡中增加"图片工具"选项卡，如图 5-110 所示。

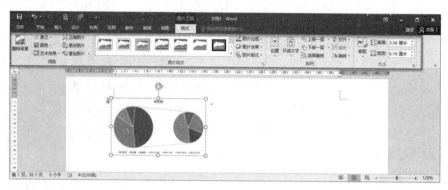

图 5-110　在文档中选中图形

2. 移动图形

(1) 在文档中拖动图形到适合位置。

(2) 双击图形，在打开的"图片工具|格式"选项卡的"排列"选项组中单击"位置"按钮，打开"位置"下拉列表，根据需要从中选择一个位置，如图 5-111 所示；或者选择"其他布局选项"命令，在打开的"布局"对话框中精确设定图形在页面中的位置，如图 5-112 所示。

图 5-111　"位置"下拉列表和"布局"对话框

图 5-112　图形位置的精确调整

3. 缩放图形

为了保证 Word 文档的美观性，常会在文档中插入与之相匹配的图片。在插入图片后，为使文档风格统一，可以根据需要调整所插入图片的大小。

(1) 选中图形，拖动图形四周的控制点到适合位置，可快速调整图形的大小。

(2) 双击图形，在"图片工具|格式"选项卡的"大小"选项组中的"高度"或"宽度"文本框中输入一个数值，可以精确设定图形的大小。

(3) 如果只想精确地改变图形的高度或宽度，可以单击"大小"选项组的扩展按钮，打开"布局"对话框，如图 5-113 所示，在对话框中单击"大小"选项卡，并取消选中"锁定纵横比"复选框，然后在"高度"文本框或"宽度"文本框中输入一个数值即可。

图 5-113　精确设置图形大小

4. 旋转图形

旋转图形的操作方法如下：

(1) 选中图形，拖动图形顶部的绿色控制点到适合位置，可快速调整图形的角度。

(2) 双击图形，在"图片工具|格式"选项卡的"排列"组中单击"旋转"按钮，在打开的"旋转"下拉列表(见图 5-114)中选择一项来设定图形的方向。

图 5-114 　"旋转"下拉列表

(3) 如果需要精确地改变图形的旋转角度，可在"旋转"下拉列表中选择"其他旋转选项"命令，打开"布局"对话框，单击"大小"选项卡，然后在"旋转"文本框中输入一个数值即可。

5. 复制图形

复制图形的方法有以下两种：

(1) 选中图形后按住 Ctrl 键不放，拖动图形到适合位置即可。

(2) 右击选中的图形，从弹出的快捷菜单中选择"复制"命令，然后在需要粘贴的位置右击，从弹出的快捷菜单中选择"粘贴"命令。

5.7.3　图形的高级编辑

对图形对象除了可以进行前面介绍的一些常规编辑外，还可以根据特殊文档的编辑需要，进行如更改图形颜色、设置图形艺术效果、设置图形版式、裁剪图形、设置图形样式、设置文字环绕、重置图片、组合图形等高级编辑。

1. 更改图形颜色

双击图形，在打开的"图片工具|格式"选项卡的"调整"选项组中单击"颜色"按钮，打开"颜色"下拉列表，如图 5-115 所示。根据需要从中选择一个颜色，即可改变颜色。或者右击图形，从弹出的快捷菜单中选择"设置图片格式"命令，打开"设置图片格式"任务窗格，单击"图片"选项卡，利用"图片颜色"选项组对图片颜色的饱和度和色调进行设置，如图 5-116 所示。

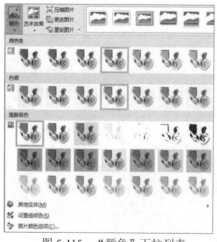

图 5-115 　"颜色"下拉列表

图 5-116 　"图片颜色"选项组

2. 设置图形艺术效果

双击图形，在打开的"图片工具|格式"选项卡的"调整"选项组中单击"艺术效果"按钮，打开"艺术效果"下拉列表，根据需要从中选择一个艺术效果，如图 5-117 所示。

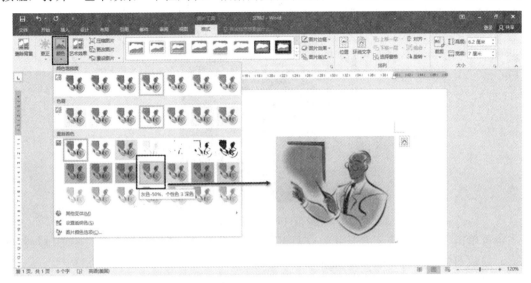

图 5-117　设置图形艺术效果

3. 设置图形版式

双击图形，在打开的"图片工具|格式"选项卡的"图形样式"选项组中单击"图片版式"按钮，打开"图片版式"下拉列表，根据需要从中选择一个版式，如图 5-118 所示。

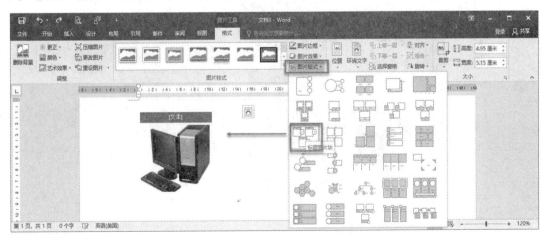

图 5-118　设置图形版式

4. 裁剪图形

双击图形，在打开的"图片工具|格式"选项卡的"大小"选项组中单击"裁剪"按钮，此时在图形的四周出现 8 个裁剪控件，在相应控件上拖动鼠标，即可对图形进行裁剪，如图 5-119 所示。

图 5-119　裁剪图形

也可单击"裁剪"下三角按钮，在打开的下拉菜单中选择相应的命令对图形进行特殊裁剪，如裁剪为泪滴形，效果如图 5-120 所示。

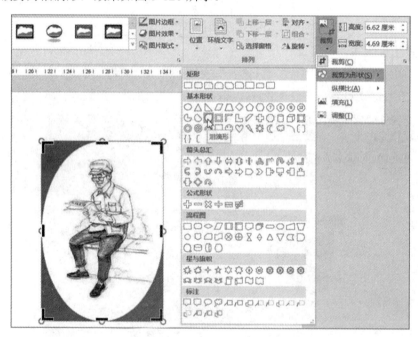

图 5-120　将图形裁剪为泪滴形的效果

注意：在对图形进行裁剪后，虽然图形看起来变小了，但实际上被裁剪的区域仍然存在，只不过不可见而已，当对图形进行"重置"操作后，被裁剪的区域将被恢复。

5. 设置图形样式

双击图形，在打开的"图片工具|格式"选项卡的"图片样式"选项组中根据需要选择一种样式，如图 5-121 所示。

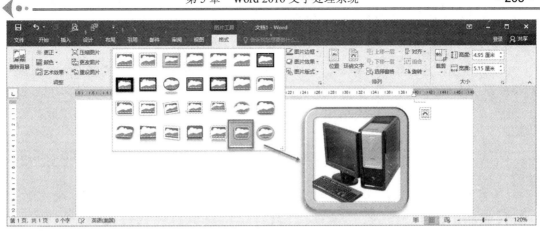

图 5-121　设置图形样式

6. 设置文字环绕

双击图形，在打开的"图片工具|格式"选项卡中单击"大小"选项组的扩展按钮，打开"布局"对话框，单击"文字环绕"选项卡(见图 5-122)，在"环绕方式"选项组中选择一种图形与文字之间的位置关系和层次关系。

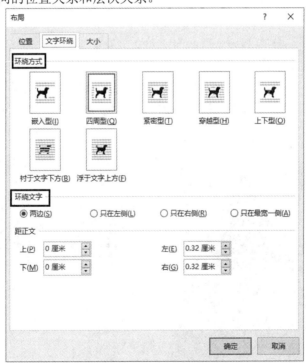

图 5-122　"文字环绕"选项卡

环绕方式包括以下几种：

(1) 嵌入型。若选择"嵌入型"，则图片与文字在同一个平面内，图片将文字分成上下两部分。

(2) 四周型。若选择"四周型"，则图片与文字在同一个平面内，且文字环绕在图片周围。

(3) 紧密型。若选择"紧密型",则图片与文字在同一个平面内,当图片为不规则形状时,文字嵌入图片边缘。

(4) 穿越型。若选择"穿越型",则图片与文字在同一个平面内,且文字围绕着图形的环绕顶点。

(5) 上下型。若选择"上下型",则图片与文字在同一个平面内,其效果与"嵌入型"类似。

(6) 衬于文字下方。若选择"衬于文字下方",则图片位于文字的下一个平面,作为文字的底纹。

(7) 浮于文字上方。若选择"浮于文字上方",则图片位于文字的上一个平面,遮盖文字。

7. 重置图片

当对图片进行多次设置后,仍对效果不满意,可双击图形,在打开的"图片工具|格式"选项卡的"调整"选项组中单击"重设图片"下三角按钮,在打开的下拉菜单(见图 5-123)中选择"重设图片"或"重设图片和大小"命令,将图片恢复成刚插入时的状态。

图 5-123　重设图片

8. 组合图形

组合图形即把多个图形(前提是这些图形与文字的层次关系或环绕方式必须相同,如都位于文字的上方或与文字都是"紧密型"等)合并成一个整体。

组合图形的操作步骤如下:先按住 Shift 键,然后分别单击需要组合的图形,再右击选中的任意一个图形,从弹出的快捷菜单中选择"组合"命令(见图 5-124),即可将多个图形组合在一起。

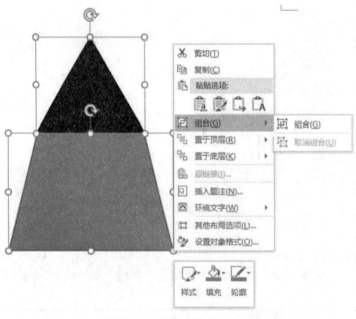

图 5-124　选择"组合"命令

对于已经组合在一起的多个图形，也可以进行拆分操作，将其还原成原本独立的图形，具体方法是：右击已经组合的对象，从弹出的快捷菜单中选择"组合"下的"取消组合"命令。

5.8　Word 2016 的长文档编辑技术

Word 2016 的长文档编辑功能具有很高的实用价值(如编辑教材、毕业论文等)，因此要熟练掌握编辑长文档的大纲结构、非连续页码、纸张纵横向交错、图片的题注自动编号等的方法和技巧。

在进行长文档编辑时，除了要对页面、段落、文字、表格、图形进行设置，还需要注重文档的结构及排版方式。Word 2016 提供了很多简便的功能，使长文档的编辑、排版、阅读和管理更加轻松与方便。

5.8.1　插入分节符

"节"是 Word 2016 文档中一个非常重要的概念。在默认情况下，Word 将整个文档当成一节来处理，在文档中进行的设置对所有页面都有效。当文档需要不同的页面设置、纸型、页眉、页脚和页码格式时，通常使用分节符将文档分成若干节。例如在文档的目录部与正文之间插入一个分节符，然后分别在两个节中设置页码格式、页眉和页脚。或者当文档包含比较大的横向表格时，正常纵向的页面无法容纳，这时就需要将表格所在的页设置为独立的节，单独进行横向排版，如图 5-125 所示。

图 5-125　"节"的使用示例

要插入分节符，可在"布局"选项卡的"页面设置"选项组中单击"分隔符"按钮，根据需要在"分节符"列表(见图 5-126)中选择一个项目。如果选择"下一页"，将插入一个分节符，新节从下一页开始；如果选择"连续"，将插入一个分节符，新节从同一页开始；如果选择"偶数页"或"奇数页"，将插入一个分节符，新节从下一个偶数页或奇数页开始。

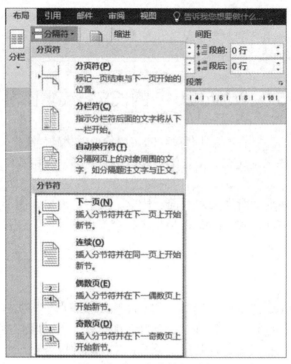

图 5-126　"分节符"列表

5.8.2　设置段落项目符号和段落编号

项目符号就是出现在每个段落前面的一个特殊符号或图形，而编号则是出现在每个段落前的一个序号，如图 5-127 所示。在文档中合理使用项目符号和编号，不仅可以增强文档的可读性和美观性，而且可以极大地提高文档的输入速度和编辑效率。

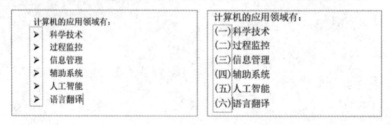

图 5-127　项目符号和编号使用示例

1. 添加项目符号和编号

(1) 手工添加项目符号和编号。输入文字之前，先在"开始"选项卡的"段落"选项组中单击"项目符号"或"编号"下三角按钮，选择项目符号或编号。也可先输入一个"*"号，然后再输入一个空格以产生项目符号，或者先输入一个带序号性质的数字[如数学序号(一、二，(一)、(二)，1、2，(1)、(2)，①、②等)或大写字母(A、B 等)]，然后再输入一个分隔符(如顿号、冒号、制表符等)以产生编号。

(2) 自动产生项目符号和编号。要给已经输入的段落添加项目符号和编号，可先选中段落，然后在"开始"选项卡的"段落"选项组中单击"项目符号"或"编号"下三角按钮，在打开的列表中选择一种项目符号或编号的形式即可。

2. 中断、删除、追加项目符号或编号

(1) 中断项目符号或编号。

① 按一次 Enter 键，再按一次 Ctrl+Z 组合键，后续段落取消自动编号。

② 按两次 Enter 键，后续段落自动取消编号(不过同时也插入了两个空行)。

(2) 删除项目符号或编号。

① 将光标移到编号和正文之间，按 Backspace 键可删除行首编号。

② 先选中要删除项目符号或编号的一个或多个段落，然后在"开始"选项卡的"段落"选项组中单击"项目符号"或"编号"下三角按钮，在打开的列表中选择"无"即可。

(3) 追加项目符号或编号。

① 先将光标移到包含编号的段尾，然后按 Enter 键，即可在下一段插入一个编号，原有后续编号会自动调整。

② 当将带有自动编号(或项目符号)的段落复制到新位置时，新段落将应用自动编号(或项目符号)。

③ 中断编号并输入多段后，先选取中断前任意一个带编号的文本，然后单击(或双击)"格式刷"按钮，再单击要接着编号的段落，即可接排编号。

④ 如果将包含编号的文本内容复制到新位置，新位置文本的编号会改变，通常会接着前面的编号继续编号。在复制的段落内右击，从弹出的快捷菜单中选择"重新开始编号"或"继续编号"命令可以设置编号的起始值。

3. 更换项目符号或编号

先选中要更换项目符号或编号的一个或多个段落，在"开始"选项卡的"段落"选项组中单击"项目符号"或"编号"下三角按钮，在打开的列表中选择所需项目符号或编号的形式即可。

4. 应用多级列表

多级列表是一种为区分文档的段落层次而嵌套编号或项目符号的方式，经常在撰写长篇文档(如毕业论文)时用于区分文档的章节构成，如将第 1 章编号为"1"，将第 1 章第 1 节编号为"1.1"，将第 2 章第 2 节编号为"2.2"。应用多级列表的最大优势在于调整章节顺序、级别时，编号能够自动更新。使用多级列表时，只要确定好段落(标题)的层级，编号就会由系统自动生成。

(1) 将光标移到要编号的段落中，或同时选中多个段落。

(2) 单击"开始"选项卡的"段落"选项组中"多级列表"按钮 ，在打开的"多级列表"下拉列表中选择多级列表的编号样式。

(3) 首次编号后，选中需要更改编号级别的段落，单击"多级列表"按钮，在打开的"多级列表"下拉列表中选择"更改列表级别"下面的某个级别，或单击"段落"选项组中的"增加缩进量"按钮 进行降级(如将一级标题降为二级标题)。

(4) 要更改多级列表的样式，可单击"多级列表"按钮，在打开的"多级列表"下拉列表中选择"定义新的多级列表"命令，打开"定义新多级列表"对话框进行设置，如设置一级编号格式为"第 1 章"，并链接到"标题 1"，如图 5-128 所示。

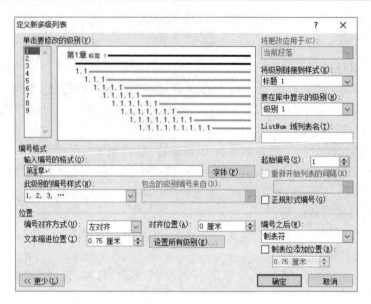

图 5-128　设置一级编号格式

5.8.3　设置样式

样式是一组预先由系统命名定义的字符和段落格式，它规定了文档中标题、正文及要点等各个文本元素的格式。用户可以将一种样式应用于某个选中的段落或字符，以使所选中的段落或字符具有这种样式所定义的格式。

使用样式有很多便利之处，它可以帮助用户轻松统一文档的格式，辅助构建文档大纲以使内容更有条理，简化格式的编辑和修改操作。此外，样式还可以用来生成文档目录。

1. 在文档中应用样式

Word 2016 提供了非常丰富的"快速样式库"，在编辑文档时，用户可以从中选择并快速应用某种样式，以便减少一些格式设置上的重复性操作。要为文档的文字应用 Word 2016"快速样式库"中的一种样式，可以按照如下操作步骤进行设置：

(1) 在文档中选择要应用样式的标题或文本。

(2) 在"开始"选项卡的"样式"选项组中选择一种样式。

(3) 如果在"样式"列表中没有找到适合的样式，可单击"其他"按钮，在打开的"样式"下拉列表(见图 5-129)中选择一种样式。

图 5-129　"样式"下拉列表

(4) 如果在"样式"下拉列表中仍然没有找到适合的样式，可单击"样式"选项组的扩展按钮，在打开的"样式"任务窗格(见图 5-130)中选择一种适合的样式(如果选中"显示预览"复选框，则可看到样式的预览效果，否则所有样式只以文字描述的形式列举出来)。

图 5-130　"样式"任务窗格

除了可以为选中的文本或段落设置样式，Word 2016 还内置了许多经过专业设计的样式集，而每个样式集都包含了一整套可应用于整篇文档的样式设置。单击"设计"选项卡的"文档格式"选项组中的"其他"按钮，在打开的下拉列表中选择某个样式集，则该样式集的样式设置将自动应用于整篇文档，从而可以一次性完成文档中所有样式的设置。

2. 创建样式

如果需要添加一个自定义样式，可以在已经完成格式定义的文本或段落上执行如下操作：

(1) 选中已经完成格式定义的文本或段落，单击"样式"选项组的扩展按钮，在打开的"样式"任务窗格中单击"新建样式"按钮，打开"根据格式设置创建新样式"对话框，如图 5-131 所示。

(2) 在"名称"文本框中输入新样式的名称，例如"样式 1"。

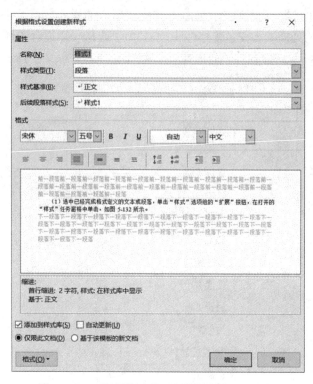

图 5-131　"根据格式设置创建新样式"对话框

　　(3) 如果需要对新样式进行修改，可以在"样式"任务窗格中右击新样式的名称，从弹出的快捷菜单中选择"修改"命令，打开"修改样式"对话框进行修改，如图 5-132 所示。在该对话框中，可以定义该样式的类型是针对文本还是针对段落，以及样式基准和后续段落样式。除此之外，还可以单击"格式"按钮，在打开的菜单中选择不同的命令对该样式的字体、段落、边框、编号、文字效果、快捷键等参数进行设置。

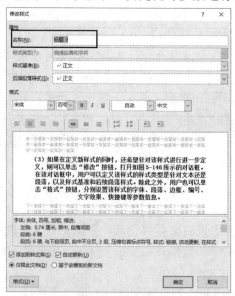

图 5-132　修改样式

(4) 单击"确定"按钮，新定义的样式会出现在"样式"下拉列表中。

3. 复制并管理样式

在编辑文档的过程中，如果需要使用其他模板或文档的样式，可以将其复制到当前的文档或模板中，而不必重复创建相同的样式。复制与管理样式的操作步骤如下：

(1) 打开需要复制样式的文档，单击"开始"选项卡的"样式"选项组的扩展按钮，打开"样式"任务窗格，单击"管理样式"按钮，打开"管理样式"对话框，如图 5-133 所示。

(2) 单击"导入/导出"按钮，打开"管理器"对话框，如图 5-134 所示。在"样式"选项卡中，左侧区域显示的是当前文档中所包含的样式列表，右侧区域则显示出在 Word 默认文档模板中所包含的样式。

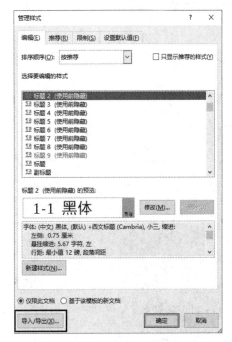

图 5-133　"管理样式"对话框

图 5-134　"管理器"对话框

(3) 在右侧区域的"样式位于"下拉列表框中显示的是"Normal.dotm(共用模板)"，而不是用户所要复制样式的目标文档，为了改变目标文档，单击"关闭文件"按钮。将文档关闭后，原来的"关闭文件"按钮就会变成"打开文件"按钮。

(4) 单击"打开文件"按钮，打开"打开"对话框。在"文件类型"下拉列表中选择"所有 Word 文档"，然后找到目标文件所在的路径，选中已经包含了特定样式的文档。

(5) 单击"打开"按钮将文档打开，此时在样式"管理器"对话框的右侧区域将显示出包含在打开文档中的可选样式，这些样式均可以被复制到其他文档中。

(6) 选中所需要的样式类型，单击"复制"按钮，即可将选中的样式复制到新的文档中。在复制样式时，如果目标文档或模板已经存在相同名称的样式，Word 将给出提示是否要用复制的样式来覆盖现有的样式，如图 5-135 所示。如果既想要保留现有的样式，同时又想将其他文档或模板的同名样式复制出来，则可以在复制前对样式进行重命名。

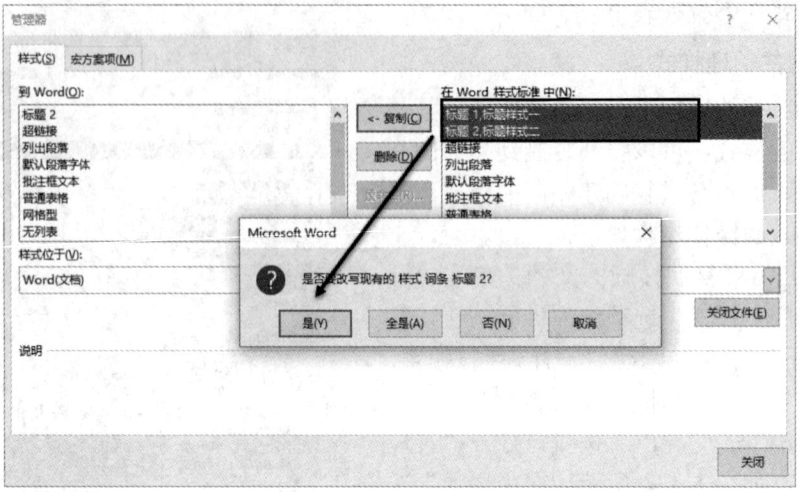

图 5-135　复制样式

(7) 单击"关闭"按钮，结束操作，此时就可以在"样式"任务窗格中看到已添加的新样式。

注意：在复制样式的过程中，也可以将右侧区域下拉列表框中的文件设置为源文件，将左侧区域下拉列表框中的文件设置为目标文件。当在源文件中选择样式时，可以看到中间的"复制"按钮上的箭头方向发生了变化，由从左指向右变成从右指向左，实际上箭头的方向就是从源文件到目标文件的方向。也就是说，在执行复制操作时，既可以把样式从左边的下拉列表框中复制到右边的下拉列表框中，也可以把样式从右边的下拉列表框中复制到左边的下拉列表框中。

5.8.4　设置题注与交叉引用

题注就是给图片、表格、公式等项目添加的名称和编号。例如本书的图片就设置了图题，方便读者查找和阅读。

交叉引用是对 Word 文档中其他位置的内容的引用，例如可为标题、脚注、书签、题注、编号段落等创建交叉引用。设置交叉引用后，可以改变交叉引用的内容，如可将引用的内容从"页码"改为"编号"。

1. 为图片插入题注

(1) 选中图片(见图 5-136)后单击"引用"选项卡的"题注"选项组中的"插入题注"按钮，弹出"题注"对话框(见图 5-137)，在"标签"下拉列表框中选择"图表"，如果没有自己需要的标签，可以单击"新建标签"按钮，在打开的"新建标签"对话框中设置标签名，如"图"(见图 5-138，系统会在文档中自动编号为"图 1")，单击"确定"按钮。设置了题注的图片如图 5-139 所示。

(2) 可以在"图 1"后添加说明文字。

(3) 选中图片下的题注，可以对题注进行格式设置等其他操作。

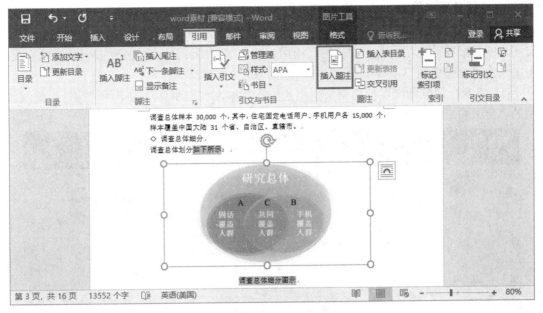

图 5-136　选中图片

图 5-137　"题注"对话框

图 5-138　设置标签名

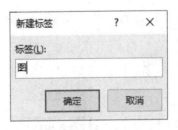

可在图1后添加
说明文字

图 1.

图 5-139　设置了题注的图片

2. 设置交叉引用

对 Word 插图加了题注后，还要在正文中设置引用说明，如文档中的"图 1、图 2"等文字，就是插图的引用说明。很显然，引用说明文字和图片是相互对应的，我们称这一引用关系为"交叉引用"。

(1) 将光标定位到需要使用交叉引用的位置，单击"引用"选项卡的"题注"选项组中的"交叉引用"按钮，如图 5-140 所示。

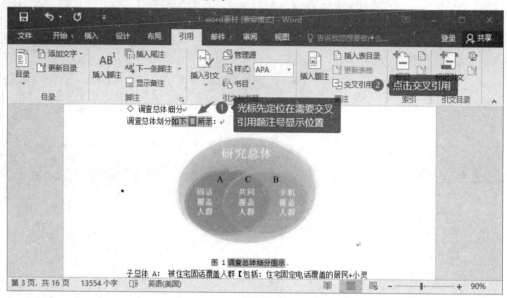

图 5-140　单击"交叉引用"按钮

(2) 在打开的"交叉引用"对话框(见图 5-141)中选择一个需要引用的题注，单击"插入"按钮。

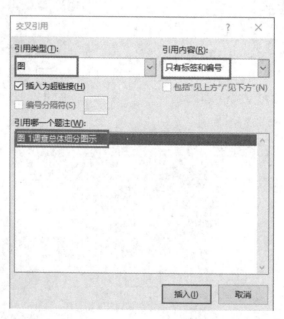

图 5-141　"交叉引用"对话框

（3）设置交叉引用的效果如图 5-142 所示。

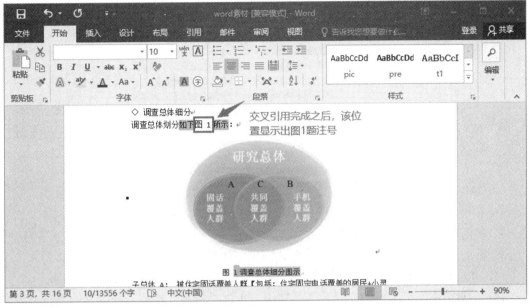

图 5-142　交叉引用之后效果图

交叉引用的作用是：题注里内容如果发生变化，交叉引用的地方也会随着变化。如果图片中的题注编号发生变化，正文中引用的题注编号也会随着变化。但这些变化并不会立即显示出来，而是在保存后或打印时才能体现出来。

5.8.5　创建目录

目录通常是长篇文档不可缺少的一项内容，它列出了文档中的各级标题及其所在的页码，便于文档阅读者快速查找到所需内容。Word 2016 提供了一个内置的"目录库"，其中有多种目录样式可供选择，这使得插入目录的操作变得简单快捷。

1. 使用"目录库"创建目录

（1）将光标定位到需要建立文档目录的地方，通常是文档的最前面。

（2）在"引用"选项卡的"目录"选项组中单击"目录"按钮，打开"目录"下拉列表，如图 5-143 所示。

（3）根据需要选择一种目录样式后，系统会自动根据所标记的标题在指定位置创建目录，如图 5-144 所示。

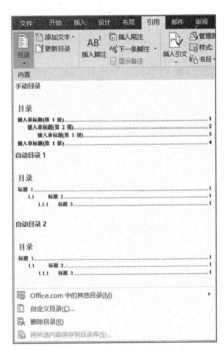

图 5-143　"目录"下拉列表

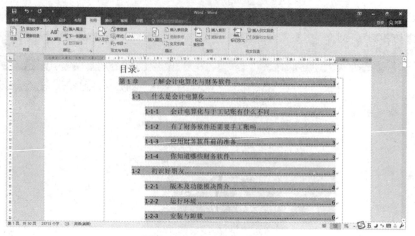

图 5-144　自动创建目录

2. 使用自定义样式创建目录

如果用户已将自定义样式应用于标题，则可以按照如下操作步骤来创建目录：

(1) 将光标移动到需要建立文档目录的位置。

(2) 在"引用"选项卡的"目录"选项组中单击"目录"按钮，在打开的下拉列表中选择"自定义目录"命令，打开"目录"对话框，如图 5-145 所示。

(3) 在"目录"选项卡中单击"选项"按钮，打开"目录选项"对话框(见图 5-146)，在"有效样式"区域中可以查找应用于文档中的标题样式，在样式名称右侧的"目录级别"文本框中输入目录的级别(可以输入 1～9 中的一个数字)，以指定希望标题样式代表的级别。如果希望仅使用自定义样式，则可删除内置样式的目录级别数字，如删除"标题""标题 1"和"标题 2"样式名称右侧文本框中代表目录级别的数字。

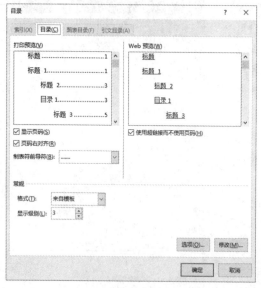

图 5-145　"目录"对话框

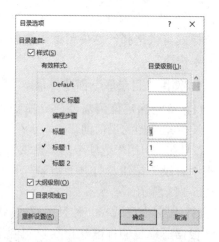

图 5-146　"目录选项"对话框

(4) 在有效样式和目录级别设置完成后，单击"确定"按钮，返回到"目录"对话框，用户可以在"打印预览"区域和"Web 预览"区域中看到所创建目录使用的新样式。另外，对于将在打印页上阅读的文档，所创建目录应包括标题和标题所在页面的页码，即选中"显示页码"复选框，从而便于读者快速翻到需要的页。对于将要在 Word 中联机的文档，在创建目录时可以将目录中各项的格式设置为超链接，即选中"使用超链接而不使用页码"复选框，以便读者在按住 Ctrl 键的同时单击目录中的某个标题即能转到对应的内容上。

(5) 单击"确定"按钮完成所有设置。

3. 更新目录

如果用户在创建好目录后，又添加、删除或更改了文档中的标题或其他目录项，可以按照如下操作步骤更新文档目录：在"引用"选项卡的"目录"选项组中单击"更新目录"按钮，打开"更新目录"对话框(见图 5-147)，选中"只更新页码"单选按钮或者"更新整个目录"单选按钮，然后单击"确定"按钮即可按照指定要求更新目录。

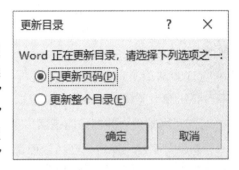

图 5-147　"更新目录"对话框

5.8.6　邮件合并

Word 2016 提供了强大的"邮件合并"功能，该功能具有极佳的实用性和便捷性。如果用户希望批量创建一组具有相同框架但又有细节区别的文档(例如一个寄给多个学生的学期考试成绩单、公司名片、准考证等)，就可以使用"邮件合并"功能来实现。

1. 邮件合并的基本概念

Word 的邮件合并可以将一个主文档与一个数据源结合起来，最终生成一系列主体相同、细节不同的输出文档，利用"邮件合并"功能可以创建信函、电子邮件、传真、信封、标签、目录(打印出来保存在单个 Word 文档中的姓名、地址或其他信息的列表)等文档。

在使用邮件合并之前需要明确以下几个基本概念。

(1) 主文档。主文档是经过特殊标记的 Word 文档，它是用于创建输出文档的模板，其中包含了基本的文本框架，这些文本框架在所有输出文档中都是相同的，如信件的信头、主体以及落款等。另外还有一系列指令(称为合并域)，用于插入在每个输出文档中都要发生变化的信息，比如收件人的姓名和地址等。

(2) 数据源。数据源实际上是一个数据列表，其中包含了用户希望合并到输出文档中的数据，通常用来保存姓名、通信地址、电子邮件地址、传真号码等数据字段。Word 2016 的"邮件合并"功能支持很多类型的数据源，主要包括以下几类：

① Office 地址列表。在邮件合并的过程中，"邮件合并"任务窗格为用户提供了创建简单的"Office 地址列表"操作，用户可以在新建的列表中填写收件人的姓名和地址等相关信息。此方法适用于不经常使用的小型、简单列表。

② Word 数据源。在邮件合并的过程中可以使用某个 Word 文档作为数据源。该文档应该只包含 1 个表格，该表格的第 1 行必须用于存放标题，其他行必须包含邮件合并所需要的数据。

③ Excel 工作表。在邮件合并的过程中可以从工作簿内的任意工作表或命名区域选择

数据。

④ Outlook 联系人列表。在邮件合并的过程中可在"Outlook 联系人列表"中直接检索联系人信息。

⑤ Access 数据库。在邮件合并的过程中可以使用 Access 数据库作为数据源。

⑥ HTML 文件。在邮件合并的过程中可以使用某个 HTML 文件作为数据源。该文件应该只包含 1 个表格，表格的第 1 行必须用于存放标题，其他行则必须包含邮件合并所需要的数据。

(3) 邮件合并的最终文档。邮件合并的最终文档包含了所有的输出结果，其中有些文本内容在输出文档中都是相同的，而有些会随着收件人的不同而发生变化。

2. 利用邮件合并制作邀请函

如果要制作或发送一些信函或邀请函之类的邮件给客户或合作伙伴，这类邮件的内容通常分为固定不变的内容和变化的内容。例如有一份邀请函文档(见图 5-148)，在这个文档中已经输入了邀请函的正文内容，这一部分就是固定不变的，邀请函中的姓名及称谓等信息就属于变化的内容，而这部分内容保存在 Excel 工作表中，如图 5-149 所示。

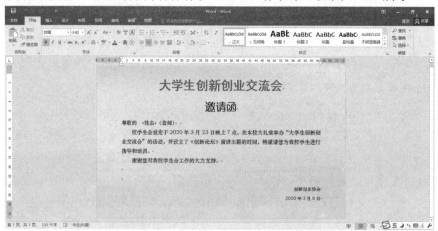

图 5-148　邀请函主文档

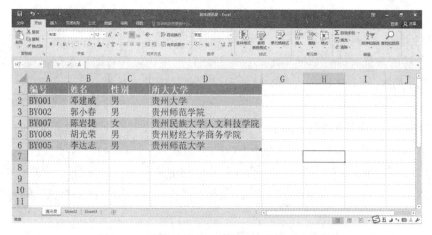

图 5-149　保存在 Excel 工作表中的邀请人信息

下面就来介绍如何利用"邮件合并"功能中的"邮件合并分步向导"将数据源中邀请人的信息自动填写到邀请函文档中。

(1) 在"邮件"选项卡的"开始邮件合并"选项组中单击"开始邮件合并"按钮，在打开的下拉列表中选择"邮件合并分步向导"命令，打开"邮件合并"任务窗格，如图 5-150 所示，进入邮件合并分步向导的第 1 步(总共有 6 步)。

(2) 在"选择文档类型"选项区域中选择一个希望创建的输出文档的类型，如"信函"。

(3) 单击"下一步：开始文档"超链接，进入邮件合并分步向导的第 2 步，在"选择开始文档"选项区域中选中"使用当前文档"单选按钮，以当前文档作为邮件合并的主文档。

(4) 单击"下一步：选取收件人"超链接，进入邮件合并分步向导的第 3 步，在"选择收件人"选项区域中选中"使用现有列表"单选按钮，然后单击"浏览"超链接，打开"选取数据源"对话框，如图 5-151 所示。

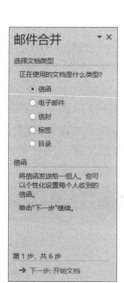
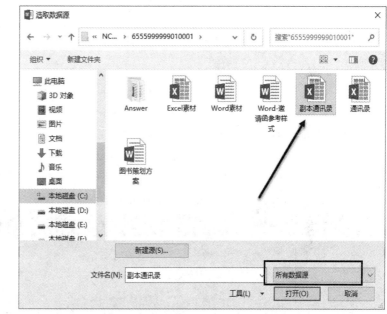

图 5-150　"邮件合并"任务窗格　　　　　　图 5-151　设置邮件合并数据源

(5) 在"选取数据源"对话框中找到保存客户资料的 Excel 工作表文件，然后单击"打开"按钮，在打开"选择表格"对话框中选择保存客户信息的工作表名称(见图 5-152)，单击"确定"按钮。

图 5-152　设置邮件合并收件人

(6) 在打开的"邮件合并收件人"对话框中可以对需要合并的收件人信息进行修改(见图 5-153)。单击"确定"按钮，完成现有工作表的链接工作。

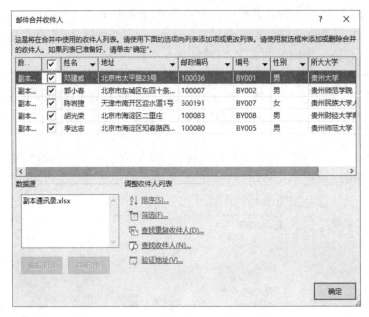

图 5-153　设置邮件合并收件人信息

(7) 选择了收件人的列表之后，单击"下一步：撰写信函"超链接。如果用户此时还未撰写信函的正文部分，可以在活动文档窗口中输入与所有输出文档中保持一致的文本。如果需要将收件人信息添加到信函中，先将光标定位在文档中的合适位置，然后单击"地址块""问候语"等超链接，如图 5-154 所示。

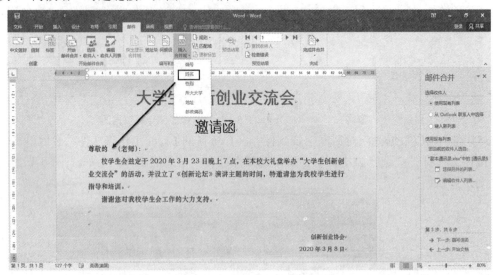

图 5-154　设置邮件合并超链接

(8) 本例单击"其他项目"超链接，打开"插入合并域"对话框，在"域"列表框中选择要添加到邀请函中邀请人姓名所在位置的域并单击"插入"按钮。全部域添加完成后，单击"关闭"按钮，文档中的相应位置就会出现已插入的域标记，如图 5-155 所示。

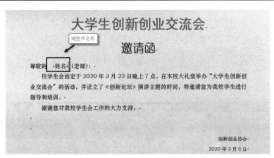

图 5-155　设置邮件合并活动域

图 5-156　设置邮件合并域规则

(9) 在"邮件"选项卡上的"编写和插入域"选项组中单击"规则"按钮,在打开的下拉列表框中选择"如果…那么…否则…"命令,打开"插入 Word 域:IF"对话框,在"域名"下拉列表框中选择"性别",在"比较条件"下拉列表框中选择"等于",在"比较对象"文本框中输入"男",在"则插入此文字"文本框中输入"先生",在"否则插入此文字"文本框中输入"女士",如图 5-156所示。然后,单击"确定"按钮,这样就可以使被邀请人的称谓与性别建立关联。

(10) 在"邮件合并"任务窗格中单击"下一步:预览信函"超链接,进入邮件合并分步向导的第 5 步。在"预览结果"选项组中单击"上一记录"按钮或"下一记录"按钮,可以查看具有不同邀请人姓名的信函,如图 5-157 所示。

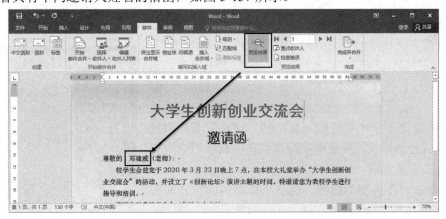

图 5-157　预览信函

(11) 预览并处理输出文档后,单击"下一步:完成合并"超链接,进入邮件合并分步向导的最后一步。在"合并"选项区域中,用户可以根据实际需要选择"打印"或"编辑单个信函"超链接进行合并工作。本例单击"编辑单个信函"超链接。

(12) 打开"合并到新文档"对话框,在"合并记录"选项区域中选中"全部"单选按钮,如图 5-158 所示,然后单击

图 5-158　设置信函合并记录

"确定"按钮。

这样，Word 会将 Excel 中存储的收件人信息自动添加到邀请函正文中，并合并生成一个新文档，如图 5-159 所示。在该文档中，每页中的邀请函客户信息均由数据源自动创建生成。

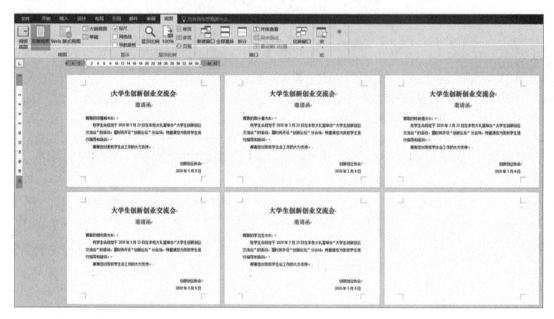

图 5-159　生成并显示全部信函

3. 使用邮件合并制作信封

利用 Word 2016 的"邮件合并"功能可以非常方便地制作出既漂亮又标准的中文信封，具体操作步骤如下：

(1) 在"邮件"选项卡的"创建"选项组中单击"中文信封"按钮，打开"信封制作向导"对话框，如图 5-160 所示。

(2) 单击"下一步"按钮，在"信封样式"下拉列表框中选择信封的样式，并根据实际需要选中或取消选中有关信封样式的复选框。

(3) 单击"下一步"按钮，选择生成信封的方式和数量，本例选中"基于地址簿文件，生成批量信封"单选按钮，如图 5-161 所示。

图 5-160　启动信封制作向导

(4) 单击"下一步"按钮，选择从文件中获取并匹配收信人信息。单击"选择地址簿"按钮，打开"打开"对话框，在该对话框中选择包含收信人信息的地址簿文件，然后单击"打开"按钮，返回到"信封制作向导"对话框。

(5) 在"地址簿中的对应项"区域中的下拉列表框中，分别选择与收信人信息匹配的字段，如图 5-162 所示。

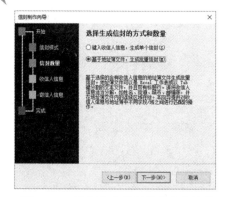
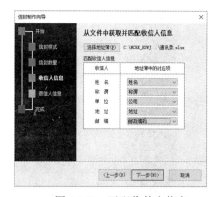

図 5-161　选择生成信封的方式和数量　　　　　　　　　図 5-162　匹配收件人信息

(6) 单击"下一步"按钮，在"输入寄信人信息"界面中输入寄信人信息，单击"下一步"按钮，进入信封制作向导的最后一步，单击"完成"按钮，关闭"信封制作向导"对话框，完成多个标准信封的制作，如图 5-163 所示。

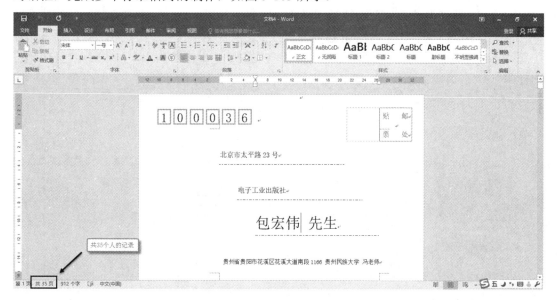

图 5-163　生成并显示全部信封

5.9　Word 2016 打印

当文档编辑、排版完成后，通常需要将其打印在纸张上，但是为了节省纸张和墨水，在真正打印输出之前，应当先预览一下排版是否理想，如果满意再打印，否则可继续编辑、修改。

执行"文件"→"打印"命令，打开"打印"窗口，如图 5-164 所示。

默认情况下，打印预览窗口中显示的是当前页的打印效果，用户可以在窗口下中部的页码选择区域单击"上一页"按钮或"下一页"按钮，或者在文本框中输入页码来显示其他页，也可拖动右下部的调节滑块来改变显示比例。

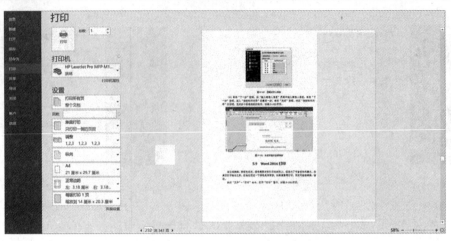

图 5-164 "打印"窗口

当然，如果用户经常需要使用打印预览功能，也可通过以下操作将"打印预览"按钮放置到快速访问工具栏中：单击"自定义快速访问工具栏"按钮，在打开的下拉菜单中选择"其他命令"命令，打开"Word 选项"对话框，从左侧下拉列表中选择"打印预览和打印"，单击"添加"按钮，将功能添加到右侧列表框中，单击"确定"按钮后，"打印预览和打印"按钮 🔍 就会出现在快速访问工具栏中，如图 5-165 所示。

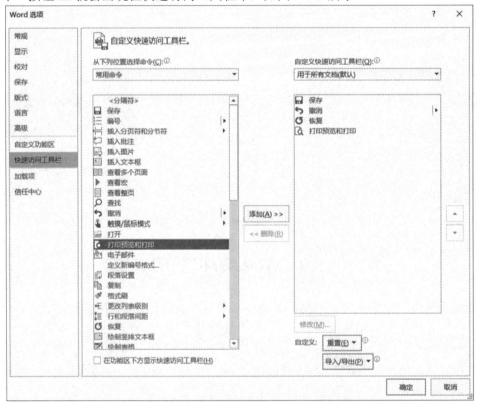

图 5-165 添加"打印预览和打印"按钮

在 Word 窗口中单击"文件"按钮并选择"选项"命令，并在打开的"Word 选项"对话框中单击"自定义功能区"，可切换到"自定义功能区和键盘快捷键"界面。

　　通过打印预览确认文档无误后，将打印机和计算机正确连接，就可以正式进行文档打印工作了(打印前最好先保存文档，以免意外丢失)。

　　Word 2016 提供了许多灵活的打印功能，可以在"打印预览和打印"窗口中单击"打印"按钮，直接将文档的全部内容按系统默认设置打印一份，也可以先对打印选项进行设置，然后再进行打印。

　　(1) 份数。在默认情况下只将当前文档打印一份，如果需要打印多份，可在"份数"文本框中输入一个数值。

　　(2) 打印机。如果计算机安装或连接了多台打印机，当前显示的是系统默认打印机，也可以单击右侧的下三角按钮，从列表中选择其他可用的打印机来输出文档。

　　(3) 打印所有页。如果不设置此任务，则打印当前文档的所有页。如果要打印指定范围的页，可在"页数"文本框中输入页码编号。若是连续页，可用短横线"-"分隔页码；若是不连续页，可用逗号","分隔页码。例如打印第 1、第 3 和第 6 页，可在文本框内输入"1, 3, 6"；打印第 2 至第 6 页，可输入"2-6"；打印第 6 页至第 9 页和第 12 页至第 16 页，可输入"6-9，12-16"等。

　　(4) 双面打印。为了节约纸张，文档可采用双面打印的方法，即在下拉列表框中选择"手动双面打印"项后，Word 2016 会首先打印纸张正面(奇数页)的内容，当全部奇数页打印完毕，就会通知用户打印纸张背面(偶数页)。

　　(5) 调整。如果用户在"份数"栏中选择了多份，则此项可设定打印的输出方式。若选择默认"1，2，3　1，2，3　1，2，3"，则先打印第一份的所有页，打印完成后再打印第二份的所有页……若选择"1，1，1　2，2，2　3，3，3"，则按份数打印文档的每一页，再依次打印其他页。

　　(6) 方向、纸张大小、页面边距。打印时可设置纸张的方向、大小和边距，如果不作修改，则按用户在"页面设置"中设定的参数输出。

　　(7) 每版打印 1 页。Word 2016 允许按版型进行缩放打印，就是可以将多页缩版到一页上进行打印，例如选择了"每版打印 4 页"，即将当前文档每 4 页缩版到一页上进行打印。

第 6 章　Excel 2016 电子表格系统

Excel 2016 是 Office 中专门处理电子表格的组件，广泛应用于专业的金融、财务、税务、行政及个人事务处理等数据管理领域。它不仅可以像 Word 2016 一样简单、快捷地创建和美化表格，而且还具有比 Word 2016 更加强大的数据处理功能，如单元格数据的快速输入、单元格的类型设定、复杂计算公式的创建和智能复制、计算结果的自动更新、表格数据的分析统计、报表和图表的快速创建等功能。

6.1　Excel 2016 的基本概念

为了帮助读者理解和掌握 Excel 2016，下面先介绍几个非常重要的概念。

1. 工作簿

工作簿即保存在磁盘上的扩展名为 .xlsx 的文件，图标为 ▣。一个工作簿中可以包含一个或多个工作表，它像一个表格集合，把若干张相关联的表格或图表存放在一起，便于集中管理。例如用户可以创建一个名为"2019 级物联网专业二班.xlsx"的工作簿来记录该班的总体信息，在这个工作簿中可以包含"学生名册"表、"学生成绩"表、"体检情况"表、"奖惩记录"表等。

2. 工作表

工作表即包含在工作簿中的一个由列和行组成的单表。在 Excel 2016 中，默认情况下一个工作簿只包含一个工作表，命名为"Sheet1"。尽管 Excel 的每张工作表都提供了足够大的容量，但为方便管理，一般一张工作表只记录一类信息或保存一个数据清单，不同的信息应当保存在不同的工作表中。

3. 单元格

工作表中行、列交汇处的区域称为单元格，它可以保存数值、文字、声音等数据，是Excel 中最基本的编辑单位。

工作簿、工作表及单元格之间的关系如图6-1 所示。

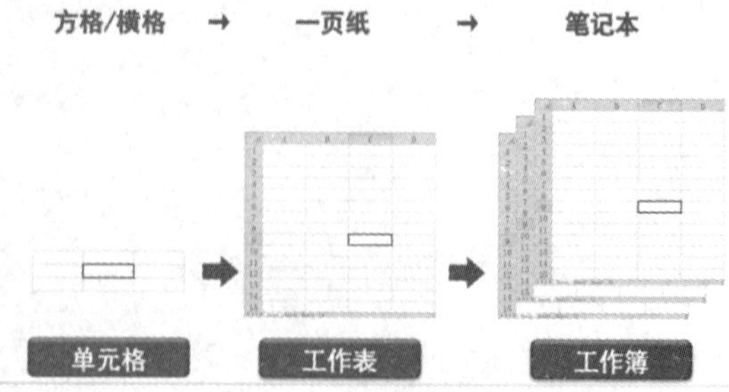

图 6-1　工作簿、工作表与单元格之间的关系

4. 单元格地址

在 Excel 2016 中，为唯一标识每个单元格在表格中的位置，需要给每一个单元格定义一个唯一的编号，即单元格地址。和 Word 2016 中的表格一样，Excel 2016 的单元格地址

也由列号和行号来组成，例如，"C7"表示第 C 列、第 7 行的单元格，"A4"表示第 A 列、第 4 行的单元格；如果要表示多个不连续的单元格，可依次书写每个单元格地址，其间用","分隔，如"A4,C7"；如果要表示一个连续的单元格区域，可书写该区域的开始单元格和结束单元格地址，其间用"："分隔，如"A4:C7"或"C7:A4"。当然，也可将这些表示方法混合使用，如"A4:C7,F8,G7:K16"等。

5. 活动单元格

活动单元格即插入点所在的单元格或者已经选定的单元格组，它表示当前正在进行编辑的区域，四周用黑色加粗的边框标识，并且在其右下角还会出现一个绿色的小方块(称为填充柄)。在 Excel 2016 中，很多智能化的操作都是通过填充柄来完成的。

6.2　Excel 2016 的基本操作

1. 启动 Excel 2016

和 Word 2016 一样，Excel 2016 也可以由以下三种方法来启动：

(1) 单击"开始"按钮，在"开始"菜单中选择"Excel 2016"命令，即启动 Excel 2016，如图 6-2 所示。

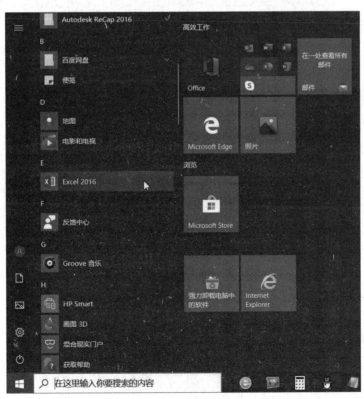

图 6-2　从"开始"菜单启动 Excel 2016

(2) 在桌面上双击"Excel 2016"快捷图标，如图 6-3 所示。

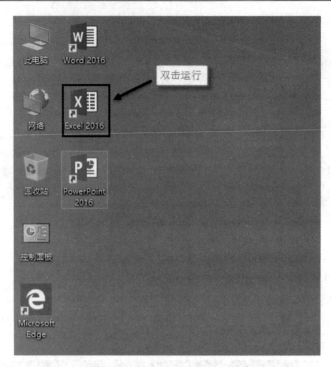

图 6-3　双击快捷图标启动 Excel 2016

(3) 双击文件夹里的"Excel 素材"(扩展名为 .xlsx)的文件图标，如图 6-4 所示。

图 6-4　双击"Excel 素材"的文件图标

2. Excel 2016 工作窗口

Excel 2016 启动后，打开 Excel 2016 的工作窗口，如图 6-5 所示。

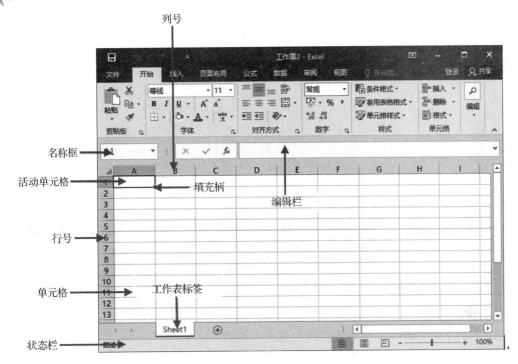

图 6-5　Excel 2016 的工作窗口

Excel 2016 的标题栏、快速访问按钮、"文件"菜单、功能选项卡、选项组、编辑区、边框边角的结构与 Word 2016 类似，这里仅介绍 Excel 2016 工作窗口中特有的几个元素。

(1) 名称框。名称框用于显示和选定活动单元格地址，在进行公式编辑时，可以插入一个函数。

(2) 编辑栏。编辑栏用来输入或编辑当前单元格的值或公式，其左边有三个按钮，分别用于输入数据的确认、取消和编辑公式。

(3) 列号、行号。列(行)号位于每一列(行)的上(前)方，用于显示列(行)号。

(4) 单元格。单元格是表格中的一个矩形区域，用于保存各种数据。在其四周包围虚线边框，打印时，该虚线边框将被忽略，若要打印边框，则需要设置边框。

(5) 活动单元格。活动单元格即插入点所在的单元格，其四周用黑色加宽的边框标识。

(6) 填充柄。填充柄是出现在活动单元格右下角的方形控件，将鼠标指针移动到上面，当指针由"⊕"变成"✚"时，拖动鼠标可以在目标单元格中智能填充各种数据。

(7) 工作表标签。工作表标签用于显示当前工作簿文件中包含的工作表名，位于表层的是当前正在编辑的工作表，单击标签可在不同的工作表间进行切换。

(8) 状态栏(见图 6-6)。状态栏的左侧用于显示与当前操作相关的一些信息和窗口状态。例如，在为单元格输入数据时显示"输入"，完成输入后显示"就绪"等；当在表格中选定多个包含数值的单元格后，在状态栏的中部区域将显示这些单元格的各种运算结果。状态栏右侧则显示了视图切换按钮和当前的视图模式，同时还显示了窗口比例及比例调节滑块。

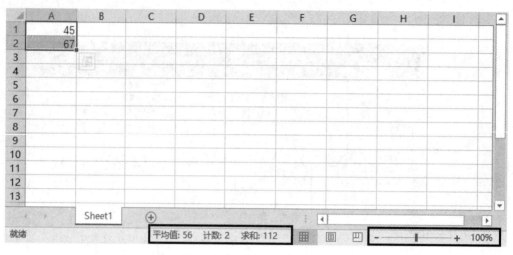

图 6-6　Excel 2016 的状态栏

3. 退出 Excel 2016

Excel 2016 的退出和 Word 2016 一样，也有以下几种常用的方法：

(1) 单击 Excel 2016 工作簿窗口右上角的"关闭"按钮。

(2) 执行"文件"→"关闭"命令。

(3) 使用 Alt+F4 组合键。

6.3　Excel 2016 的文件操作

在 Excel 2016 中，文件的操作与 Word 2016 相似，为了保持内容结构的完整，加深读者印象，这里仅作简单介绍，详细内容可参考第 5 章。

6.3.1　建立工作簿

在默认情况下，每次启动 Excel 2016 后，系统会自动以默认格式建立一个名为"工作簿 1"的空工作簿。当然，在编辑工作簿的过程中，用户也可根据需要建立新的工作簿，系统对新建工作簿按创建的顺序依次命名为"工作簿 2""工作簿 3"等。

1. 创建空白工作簿

创建空白工作簿即以系统默认格式建立空工作簿，具体操作是：执行"文件"→"新建"命令，在打开的"新建"窗口中单击"空白工作簿"图标或按 Ctrl+N 组合键。

2. 使用模板创建工作簿

Excel 2016 预先定义了很多设计精美、格式丰富的表格模板，可以执行"文件"→"新建"命令，在打开的"新建"窗口中选择适合的模板来完成(有些模板要连接到互联网才能使用)，如图 6-7 所示。

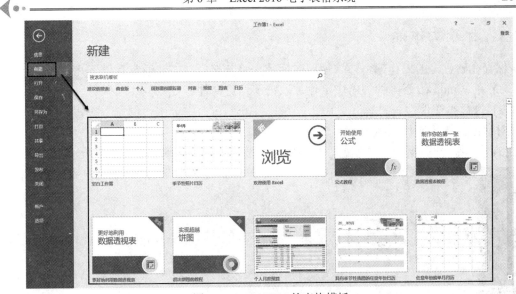

图 6-7　Excel 2016 的表格模板

6.3.2　保存工作簿

工作簿创建后，或对工作簿进行了修改操作后，为防止 Excel 2016 意外关闭而导致信息丢失，用户应当及时对工作簿进行保存。

1. 手工保存

在快速访问工具栏中单击"保存"按钮，或按 Ctrl+S 组合键，可以对工作簿进行保存。如果是对工作簿第一次执行存盘操作，系统将打开"另存为"对话框，在该对话框中设置文件名、文件类型及位置保存即可；如果不是第一次存盘，则不会打开此对话框，而直接以文件原来的文件名、文件类型及位置进行保存。

2. 自动保存

(1) 执行"文件"→"选项"命令，打开"Excel 选项"对话框，在左侧区域中单击"保存"选项。

(2) 在右侧区域中选中"保存自动恢复信息时间间隔"复选项，启用自动存盘功能，并在其后的文本框中输入一个数值，用于设置自动保存时间间隔，如图 6-8 所示。

图 6-8　设置自动保存时间间隔

6.3.3　打开工作簿

保存在磁盘上的工作簿，再次使用时应首先将其打开，方法通常有以下几种：

(1) 在 Windows 资源管理器中定位并双击工作簿文件。

(2) 执行"文件"→"打开"命令，在"打开"窗口中单击"浏览"按钮，弹出"打开"对话框，选择要打开的工作簿。

(3) 从"打开"窗口的"最近"列表中选择要打开的工作簿，如图 6-9 所示。

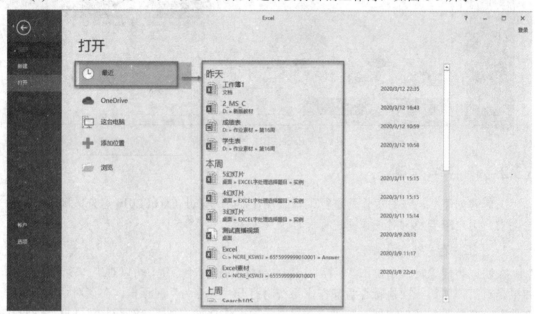

图 6-9　打开最近的 Excel 文档

6.3.4　关闭工作簿

在 Excel 2016 中打开多个工作簿时，可使用以下方法关闭：

(1) 执行"文件"→"关闭"命令。

(2) 单击工作窗口右上角的"关闭"按钮。

6.4　编辑工作表

6.4.1　插入工作表

插入工作表常用的方法有以下两种：

(1) 在"工作表标签"区中单击右侧的"新工作表"按钮 ⊕ 或按 Shift+F11 组合键，即可在工作表的最后面插入一个新工作表，如图 6-10 所示。

(2) 在"工作表标签"区中的任意工作表上右击，从弹出的快捷菜单中选择"插入"命令，打开"插入"对话框，如图 6-11 所示。在"插入"对话框的"常用"选项卡中选择"工作表"图标，单击"确定"按钮，即可在右击的工作表前插入一个工作表。

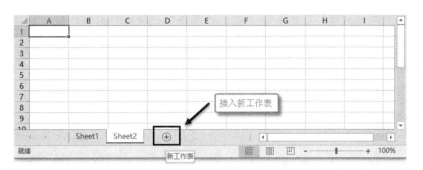

图 6-10　插入新工作表

图 6-11　"插入"对话框

6.4.2　重命名工作表

重命名工作表常用的方法有以下两种:

(1) 在要重命名的工作表标签上双击,这时原工作表名处于选中状态,输入新工作表名即可。

(2) 右击要重命名的工作表标签,从弹出的快捷菜单中选择"重命名"命令,输入新工作表名即可。

6.4.3　移动和复制工作表

移动和复制工作表常用的方法有以下两种:

(1) 先选中一个要移动的工作表,然后拖动工作表标签到合适的位置。若在拖动工作表标签的同时按下 Ctrl 键则可完成复制操作,并自动命名为"原工作表名+(序号)",如"基本情况表(2)"。

(2) 右击要移动或复制的工作表标签,从弹出的快捷菜单中选择"移动或复制"命令,打开"移动或复制工作表"对话框;在"工作簿"下拉列表框中选择目标工作簿(默认情况下是当前工作簿),当然,如果此时还有其他打开的工作簿,也可以把工作表移动或复制到其他工作簿中去;在"下列选定工作表之前"列表中选择一个位置;是否选中"建立副本"

复选框，可以根据需要进行设置，如果选中该复选框，将进行复制操作，否则进行移动操作；单击"确定"按钮。复制工作表示例如图 6-12 所示。

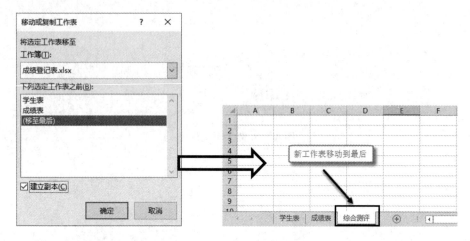

图 6-12　复制工作表示例

6.4.4　删除工作表

删除工作表的方法如下：

(1) 右击选择要删除的工作表标签，从弹出的快捷菜单中选择"删除"命令。

(2) 如果工作表中没有数据，则工作表被直接删除，否则会弹出确认删除提示框，如图 6-13 所示。

图 6-13　确认删除提示框

(3) 根据情况单击"删除"按钮或"取消"按钮。

6.4.5　选定工作区

在对表格进行详细编辑之前，应先选中一个区域，以便确定编辑的范围和对象。在工作表中选定区域主要分为以下几种情况：

(1) 选中一个单元格。单击要选中的单元格或在名称框中输入要选择的单元格地址。

(2) 选中连续的多个单元格。从第一个单元格拖动到最后一个单元格，若多个单元格区域较大，拖动操作不方便或不精确，可先选中区域中的第一个单元格，然后按住 Shift 键，单击最后一个单元格；或者直接在名称框中输入区域地址，如"D6:M90"。

(3) 选中不连续的多个单元格。先选中第一个单元格或单元格区域，然后按住 Ctrl 键选中其他的单元格或单元格区域；也可直接在名称框中输入区域地址，如"D6:K9,M14:P30"。

(4) 选中整行或整列。单击要选中的行号或列号，配合使用 Ctrl 键或 Shift 键可选中不连续的多行、多列或连续的多行、多列。

(5) 选中整个工作表。单击编辑区左上角的"全部选中"按钮，可以选中整个工作表，如图 6-14 所示。

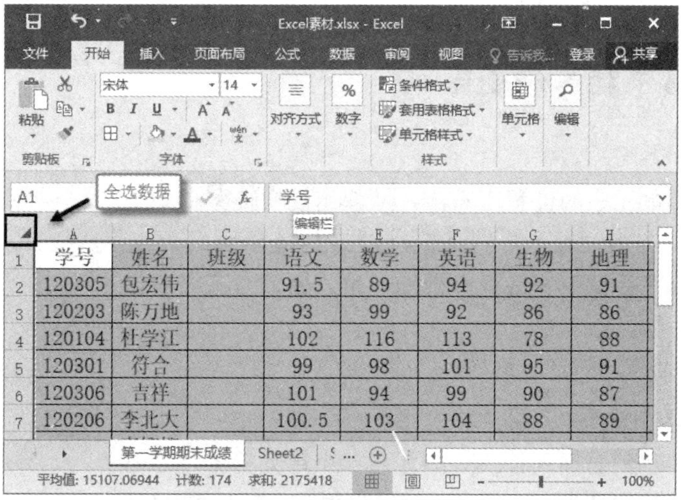

图 6-14　选中整个工作表

(6) 根据条件选中特殊类型的单元格区域。

① 在"开始"选项卡的"编辑"选项组中单击"查找和选择"按钮，然后在打开的下拉菜单中选择"定位条件"命令，打开"定位条件"对话框，如图 6-15 所示。

② 若要选择空白单元格，可选中"空值"单选按钮。

③ 若要选择包含批注的单元格，可选中"批注"单选按钮。

④ 若要选择包含常量的单元格，可先选中"常量"单选按钮，然后通过选中"数字""文本""逻辑值"或"错误"复选框来设定要选取的单元格的类型。默认情况下，这四个复选框全部被选中，如果只想选中表格中包含文本的单元格，那么就需要将除"文本"复选框外的三个复选框取消选中。

图 6-15　"定位条件"对话框

⑤ 若要选择包含公式的单元格，可先选中"公式"单选按钮，然后通过选中"数字""文本""逻辑值"或"错误"复选框来设定公式的类型。

⑥ 若仅选择区域中可见的单元格，即使该区域跨越隐藏的行和列，也可选中"可见单元格"单选按钮。

⑦ 若要选择当前区域，如整个列表，可选中"当前区域"单选按钮。

(7) 选择行或列中已填充数据的单元格区域。

① 单击区域中的第一个或最后一个单元格。

② 按住 Shift 键，双击活动单元格在待选中方向上的边线。例如要选中活动单元格上方所有已填充数据的区域，可双击该单元格的顶端边线，则选中区域会扩展到此列中下一个空白单元格为止。

(8) 取消选择。单击选中区域外的任意单元格，可取消选择。

6.4.6　在表格中插入和删除

1. 插入单元格

(1) 在要插入单元格的位置上右击，从弹出的快捷菜单中选择"插入"命令，打开"插入"对话框，如图 6-16 所示。

(2) 根据需要在对话框中选择一种插入单元格的方式，单击"确定"按钮。

2. 插入行或列

插入行或列的方法有以下两种：

(1) 移动插入点到要插入行或列的任意一个单元格中，右击该单元格，从弹出的快捷菜单中选择"插入"命令，在打开的"插入"对话框中选中"整行"或"整列"单选按钮。

图 6-16　"插入"对话框

(2) 右击行号或列号，从弹出的快捷菜单中选择"插入"命令，即可在当前行的上方插入空行或在当前列的左边插入空列。

注意：要插入多行或多列，可在执行插入一行或一列操作后按 F4 键(重复上一步操作，在 Office 软件中常用该功能键完成多次相同的操作)。

3. 删除单元格

(1) 右击选择要删除的单元格或单元格区域，从弹出的快捷菜单中选择"删除"命令，打开"删除"对话框，如图 6-17 所示。

(2) 在对话框中选择一种删除单元格的方式，单击"确定"按钮。

4. 删除行或列

(1) 选中需要删除的一行(列)或多行(列)。

(2) 在选中区域中右击，在弹出的快捷菜单中选择"删除"命令或者在"开始"选项卡的"单元格"选项组中单击"删除"按钮。

图 6-17　"删除"对话框

6.4.7　合并单元格

在设计表格时，实现标题名称居中放置最简单的方法就是使用单元格"合并后居中"功能，其具体操作步骤如下：

(1) 选中要合并及居中的多个单元格。

(2) 在"开始"选项卡的"对齐方式"选项组中单击"合并后居中"按钮 。

(3) 如果选中的区域中包含数据，则会弹出提示框(见图 6-18)，提示用户选中范围内的各单元格在合并后只保留左上角单元格的值。

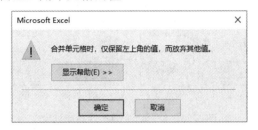

图 6-18　合并单元格提示框

(4) 若要取消合并的单元格，可再次单击"合并后居中"按钮，也可在已合并的单元格上右击，从弹出的快捷菜单中选择"设置单元格格式"命令，在打开的"设置单元格格式"对话框中单击"对齐"选项卡，取消选中"合并单元格"复选框，如图 6-19 所示。

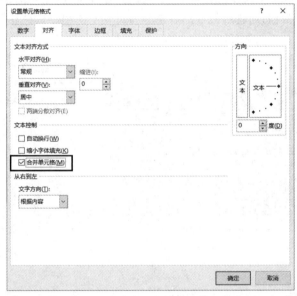

图 6-19　取消选中"合并单元格"复选框

6.4.8　调整单元格的行高和列宽

在默认情况下，单元格的行高指定为 15.75 磅，列宽为 8.38 字符，如果认为这个数值不适合，可以根据实际需要对其进行调整。

注意：在 Excel 中，行高与列宽分别使用了不同的单位。其中，行高的单位是磅(point，一种印刷业描述印刷字体大小的专用尺度，1 磅近似等于 0.352 78 mm)，列宽的单位是字符(表示这一列所能容纳的半角字符个数，列宽的最大限制为 255 字符)。

1. 使用命令调整

(1) 选中要调整的一行(列)或多行(列)。

(2) 右击选中的行号或列号，从弹出的快捷菜单中选择"行高"或"列宽"命令，也可以在"开始"选项卡的"单元格"选项组中单击"格式"的下三角按钮，从打开的下拉菜单中选择"行高"或"列宽"命令,打开"行高"对话框或"列宽"对话框,在其中输入一个数值,即可调整行高或列宽,如图 6-20 所示。

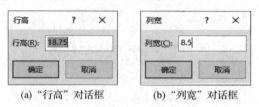

(a) "行高"对话框　　　　　　　(b) "列宽"对话框

图 6-20　使用命令调整行高或列宽

2. 使用鼠标调整

(1) 选中要调整的一行(列)或多行(列)。

(2) 将鼠标指针移到选中行的下边线或选中列的右边线,当鼠标指针呈双向调整箭头形状时,按下鼠标左键拖动(这时会显示一条虚线指示要调整到的边线的位置,并且指针的右上角也会显示一个数值)到适合位置后释放鼠标即可。使用鼠标调整列宽的示例如图 6-21 所示。

学号	姓名	班级	语文	数学	英语	生物	地理	历
120305	包宏伟	3班	91.50	89.00	94.00	92.00	91.00	86.
120203	陈万地	2班	93.00	99.00	92.00	86.00	86.00	73.
120104	杜学江	1班	102.00	116.00	113.00	78.00	88.00	86.
120301	符合	3班	99.00	98.00	101.00	95.00	91.00	95.
120306	吉祥	3班	101.00	94.00	99.00	90.00	87.00	95.
120206	李北大	2班	100.50	103.00	104.00	88.00	89.00	78.

图 6-21　用鼠标调整列宽

3. 自动调整

(1) 选定要调整的一行(列)或多行(列)。

(2) 将鼠标指针移到选中行的下边线或选中列的右边线,当鼠标指针呈双向调整箭头形状时双击,系统会自动根据行或列内的信息来调整行高或列宽。

6.4.9　设置单元格格式

作为一个专业的表格处理软件,Excel 2016 为表格或单元格提供了丰富的格式类型,它除了可以像 Word 一样简单、快速地设置单元格框架及单元格数据的外观格式外,还可以对单元格的数据格式(如数据类型、小数位数、负数的形式、千位符样式等)进行设置。

单元格的格式可以通过工具按钮来设置,也可以通过对话框来设置。

1. 通过工具按钮来设置

(1) 选中要设置格式的单元格。

(2) 分别在"开始"选项卡的"字体"选项组、"对齐方式"选项组和"数字"选项组中单击相应的按钮进行设置,如图 6-22 所示。

图 6-22　使用工具按钮设置单元格格式

2. 通过对话框来设置

(1) 选中要设置格式的单元格。

(2) 单击"开始"选项卡的"单元格"选项组中"格式"的下三角按钮，在打开的下拉菜单中选择"设置单元格格式"命令，或右击选中的单元格，从弹出的快捷菜单中选择"设置单元格格式"命令，打开"设置单元格格式"对话框。

① 在"数字"选项卡(见图 6-23)中，"分类"列表用于设置单元格中要保存的数据类型，"示例"区域用于设置数据类型的具体格式。

图 6-23　"数字"选项卡

② 在"对齐"选项卡中设置单元格内部数据的对齐方式及文字方向等。

③ 在"字体"选项卡中设置单元格内文字的字体、字形、字号、颜色等。

④ 在"边框"选项卡中设置选中单元格区域的外边框及内部线条。

⑤ 在"填充"选项卡中设置选中单元格的底纹。

⑥ 在"保护"选项卡中设置选中单元格的锁定或隐藏。

6.4.10　应用条件格式

在使用 Excel 2016 处理数据时，经常需要通过表格直观地查看和分析数据。例如，哪些学生考试分数低于 60 分，在过去 5 年的利润汇总中有哪些异常情况，过去两年的营销调查反映出哪些倾向，这个月谁的销售额超过 50 000 元，雇员的总体年龄分布情况如何，哪些产品的价格增长幅度大于 10%，利用 Excel 2016 提供的条件格式可以轻松、快捷地对这些情况进行统计。

所谓条件格式，就是根据用户设定的条件来突出显示所关注的单元格或单元格区域，强调异常值，使用数据条、颜色刻度和图标集来直观地显示数据。条件格式基于条件更改单元格区域的外观。如果条件为真(True)，则使用该条件设置单元格区域的格式；如果条件为假(False)，则不使用该格式。在设置了条件格式之后，如果单元格的值发生变化，不满足设定的条件，那么系统会恢复这些单元格以前的格式。

相对于早期版本而言，Excel 2016 不仅加强了传统的"突出显示单元格规则"功能，还提供了更加丰富的其他条件格式，如"项目选取规则""数据条""色阶""图标集"等，甚至 Excel 2016 还允许用户自己定义其他规则，如图 6-24 所示。

图 6-24　Excel 2016 的条件格式

1. 设置条件格式

【例 6-1】　将考试成绩表中成绩为优秀(大于或等于 90 分)的单元格显示为红色、加粗，对成绩为中等(大于 70 分但小于 80 分)的单元格添加黄色底纹。

具体操作步骤如下：

(1) 选中成绩表中保存分数的单元格区域。

(2) 在"开始"选项卡的"样式"选项组中单击"条件格式"按钮，在打开的下拉菜单中选择"突出显示单元格规则"→"其他规则"命令，打开"新建格式规则"对话框。在"编辑规则说明"选项组中分别选择"单元格值""大于或等于"，并在文本框中输入"90"，如图 6-25 所示。

(3) 单击"格式"按钮，打开"设置单元格格式"对话框。在"字形"列表中选择"加粗"，在"颜色"下拉列表框中选择"红

图 6-25　设置编辑规则说明

色"(见图 6-26)，单击"确定"按钮，完成第一个条件的格式设置。

图 6-26　设置第一个条件的格式

(4) 不取消当前选中的区域，再次单击"条件格式"按钮，在打开的下拉菜单中选择"突出显示单元格规则"→"介于"命令，打开"介于"对话框。在对话框的两个文本框中分别输入"70"和"80"，在"设置为"下拉列表框中选择"自定义格式"，在打开的"设置单元格格式"对话框中单击"填充"选项卡，在"背景色"区域中选择"黄色"，单击"确定"按钮，返回到"介于"对话框，单击"确定"按钮完成第二个条件的格式设置，如图6-27 所示。

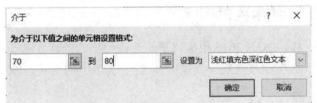

图 6-27　设置第二个条件的格式

(5) 格式设置完成后的效果如图 6-28 所示。

	A	B	C	D	E	F	G	H	I	J
1	学号	姓名	班级	语文	数学	英语	生物	地理	历史	政治
2	120305	包宏伟	3班	91.50	89.00	94.00	92.00	91.00	86.00	86.00
3	120203	陈万地	2班	93.00	99.00	92.00	86.00	86.00	73.00	92.00
4	120104	杜学江	1班	102.00	116.00	113.00	78.00	88.00	86.00	73.00
5	120301	符合	3班	99.00	98.00	101.00	95.00	91.00	95.00	78.00
6	120306	吉祥	3班	101.00	94.00	99.00	90.00	87.00	95.00	93.00
7	120206	李北大	2班	100.50	103.00	104.00	88.00	89.00	78.00	90.00
8	120302	李娜娜	3班	78.00	95.00	94.00	82.00	90.00	93.00	84.00

图 6-28　应用条件格式后的效果

注意：也可先对空单元格设置条件格式再输入数字。

例如：在数据表中用色阶显示数据变化趋势。

【例 6-2】 在数据表中用色阶显示数据变化趋势。

具体操作步骤如下：

(1) 选中温度表中保存数值的单元格区域，如图 6-29 所示。

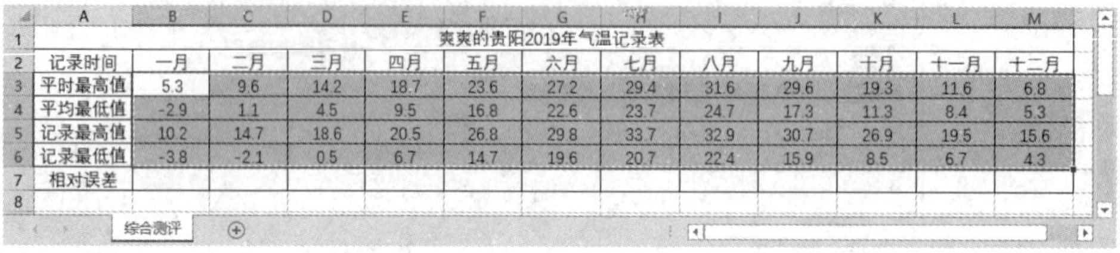

	A	B	C	D	E	F	G	H	I	J	K	L	M
1	爽爽的贵阳2019年气温记录表												
2	记录时间	一月	二月	三月	四月	五月	六月	七月	八月	九月	十月	十一月	十二月
3	平时最高值	5.3	9.6	14.2	18.7	23.6	27.2	29.4	31.6	29.6	19.3	11.6	6.8
4	平均最低值	-2.9	1.1	4.5	9.5	16.8	22.6	23.7	24.7	17.3	11.3	8.4	5.3
5	记录最高值	10.2	14.7	18.6	20.5	26.8	29.8	33.7	32.9	30.7	26.9	19.5	15.6
6	记录最低值	-3.8	-2.1	0.5	6.7	14.7	19.6	20.7	22.4	15.9	8.5	6.7	4.3
7	相对误差												
8													

图 6-29　选中保存数值的单元格区域

(2) 在“开始”选项卡的“样式”选项组中单击“条件格式”按钮，在打开的下拉菜单中选择“色阶”下的“红-白-蓝色阶”，设置完成后如图 6-30 所示。

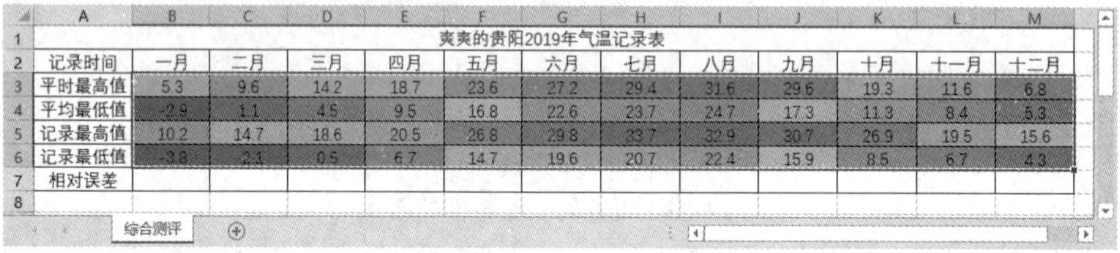

	A	B	C	D	E	F	G	H	I	J	K	L	M
1	爽爽的贵阳2019年气温记录表												
2	记录时间	一月	二月	三月	四月	五月	六月	七月	八月	九月	十月	十一月	十二月
3	平时最高值	5.3	9.6	14.2	18.7	23.6	27.2	29.4	31.6	29.6	19.3	11.6	6.8
4	平均最低值	-2.9	1.1	4.5	9.5	16.8	22.6	23.7	24.7	17.3	11.3	8.4	5.3
5	记录最高值	10.2	14.7	18.6	20.5	26.8	29.8	33.7	32.9	30.7	26.9	19.5	15.6
6	记录最低值	-3.8	-2.1	0.5	6.7	14.7	19.6	20.7	22.4	15.9	8.5	6.7	4.3
7	相对误差												
8													

图 6-30　设置色阶后的效果

2. 更改和删除条件格式

(1) 要更改一个或多个条件格式，可在原区域重新设置条件格式。

(2) 要删除一个或多个条件格式，可以在“开始”选项卡的“样式”选项组中单击“条件格式”按钮，在打开的下拉菜单中选择“清除规则”命令下的相应子命令。

6.4.11　格式的复制与套用

和 Word 2016 一样，Excel 2016 也提供了快速应用格式的格式刷及自动套用格式功能，其操作也基本相同，这里不再重复，具体可参考 5.5.2 节中的相关内容。

6.4.12　文档保护

任何人都可以自由访问并修改未经保护的工作簿和工作表，因此，保护重要的工作簿或工作表是非常必要的。

Excel 2016 提供了更丰富、更强大的文档安全措施，可以有效地对工作簿中的结构和数据进行保护。如设置密码，不允许无关人员访问；也可以保护某些工作表或工作表中某些单元格的数据，防止别人非法修改；还可以把工作簿、工作表、工作表中某行(列)以及单元格中的重要公式隐藏起来，不让别人看到这些数据及其计算公式等。

1. 保护工作簿、工作表和单元格

(1) 保护工作簿。工作簿的保护方法包括两个方面：一是设置打开、修改权限密码，防止他人非法访问；二是允许他人打开、浏览内容，但禁止对工作簿中的工作表或对工作

簿窗口进行操作。下面主要学习第二个方面的内容。

对工作簿中的工作表和窗口的保护就是不允许对工作簿中的工作表进行移动、删除、插入、隐藏、取消隐藏、重新命名，以及禁止对工作簿窗口进行移动、缩放、隐藏、取消隐藏或关闭等操作，其操作方法如下：

① 在"审阅"选项卡的"更改"选项组中单击"保护工作簿"按钮，打开"保护结构和窗口"对话框，如图 6-31 所示。

② 如果选中"结构"复选框，将保护工作簿的结构，不能对工作簿中的工作表进行移动、删除、插入等操作。

③ 如果选中"窗口"复选框，则每次打开工作簿时保持工作表窗口的固定位置和大小，不能对其进行移动、缩放、隐藏、取消隐藏或关闭等操作。

④ 在"密码(可选)"文本框中输入密码，可以防止他人取消工作簿保护。

⑤ 若要取消保护，可重新执行以上操作并按提示输入密码。

(2) 保护工作表。除了保护整个工作簿，还可以保护工作簿中指定的工作表，其操作方法如下：

① 选中要保护的工作表。

② 在"审阅"选项卡的"更改"选项组中单击"保护工作表"按钮，或者右击要保护的工作表标签，从弹出的快捷菜单中选择"保护工作表"命令，打开"保护工作表"对话框，如图 6-32 所示。

图 6-31　"保护结构和窗口"对话框　　图 6-32　"保护工作表"对话框

③ 在"取消工作表保护时使用的密码"文本框中输入一个取消保护的密码。

④ 在"允许此工作表的所有用户进行"下拉列表框中设置保护工作表后还允许用户操作的项目(默认选中"选定锁定单元格"复选框和"选定未锁定的单元格"复选框，如果还有其他项目，选中项目前方的复选框即可)。

⑤ 单击"确定"按钮。

⑥ 若要取消保护，重复以上操作并根据提示输入密码，即在密码栏中输入一个取消保护的密码。

(3) 保护单元格。一般来说，在 Excel 2016 中，如果设置了保护工作表就意味着锁定了它的全体单元格。然而，有时并不需要保护所有的单元格，如只需要保护重要的公式所在的单元格，其他单元格允许修改，其操作方法如下：

① 使工作表处于非保护状态，即取消工作表保护。

② 选中需要保护的单元格区域并右击，从弹出的快捷菜单中选择"设置单元格格式"命令，打开"设置单元格格式"对话框，单击"保护"选项卡，取消选中"锁定"复选框，如图 6-33 所示。

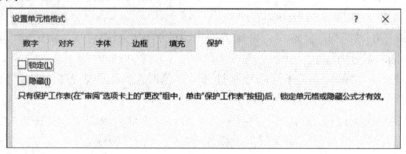

图 6-33　取消锁定单元格

③ 在"设置单元格格式"对话框中重新选中"锁定"复选框后，本操作中取消锁定的单元格就是可以进行修改的单元格，其余单元格为受保护单元格。

2. 隐藏工作表和单元格

对工作表和单元格除了可以进行密码保护外，也可以赋予"隐藏"特性，使之可以使用，但其内容不可见，从而得到一定程度的保护。

(1) 隐藏工作表。

① 在窗口的工作表标签区中右击需要隐藏的工作表标签，从弹出的快捷菜单中选择"隐藏"命令。

② 若要取消工作表的隐藏，可再次执行以上操作并选择"取消隐藏"命令，在打开的"取消隐藏"对话框中选择需要取消隐藏的工作表并单击"确定"按钮，如图 6-34 所示。

注意：隐藏某工作表后，窗口中不再出现该工作表，但仍可以引用该工作表中的数据。

图 6-34　取消隐藏工作表

(2) 隐藏行或列。

① 选中需要隐藏的行或列，在标号上右击，从弹出的快捷菜单中选择"隐藏"命令，被隐藏的行(列)将不显示，但仍可以引用其中单元格的数据。

② 选中全部工作表，在任意一个行号或列号上右击，从弹出的快捷菜单中选择"取消隐藏"命令，或者在任意一个行号(列号)的下边线(右边线)上双击，可以取消隐藏。

(3) 隐藏单元格的内容。隐藏单元格的内容是指单元格的真正内容不在单元格或编辑栏中显示。例如对存有重要公式的单元格进行隐藏后，用户只能在单元格中看到公式的计算结果，在编辑栏中看不到公式本身。

① 选中要隐藏的单元格区域。

② 右击该区域，从弹出的快捷菜单中选择"设置单元格格式"命令，打开"设置单元格格式"对话框，单击"保护"选项卡。

③ 取消选中"锁定"复选框，选中"隐藏"复选框，单击"确定"按钮。

④ 执行前面的保护工作表操作，使隐藏功能生效。

若要取消单元格隐藏，可先解除工作表的保护，然后再选择要取消隐藏的单元格区域，在"设置单元格格式"对话框中取消选中"隐藏"复选框。

6.4.13　冻结工作表窗口

当工作表中的数据很多，使用垂直滚动条或水平滚动条查看时，可能出现行号内容或列号内容无法显示的情况。冻结窗口功能可将工作表的上窗格和左窗格冻结在屏幕上，在滚动工作表时，行号内容值和列号内容值会一直在屏幕上显示。

1. 冻结行或列

(1) 选中要冻结行的下一行或要冻结列的下一列。例如要冻结第 2 行，应在行号"3"上单击，选中第 3 行。

(2) 在"视图"选项卡的"窗口"选项组中单击"冻结窗格"按钮，在弹出的下拉菜单中选择"冻结拆分窗格"命令，这时在工作表窗口中出现一条冻结线，将工作表窗口冻结在第 2 行，如图 6-35 所示。

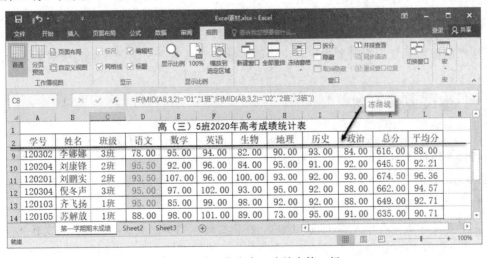

图 6-35　将工作表窗口冻结在第 2 行

2. 同时冻结行和列

(1) 选中非冻结区域左上的第一个单元格。例如要从第 2 行、第 1 列开始冻结，应选中 B3 单元格。

(2) 在"视图"选项卡的"窗口"选项组中单击"冻结窗格"按钮，在弹出的下拉菜单中选择"冻结拆分窗格"命令，如图 6-36 所示，这时在工作表窗口中出现两条冻结线，同时冻结行和列。

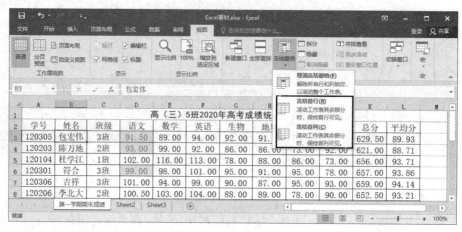

图 6-36　同时冻结行和列

3. 取消冻结

如果要取消冻结，可在"视图"选项卡的"窗口"选项组中单击"冻结窗格"按钮，在弹出的下拉菜单中选择"取消冻结窗格"命令。

6.5　在表格中输入数据

Excel 2016 的单元格支持非常多的数据类型，如文本型、数值型、日期时间型、货币型、会计专用型等，甚至还可以自定义数据类型。每一种数据类型都有它自己的格式、用途、存储要求、计算方法和显示格式。因此，为规范数据的操作，在输入各种类型的信息时，应严格按照系统规定的要求进行，否则可能会导致输入出错或不能完成对输入数据的操作。

6.5.1　输入数据设置

在 Excel 2016 中，数据除了可以直接在单元格中输入，还可以在编辑栏中输入。先选中准备输入数据的单元格，然后按系统规定的格式输入，完成后可按键盘上的上、下、左、右光标键及 Tab 键、Enter 键确认输入，并将活动单元格移动到其四周的一个单元格上。

1. 利用"编辑选项"组进行设置

为了方便和规范在单元格中输入数据，在正式输入数据之前，可以执行"文件"→"选项"命令，打开"Excel 选项"对话框，在"高级"选项卡的"编辑选项"组中对 Excel 2016 的编辑选项进行设置，如图 6-37 所示。

"编辑选项"组中的项目很多，其中与数据输入联系较密切的主要有以下几项：

(1) 按下 Enter 键后移动所选内容。该复选框用来设置在单元格编辑完成并按下 Enter 键后活动单元格的移动方向。默认值是"向下"，也可以根据需要设置其他方向。

图 6-37　设置 Excel 2016 的编辑选项

(2) 自动插入小数点。选中该复选框，系统自动将所输入数字的后几位转换成小数。例如，当"位数"设为 3 时，在单元格中输入"2834"后，其值实际显示为"2.834"；当"位数"设为–3 时，在单元格中输入"283"后，其值实际显示为"283000"。若要暂时取消"自动插入小数点"功能，可在输入数字时输入小数点。

(3) 启用填充柄和单元格拖放功能。若选中该复选框，则允许使用填充柄功能，并可以通过拖动单元格的边框来实现单元格的移动或复制。

(4) 允许直接在单元格内编辑。若选中该复选框，则可以直接在单元格区域内输入或修改数据，否则只能在编辑栏中进行。

(5) 为单元格值启用记忆式键入。若选中该复选框，则可在同一数据列中自动填写已经录入过的字符，即在单元格中输入的起始字符与该列已有的录入项相符时，系统将自动填写其余的字符。如果接受建议的录入项，可按 Enter 键；如果不想采用自动提供的字符，可继续输入；如果要删除自动提供的字符，可按 Backspace 键。

2. 输入数据的技巧

(1) 同时在多个单元格中输入相同的数据。

① 选中需要输入数据的多个连续或不连续的单元格(注意：选中后可直接输入数据，不要在选中的区域内单击任何一个单元格)。

② 输入相应数据后按 Ctrl+Enter 组合键。

(2) 同时在多张工作表中输入或编辑相同的数据。

① 同时选中需要输入数据的多张工作表，让它们组成工作组。

② 在组内任意一张表中进行输入或编辑，可将当前表中的操作应用到同组的所有表的相应单元格中。

③ 若要取消工作组，可单击工作组外任意一个工作表标签。

(3) 将数据填充到其他工作表中。如果已在某个工作表中输入数据，而其他一个或多个工作表也需要同样的数据,则可快速将该数据填充到其他同组工作表的相应单元格中。

　　① 同时选中已包含数据和需要填充数据的多张工作表,让它们组成工作组。

　　② 在源数据表中选中数据区域。

　　③ 在"开始"选项卡的"编辑"选项组中单击"填充"按钮,在打开的下拉菜单中选择"成组工作表"命令,在打开的"填充成组工作表"对话框中进行设置。

6.5.2　输入文本

　　文本也称字符或字符串,是表格中最常用的数据类型之一。文本通常由汉字、字母、符号组成,特殊情况下也可以包含数字。在默认情况下,文本不能参与数学运算,否则系统会显示"#VALUE!"的错误提示信息。

　　文本的输入非常简单,先将光标定位到要输入文本的单元格内,然后输入字符串,如果需要在单元格内换行输入,可按 Alt+Enter 组合键,输入完成后按 Enter 键,转到下一个单元格中继续输入。当输入的字符串超出单元格的宽度时,如果右侧单元格内容为空,则字符串超宽部分将一直延伸到右侧单元格中;如果右侧单元格有内容,则字符串超宽部分将被隐藏,但在编辑栏中会显示。

　　在表格编辑过程中,有时需要使用一些由数字组成的文本字符(如身份证号、电话号码、产品编号等),为了与其他数值区别,可先输入单引号,然后再输入数字型文本,也可先将单元格属性设置为"文本"型,再输入数字。数字型文本在单元格中靠左对齐,并且在单元格左上角还有一个"文本标记"。数字型文本不参与计算,并且超过 12 位时也不会被转换成科学记数法形式,如图 6-38 所示。

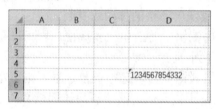

图 6-38　在单元格中输入数字型文本

6.5.3　输入数值

　　在 Excel 2016 中,数值是一个有大小、有正负值的数,可以参与算术运算,也可以比较大小。在单元格中可以输入或使用以下类型的数值:整数(如 1000、56、+78、–97 等),小数(如 1.23),分数(如 1/2),百分数(如 10%),科学记数(如 1.5E4,值为 15000),带货币符号的数值(如￥100、$1000)。

　　要输入数值,可先将光标定位到要输入数值的单元格中,然后再输入相应的数字,输入完成后按下 Enter 键,转到下一个单元格,继续输入。输入的数字在单元格中默认靠右对齐。当输入的数字超出单元格的宽度时,将以连续的"#"表示,或被转换成科学记数法的形式,但在编辑栏中会正确显示,这时可通过调整单元格的列宽来解决。

　　在输入数值时应注意以下几点:

　　(1) 如果要输入分数(如 3/8),应先输入"0"和一个空格,然后输入"3/8",否则 Excel会把该数据作为日期处理,显示"3 月 8 日"。

(2) 负数有两种输入法，分别用"-"或"( )"来表示。例如负 10 可以用"-10"或"(10)"来表示。

(3) 如果在"设置单元格式"对话框的"数字"选项卡中设置了单元格的小数位数，那么输入的小数将以"四舍五入"的方式去掉多余的位数。

(4) 如果某单元格中已经按系统格式输入过日期或设置为日期格式，那么输入的数字将自动转换为距 1900 年 1 月 1 日相应天数的日期或时间，例如：输入"12345"则显示为"一九三三年十月十八日"，输入"12345.6"则显示"1933-10-18　14:24:00"等。若要使该单元格显示数值，则必须将该单元格的格式设置为数值格式。

(5) 对于输入的数字，还可使用"数字"选项组中相应的按钮设置其格式。例如，对于在某单元格中输入的数值"12345"，单击"会计数字格式"的下三角按钮，在弹出的下拉列表中选择"￥中文(中国)"命令，则显示为"￥12,345.00"；若单击"百分比样式"按钮 %，则显示为"1234500%"；若单击"千位分隔样式"按钮 ，则显示为"12,345.00"。

6.5.4　输入日期时间

Excel 2016 提供了非常丰富的日期和时间格式。用户要使用日期和时间，必须按系统提供的格式进行输入，才能对其进行排序、计算等操作，否则系统会把输入的日期和时间当成文本来处理。

在输入日期时间时应注意以下几点：

(1) 如果在单元格中首次输入的是日期，那么该单元格的格式就转化为日期格式，以后输入的数值都将被换算成日期。例如，在单元格中首次输入"99-10-1"，按 Enter 键，单元格中显示为"1999/10/1"。如果再次在该单元格中输入"32"，按 Enter 键，那么单元格中显示的不是"32"，而是"1900/2/1"(1900 年 2 月 1 日)。

(2) 在单元格中可以用各种格式显示日期或时间。例如，要将当前单元格中输入的"2012 年 3 月 14 日"改成"二〇一二年三月十四日"的形式，可在"设置单元格格式"对话框的"类型"下拉列表框中选择相应的格式，如图 6-39 所示。

图 6-39　选择日期类型

(3) 在 Excel 2016 中，单元格中的日期和时间都是以数值(其值等于距 1900 年 1 月 1 日的天数)来存储的，并且可以利用"设置单元格格式"对话框中的"数值"项和"日期"项进行转换。

(4) 日期可以参与计算。例如对于某列中已经按系统格式输入的员工的出生日期，可以通过公式计算出年龄。

6.5.5　设置数据验证

在 Excel 2016 中，有时为了简化数据的输入或保证数据输入的正确性，可以为若干单元格设置数据验证，例如设置单元格中输入文本、数字、日期的取值范围和文本字符的长度，甚至还可以将单元格设置成下拉列表框的形式，用户只需单击即可快速、有效地输入信息。

1. 添加数据验证

(1) 选中要限制其数据验证范围的单元格。

(2) 在"数据"选项卡的"数据工具"选项组中单击"数据验证"按钮，打开"数据验证"对话框，如图 6-40 所示。

(3) 在"设置"选项卡的"允许"下拉列表框中选择一种所需的有效性类型。

① 整数、小数。"整数"或"小数"用来指定单元格能输入的整数或小数的范围。例如数学成绩必须是在 0～100 分之间，如图 6-41 所示。

图 6-40　"数据验证"对话框　　　　　　　图 6-41　设置整数范围为 0～100

② 序列。"序列"用来指定单元格只能从用户设定的下拉列表框项中选择或输入一个。例如班级只能为一班、二班或三班，如图 6-42 所示。选中"提供下拉箭头"复选框后，单元格将提供下拉列表框来代替键盘输入信息(见图 6-43)，否则，只能用键盘输入其中的一个值。

③ 文本长度。"文本长度"用来指定单元格能输入的字符的个数(一个汉字、字母、数字、标点符号均算一个字符)。例如姓名必须在 2～8 个字符之间，如图 6-44 所示。

图 6-42 设定单元格能输入的字符范围

图 6-43 设置有效性序列后的单元格

图 6-44 设定姓名的文本长度

(4) 指定单元格是否为空白单元格。如果希望空白单元格(空值)有效，可选中"忽略空值"复选框；如果要避免输入空值，可取消选中"忽略空值"复选框。

(5) 若要在单击单元格后显示一个输入信息，可单击"输入信息"选项卡，选中"选定单元格时显示输入信息"复选框，如图 6-45(a)所示；然后在"标题"文本框中输入该信息的标题，在"输入信息"文本框中输入正文，如图 6-45(b)所示。

图 6-45　单元格输入提示信息的设置示例

(6) 若要指定在单元格中输入无效数据时系统的响应方式，可以单击"出错警告"选项卡，选中"输入无效数据时显示出错警告"复选框，如图 6-46(a)所示；根据需要设置"样式""标题"和"错误信息"项，如图 6-46(b)所示。

图 6-46　在单元格中输入错误信息警告的设置示例

注意：在第(5)、(6)步中，如果不输入标题或正文，则标题就默认为"Excel"，信息就默认为"输入值非法"，表明用户已经对输入该单元格的数值做了限制。

2. 删除数据验证

在"数据"选项卡的"数据工具"选项组中单击"数据验证"按钮，打开"数据验证"对话框，在该对话框中单击"全部清除"按钮。

6.5.6　填充数据

在 Excel 2016 中，数据可以单个输入，也可以使用填充柄快速在相邻的多个单元格中输入相同的数据或按某种规律变化的数据，以提高数据的输入效率。

1. 填充相同的数据

(1) 在第一个单元格中输入一个文本型数据。

(2) 将鼠标指针移到该单元格的填充柄上，当鼠标指针变成"十"字形状时，拖动鼠标到要结束的位置。

(3) 如果选择的是一行或一列，那么向下或向右拖动填充柄可同时得到多行或多列的相同数据。

注意： 执行填充操作后，处于拖动范围内的单元格中原有的数据被覆盖。

2. 填充一个自定义序列

序列是日常生活中经常用到的一组具有某种变化规律的数据列，如表示月份的一月、二月、…、十二月，表示星期的星期一、星期二、…、星期日。

在 Excel 2016 中，既可以输入系统预先定义好的各种序列，也可以根据需要自定义序列，具体操作方法如下：在"开始"选项卡的"编辑"选项组中单击"排序和筛选"按钮；在打开的下拉菜单中选择"自定义排序"命令，打开"排序"对话框；在"次序"下拉列表中选择"自定义序列"，打开"自定义序列"对话框；在"输入序列"栏中依次换行输入序列的每一个元素，最后单击"添加"按钮，如图 6-47 所示。

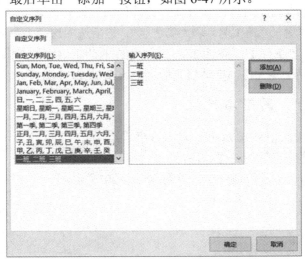

图 6-47　自定义序列

填充时，先在某个单元格中输入序列中的任意一个元素，然后再拖动填充柄到其他单元格，系统会自动循环将序列的项依次填充到相应的单元格中。

3. 填充一个数列

(1) 在第一个单元格中输入起始值，选中要填充的单元格区域，如图 6-48(a)所示。

(2) 在"开始"选项卡的"编辑"选项组中单击"填充"按钮，在打开的下拉菜单中选择"序列"命令，打开"序列"对话框，在"类型"栏中选择一种填充规律(如"等差序列"），在"步长值"文本框中输入公差"1"[见图 6-48(b)]，单击"确定"按钮，填充结果如图 6-48(c)所示。

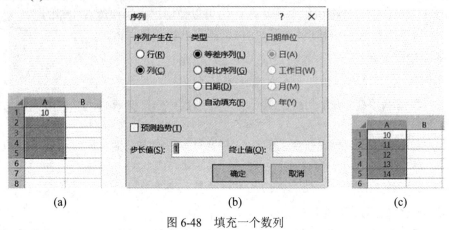

图 6-48　填充一个数列

4. 智能填充

(1) 填充数字序列。例如要快速输入 1，2，3，4，5，……可先在前两个单元格中输入 1 和 2，然后选中这两个单元格，拖动填充柄进行填充；如果要输入 2，4，6，8，……可先输入 2 和 4，然后选中这两个单元格，拖动填充柄进行填充；如果要为新生编学号，可先输入前两个学生的学号"201303001""201303002"，然后选中这两个单元格，拖动填充柄进行填充。

(2) 填充包含数字[如 1、(1)等]的文本序列。例如要填充"第 1 名""第 2 名"……可先在前两个单元格中输入"第 1 名"和"第 2 名"，然后选中这两个单元格，拖动填充柄进行填充；如果要填充"条件 1""条件 2"……可先在前两个单元格中输入"条件 1"和"条件 2"，然后选中这两个单元格，拖动填充柄进行填充。

6.5.7　插入符号、图形与批注

在 Excel 2016 的单元格中除了可以输入数字、文字，还可以插入各种键盘上没有的符号、图形、声音、视频及批注等对象，并且可以使用前面学习过的 Word 2016 的各种编辑技巧对其进行编辑和修饰。

1. 插入符号

(1) 双击要插入符号的单元格。

(2) 在"插入"选项卡的"符号"选项组中单击"符号"按钮，打开"符号"对话框，如图 6-49 所示。

(3) 根据需要在"子集"下拉列表框中选择一个符号类别，然后在列表框中双击要插入的符号。

图 6-49　"符号"对话框

2. 插入图形

插入和编辑图形的方法和 Word 2016 相似，但图形只能浮动在表格的上方，不能嵌入单元格内部。

3. 插入批注

在 Excel 2016 中可以为单元格添加一些注释和说明，即批注。但和 Word 2016 中的独立批注不同，在 Excel 2016 单元格中添加的批注是单元格的一部分，在平时状态下批注的内容不显示，只有当鼠标指针停留在带批注的单元格上时，才可以看到批注的内容。当然，也可以在"审阅"选项卡的"批注"选项组中单击"显示所有批注"按钮，同时查看所有批注。

(1) 建立批注。先单击要添加批注的单元格，然后在"审阅"选项卡的"批注"选项组中单击"新建批注"按钮，即可在弹出的批注框中输入内容。

(2) 修改批注。先单击已添加批注的单元格，然后在"审阅"选项卡的"批注"选项组中单击"编辑批注"按钮或"显示所有批注"按钮，然后根据需要进行以下操作：

① 如果要修改批注外框的大小，可以拖动批注框边或控制点。

② 如果要移动批注，只需拖动批注框的边框。

③ 如果要对批注设置更多的属性，可在批注框的边框上右击，从弹出的快捷菜单中选择"设置批注格式"命令，在打开的"设置批注格式"对话框(见图 6-50)中进行设置。

(3) 复制批注。先右击带有批注的单元格，从弹出的快捷菜单中选择"复制"命令，然后在要粘贴批注的单元格中右击，从弹出的快捷菜单中选择"选择性粘贴"→"选择性粘贴"命令，在打开的"选择性粘贴"对话框中选中"批注"单选按钮，单击"确定"按钮。

(4) 删除批注。右击带有批注的单元格，从弹出的快捷菜单中选择"删除批注"命令。

(5) 打印批注。要打印批注，就必须打印包含该批注的工作表。打印位置可以与原位置相同，也可以出现在工作表末尾的列表中。先单击相应的工作表标签，然后再执行"文件"→"打印"命令，在打开的"打印"窗口中单击"页面设置"链接，在打开的"页面设置"对话框中单击"工作表"选项卡。如果要在工作表的底部打印批注，可以在"批注"下拉列表框(见图 6-51)中选择"工作表末尾"选项；如果要在工作表中出现批注的原地点打印批注，可以在"批注"下拉列表框中选择"如同工作表中的显示"选项。

图 6-50　"设置批注格式"对话框

图 6-51　"批注"下拉列表框

6.5.8　移动、复制数据

在 Excel 2016 中移动、复制数据的操作方法与在 Word 2016 中移动、复制文本的方法基本相同，既可以使用快捷菜单，也可以直接拖动单元格的边框或先按下 **Ctrl** 键再拖动单元格的边框来完成。但由于 Excel 2016 单元格中包含的信息较多，除了直接显示出来的信息，还包含单元格数据类型、单元格格式、条件格式、批注等，在默认情况下，对单元格进行移动或复制操作就是对单元格的全部信息进行移动或复制操作，但有时复制也会出错。如要复制的单元格中包含计算公式(它显示出来的是一个数字)，但复制后的结果可能会变成其他数字，这时就不能直接使用"粘贴"命令，而应使用"选择性粘贴"命令，具体操作如下：

(1) 选中要复制的源单元格或区域。

(2) 按 Ctrl+C 组合键将内容放入剪贴板。

(3) 右击要粘贴的单元格或区域的开始单元格，从弹出的快捷菜单中单击 "选择性粘贴"命令，打开"选择性粘贴"对话框，根据需要在"粘贴"栏中选择一种粘贴方式。

6.5.9　清除单元格

通过前面的学习已经知道，Excel 2016 的单元格可以包含多种类型的信息，有可见的，也有不可见的，因此要清除单元格，不能像在 Word 2016 的表格中按 Delete 键一样删除单元格数据，而应按下列步骤来操作：

(1) 选中要清除信息的单元格。

(2) 单击"开始"选项卡的"编辑"选项组中的"清除"按钮，在打开的下拉列表中选择一种方式，如图 6-52 所示。

图 6-52　"清除"下拉列表

注意：如果选中单元格后按下 Delete 键，仅是删除了其内容，其他格式仍然存在。

6.6　公式与函数的使用

Word 2016 尽管有对表格数据进行计算的功能，但在实际操作时非常麻烦，功能也非常有限。例如，构建一个公式只能完成一次计算，如果要求 1000 名学生的平均成绩就得重复构建 1000 个公式，另外，如果某名学生或某个成绩发生了变化，还得重新编辑公式。而在 Excel 2016 中，不仅可以通过系统提供的运算符和函数来完成各种复杂的计算，而且可以通过公式的复制及智能填充来快速、自动地完成规则相同的运算，并且当参与计算的单元格数据发生变化后，系统会自动重新计算并更新结果，给数据操作带来极大的方便。

6.6.1　构建公式

在 Excel 2016 中，公式是指以等号"="开头，并用各种运算符将常量、变量、函数连接起来，能完成特定计算功能的一个表达式。

1. 运算符

运算符是为了对公式中的元素进行某种运算而规定的符号，在 Excel 2016 中，常用的运算符有以下四类：

(1) 算术运算符。算术运算符是指能完成基本数学运算的符号，包括加号(+)、减号(−)、乘号(*)、除号(/)、百分比(%)和乘幂(^)。

(2) 比较运算符。比较运算符是指能比较两个数值并产生布尔型逻辑值(True 或 False)的符号，包括等于(=)、大于(>)、小于(<)、大于等于(>=)、小于等于(<=)、不等于(<>)等。

(3) 文本运算符。文本运算符用 "&" 表示，它的功能是将多个文本连接成一个文本。

(4) 引用运算符。引用运算符主要包括逗号运算符 "，" 和冒号运算符 "："，它可以产生一个包括多个区域的引用，可以将单元格区域合并计算。

注意：在 Excel 2016 中，各运算符都具有优先级，其规则与数学中的相关规定相同，并且可以用括号 "( )" 来改变其优先级。运算符的优先级如表 6-1 所示。

表 6-1　运算符的优先级

运算符	说　明	优先级
( )	括号	1
−	负号	2
%	百分号	3
^	乘方	4
*和/	乘、除	5
+和−	加、减	6
&	文本连接	7
=, <, >, >=, <=, <>	比较运算	8

2. 常量

常量是指在计算过程中，值不会发生变化的量。在 Excel 2016 中，常量主要有两种类型：一种是数值型常量，即某个具体的数值，如 56、78 等；另一种是字符型常量，即某个特定的字符或字符串，如 "end" "大学" "56" 等。在公式中，字符或字符串常量要用英文半角的引号("")括起来。

3. 变量

变量是指在计算过程中，值会发生变化的量。在 Excel 2016 中，变量主要是指单元格地址或地址区域，如 B5、A2:B5 等。在计算过程中，系统会自动将单元格地址转变成保存在单元格中的数据。

4. 函数

函数如 SUM、MAX、AVERAGE 等，具体内容将在下面介绍。

下面是几个典型的公式示例：

(1) "=36+B3/C3" 返回 B3 单元格中保存的数值除以 C3 单元格中的数值再加上 36 的值。

(2) "=A3&的总分是：" 返回 A3 中保存的字符串与 "的总分是：" 连接在一起的新字

符串。

(3) "=SQRT(SUM(B2:G2))*10+5" 返回 B2:G2 单元格区域的和开平方后乘以 10 再加 5 的值。

6.6.2 使用函数

1. 函数的定义

函数是系统中预先定义好的具有某种特定运算规则的式子。一般情况下，函数会对合法输入的参数按预先定义的法则进行运算，并返回一个或多个值。函数可以单独使用，如 "=SUM(D1:D6)"，也可以出现在公式中，如 "=A1*3+SUM(D1:D4)"。在数据的计算过程中合理地使用函数可以极大地简化公式的输入，提高计算的速度。例如，在成绩表中计算学生的平均分可使用数值直接计算，如 "=(67+89+68+95+45+89+77+70+86+81)/10"，这种方法虽然原理简单，但不科学，因为其只适用于某个特定的学生，公式不具备通用性，并且当该学生的某门功课成绩发生变化后，运算结果也不会自动更新。而用单元格地址代替具体的数值，像 "=(C5+D5+E5+F5+G5+H5+I5+J5+K5+L5)/10"，虽然增加了公式的灵活性，公式也可以在本列内复制，但仍然存在输入量较大，容易出错的问题。"=AVERAGE(C5:L5)" 这种方法使用了求平均值函数，输入简单，使用灵活。

2. 函数的组成

Excel 2016 中的函数通常由函数名(一个能反映函数功能的英文单词或单词缩写，如 SUM、MAX、AVERAGE)，括号 "( )"(函数标志，用于包括函数参数)和参数(参与函数运算的常量、变量或表达式，如 100、B5、B2:F5、C6>=50，函数可以包含 0 个、1 个或多个参数，当包含多个参数时，各参数间用逗号分隔)三部分组成，其中函数名和括号是必需的，而参数有时是可选的。

3. 常用的函数

(1) 数学函数(见表 6-2)。

表 6-2　数 学 函 数

函　数	功　能	应用示例	结　果
INT(number)	返回参数向下舍入到最接近的整数	=INT(5.7)	5
		=INT(−5.7)	−6
MOD(number,divisor)	返回两数相除的余数	MOD(14,3)	2
PI( )	π 值	=PI( )	3.141592654
ROUND(number,n)	按指定位数四舍五入	ROUND(76.32,1)	76.3
SQRT(number)	返回 number 的平方根值	SQRT(25)	5
SUM(number1,…,n)	返回若干个数的和	SUM(2,3,4)	9
SUMIF(range,criteria,sum_range)	按指定条件求若干个数的和	SUMIF(C1:C15, "<50",A1:A15)	将 C1:C15 中值<50 的 A1:A15 求和

(2) 统计函数(见表6-3)。

表6-3　统　计　函　数

函　数	功　能	应用示例	结　果
AVERAGE(number1,…)	返回参数中数值的平均值	=AVERAGE(79,84,90)	84.33333333
COUNT(number1,…)	求参数中数值数据的个数	=COUNT(79,84,90)	3
COUNTIF(range,criteria)	返回区域 range 中符合条件 cirteria 的个数	=COUNTIF(A4:A19,"杨*")	在区域 A4:A19 中，统计姓"杨"的有几人
MAX(number1,…)	返回参数中数值的最大值	=MAX(79,84,90)	90
MIN(number1,…)	返回参数中数值的最小值	= MIN(79,84,90)	79

(3) 文本函数(见表6-4)。

表6-4　文　本　函　数

函　数	功　能	应用示例	结　果
LEFT(text,n)	取 text 左边 n 个字符	=LEFT("ABCD",3)	ABC
LEN(text)	求 text 的字符个数	=LEN("ABCD")	4
MID(text,n,p)	从 text 中第 n 个字符开始连续取 p 个字符	=MID("ABCD",2,3)	BCD
RIGHT(text,n)	取 text 右边 n 个字符	=RIGHT("ABCD",3)	BCD

(4) 日期和时间函数(见表6-5)。

表6-5　日期和时间函数

函　数	功　能	应用示例	结　果
DATE(year,month,day)	生成日期	=DATE(99,7,25)	1999-7-25
DAY(date)	取日期的天数	=DAY(date99,7,25)	25
MONTH(date)	取日期的月份	=MONTH(date99,7,25)	7
NOW( )	取系统的日期和时间	=NOW( )	2015/2/11 23:48
TIME(hour,minute,second)	返回指定时间的序列数	=TIME(16,48,10)	4:48 PM
TODAY( )	取系统当前日期	=TODAY( )	2015/2/11
YEAR(date)	取系统当前年份	=YEAR(today( ))	2015
YEARFRAC(start_date,end_date,[basis])	返回一个年份 start_date, end_date 之间整数	=YEARFRAC(2000/10/1, NOW( ))	119

4. 函数的用法

下面以 Excel 中一个非常重要且使用广泛的 IF 函数为例简单介绍函数的用法：

$$IF(logical\_test,value\_if\_true,value\_if\_false)$$

其功能是根据一个逻辑表达式的值，从两个备用值中返回一个(二选一)。其中：

(1) logical_test 为一个逻辑表达式(或判断式)，其运算结果只能为真(T)或假(F)。

(2) value_if_true 可以是一个常量、单元格地址或一个表达式，当 logical_test 的结果为真时，函数返回该值。

(3) value_if_false 可以是一个常量、单元格地址或一个表达式，当 logical_test 的结果为假时，函数返回该值。

例如在 H2 单元格中保存的是某学生的高考成绩，高考录取分数线是 520 分，如果需要在 K2 单元格中显示该学生是否被录取，则可在 K2 单元格中输入：

$$=IF(H2>520,"已录取","未录取")$$

即如果 H2 中的值大于 520，则在 K2 单元格中显示"已录取"，否则显示"未录取"。

例如在 A3 单元格中保存的是公司员工的姓名，如果需要在 E3 单元格中计算员工工资，则可在 E3 单元格中输入：

$$=5000+IF(LEFT(A3,1)="杨",2000,0)$$

即员工的基本工资为 5000，如果员工姓"杨"，则再加 2000。

再如，在 H2 单元格中保存的是某学生考试的平均成绩，如果需要在 K2 单元格中显示该学生平均成绩的等级，则可在 K2 单元格中输入：

$$=IF(H2<60,"不及格",IF(H2<90,"中等","优秀"))$$

即如果平均成绩小于 60，则显示"不及格"，否则再对平均成绩进行判断；如果分数小于 90(60<平均成绩<90)，则显示"中等"，否则显示"优秀"。在此例中，第二个(内层)IF 函数作为第一个(外层)IF 的一个参数出现，我们把这种情况称为函数的嵌套。在实际应用中，如果备选条件多于两个，通常使用 IF 函数的嵌套功能来实现。例如要将成绩分成优、良、中、差，则公式可改为

$$=IF(H2<60,"差",IF(H2<80,"中",IF(H2<90,"良","优")))$$

或

$$=IF(H2>=90,"优",IF(H2>=80,"良",IF(H2>=60,"中","差")))$$

6.6.3　输入公式

在 Excel 2016 中，公式也可像其他对象一样输入，但要注意以下几点：

(1) 公式可直接在单元格中输入，也可在编辑栏中输入，但必须以"="开头。

(2) 公式的所有符号都应当在英文半角状态下输入(字符型常量除外)。

(3) 保存公式的单元格不能包含在计算的区域中，否则会出现循环逻辑错误。

(4) 如果公式中包含简单的、较短的函数，可以手工输入，而未知的、复杂的函数可以使用粘贴函数的方法，在函数向导的帮助和指导下输入，避免在输入过程中产生错误，具体步骤如下：

① 准备输入函数时，单击编辑栏左侧的"插入函数"按钮 f_x。

② 打开"插入函数"对话框，如图 6-53 所示。

③ 如果能根据函数的用途判断函数的所属类别，可以在"或选择类别"下拉列表框中选择一个类别，在"选择函数"下拉列表框中显示该类别的所有函数，用向下光标键浏览列表中的函数，每选中一个，在列表的下方即有该函数的功能和用法，直到找到所需的函数为止。

如果知道函数的关键字，也可直接在"搜索函数"文本框中输入该关键字，再单击"转到"按钮。例如要查找一个从文本字符串左边开始取指定个数的字符的函数，则可直接在"搜索函数"文本框中输入"字符 左"(如果有多个关键字，需用空格将其分开)，再单击

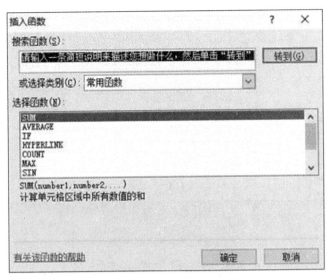

图 6-53　"插入函数"对话框

"转到"按钮，系统就会根据用户输入的关键字在函数库中进行搜索，并将满足条件的函数在"选择函数"下拉列表框中显示出来，用户再用浏览的方法找到自己所需的函数。

如果已经知道要使用函数的第一个字母，例如要找以字母"B"开头的函数，则可先在"或选择类别"下拉列表框中选择"全部"，然后在"选择函数"下拉列表框中单击任意函数，将输入焦点定位在该列表框中，然后按 B 键，这时系统就会自动选中列表中以 B 开头的第一个函数。

④ 找到所需函数后，可单击对话框下方的"有关该函数的帮助"超链接，在打开的"Excel 2016 帮助"窗口中查阅该函数的详细信息及示例，如图 6-54 所示。

⑤ 确定函数名后，单击"确定"按钮，打开"函数参数"对话框，如图 6-55 所示。

图 6-54　显示函数帮助

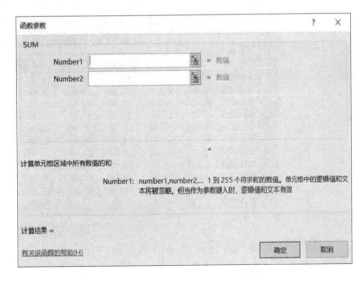

图 6-55　"函数参数"对话框

⑥ 在"函数参数"对话框中，可直接在文本框中输入函数的参数，也可单击其右侧的

“选择区域”按钮，在工作表中拖动选择单元格(见图 6-56)。单击该按钮后，“函数参数”对话框将自动隐藏，区域选择完成后，可再单击此按钮返回到“函数参数”对话框，直到所有参数设置完成。

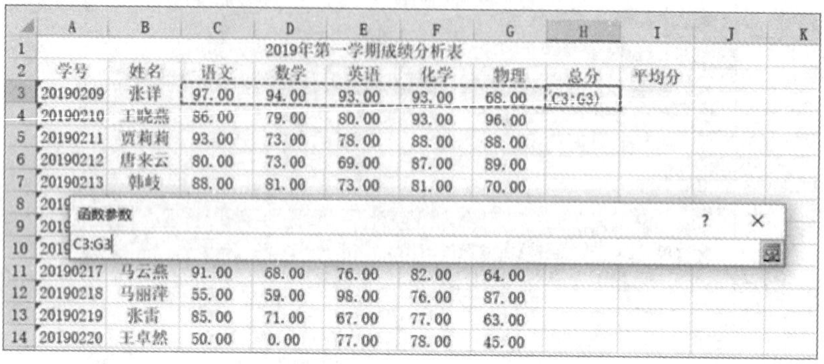

	A	B	C	D	E	F	G	H	I	J	K
1	2019年第一学期成绩分析表										
2	学号	姓名	语文	数学	英语	化学	物理	总分	平均分		
3	20190209	张详	97.00	94.00	93.00	93.00	68.00	C3:G3)			
4	20190210	王晓燕	86.00	79.00	80.00	93.00	96.00				
5	20190211	贾莉莉	93.00	73.00	78.00	88.00	88.00				
6	20190212	唐来云	80.00	73.00	69.00	87.00	89.00				
7	20190213	韩岐	88.00	81.00	73.00	81.00	70.00				
8	2019										
9	2019										
10	2019										
11	20190217	马云燕	91.00	68.00	76.00	82.00	64.00				
12	20190218	马丽萍	55.00	59.00	98.00	76.00	87.00				
13	20190219	张雷	85.00	71.00	67.00	77.00	63.00				
14	20190220	王卓然	50.00	0.00	77.00	78.00	45.00				

图 6-56　在工作表中拖动选择单元格

⑦ 设置完毕后，单击“确定”按钮，即可在单元格中插入一个函数。

6.6.4　使用自动求和按钮

为方便用户快速输入一些最常用的函数，Excel 2016 在“开始”选项卡的“编辑”选项组中提供了一个“自动求和”按钮 Σ。在默认情况下，单击该按钮可以完成对选中的多个单元格的求和运算(相当于使用 SUM 函数)，而单击其右侧的下三角按钮，则会打开一个下拉菜单，利用其中的命令可以完成平均值、计数、最大值、最小值及其他函数的运算，其操作方式有以下两种：

(1) 先选中要执行运算的多个单元格，并多选一个保存计算结果的空单元格(如未选，Excel 2016 会自动分析用户选取的是行还是列，并将结果保存到该行后的第一个空单元格或该列下面的第一个空单元格)，然后单击“自动求和”按钮，所得结果如图 6-57 所示。

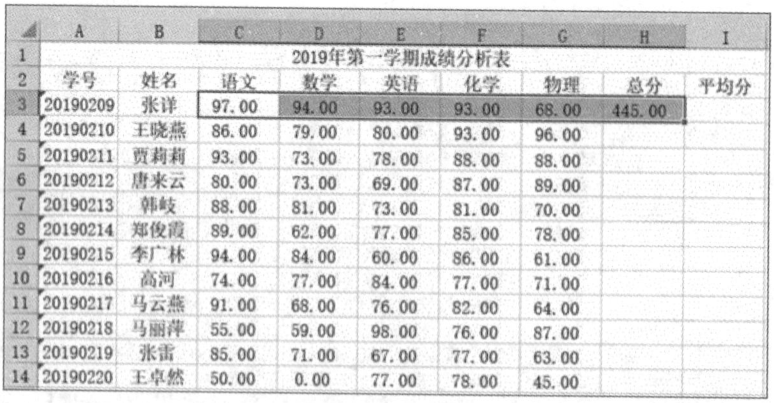

	A	B	C	D	E	F	G	H	I
1	2019年第一学期成绩分析表								
2	学号	姓名	语文	数学	英语	化学	物理	总分	平均分
3	20190209	张详	97.00	94.00	93.00	93.00	68.00	445.00	
4	20190210	王晓燕	86.00	79.00	80.00	93.00	96.00		
5	20190211	贾莉莉	93.00	73.00	78.00	88.00	88.00		
6	20190212	唐来云	80.00	73.00	69.00	87.00	89.00		
7	20190213	韩岐	88.00	81.00	73.00	81.00	70.00		
8	20190214	郑俊霞	89.00	62.00	77.00	85.00	78.00		
9	20190215	李广林	94.00	84.00	60.00	86.00	61.00		
10	20190216	高河	74.00	77.00	84.00	77.00	71.00		
11	20190217	马云燕	91.00	68.00	76.00	82.00	64.00		
12	20190218	马丽萍	55.00	59.00	98.00	76.00	87.00		
13	20190219	张雷	85.00	71.00	67.00	77.00	63.00		
14	20190220	王卓然	50.00	0.00	77.00	78.00	45.00		

图 6-57　选中区域后单击“自动求和”按钮后的计算结果

(2) 先单击要保存运算结果的单元格，然后单击“自动求和”按钮或其右边的下三角按钮，这里选择“平均值”命令，这时系统会根据该单元格的位置自动给出一个计算区域(见图 6-58)，如果该区域不符合计算需求，可拖动鼠标重新选取正确的计算区域(见图 6-59)，然后按 Enter 键即可。

	A	B	C	D	E	F	G	H	I	J	K
1	2019年第一学期成绩分析表										
2	学号	姓名	语文	数学	英语	化学	物理	总分	平均分		
3	20190209	张详	97.00	94.00	93.00	93.00	68.00		=AVERAGE(C3:H3)		
4	20190210	王晓燕	86.00	79.00	80.00	93.00	96.00		AVERAGE(number1, [number2], ...)		
5	20190211	贾莉莉	93.00	73.00	78.00	88.00	88.00				
6	20190212	唐来云	80.00	73.00	69.00	87.00	89.00				
7	20190213	韩岐	88.00	81.00	73.00	81.00	70.00				

图 6-58　系统自动给出一个计算区域

	A	B	C	D	E	F	G	H	I	J	K
1	2019年第一学期成绩分析表										
2	学号	姓名	语文	数学	英语	化学	物理	总分	平均分		
3	20190209	张详	97.00	94.00	93.00	93.00	68.00		=AVERAGE(C3:G3)		
4	20190210	王晓燕	86.00	79.00	80.00	93.00	96.00		AVERAGE(number1, [number2], ...)		
5	20190211	贾莉莉	93.00	73.00	78.00	88.00	88.00				
6	20190212	唐来云	80.00	73.00	69.00	87.00	89.00				

图 6-59　重新选取正确的计算区域

6.6.5　复制公式

在计算过程中，为提高公式的输入效率，对于运算规律相同的公式应采用复制公式或智能填充的方法来输入。例如要在成绩表中计算每个学生的平均成绩，只需先在第一个学生的“平均分”栏中输入公式，对于其他的学生，可以使用拖动填充柄的方法将已经输入的公式进行复制，而不必像在 Word 表格中那样对每个学生都输入公式。

在复制公式时，Excel 2016 并不是简单地把单元格中的公式原样照搬(如果这样，那成绩表中的每个学生的平均分就都一样了)，而是根据公式原来所在的单元格位置及复制到的目标单元格位置的偏移量来自动推算出新公式中参与计算的单元格地址，如图 6-60 所示。因此，Excel 中公式的复制(填充)实际上就是“运算规则”的复制。

H14　=SUM(C14:G14)

	A	B	C	D	E	F	G	H	I
1	2019第一学期成绩分析表								
2	学号	姓名	语文	数学	英语	化学	物理	总分	平均分
3	20190209	张详	97.00	94.00	93.00	93.00	68.00	445.00	
4	20190210	王晓燕	86.00	79.00	80.00	93.00	96.00	434.00	
5	20190211	贾莉莉	93.00	73.00	78.00	88.00	88.00	420.00	
6	20190212	唐来云	80.00	73.00	69.00	87.00	89.00	398.00	
7	20190213	韩崎	88.00	81.00	73.00	81.00	70.00	393.00	
8	20190214	郑俊霞	89.00	62.00	77.00	85.00	78.00	391.00	
9	20190215	李广林	94.00	84.00	60.00	86.00	61.00	385.00	
10	20190216	高河	74.00	77.00	84.00	77.00	71.00	383.00	
11	20190217	马云燕	91.00	68.00	76.00	82.00	64.00	381.00	
12	20190218	马丽萍	55.00	59.00	98.00	76.00	87.00	375.00	
13	20190219	张雷	85.00	71.00	67.00	77.00	63.00	363.00	
14	20190220	王卓然	50.00	0.00	77.00	78.00	45.00	250.00	

图 6-60　自动推算参与计算的单元格地址

例如在图 6-60 中，当计算第 1 个学生的平均分时，是在 I3 单元格中输入公式“=AVERAGE(C3:G3)”，而将此公式复制到 I14 单元格，即计算第 12 个学生的平均分时，相对于源单元格 I3 而言，目标地址 I14 的列号偏移了 I-I=0，行号偏移了 14-3=11，因此公式中参与计算的单元格列地址不变，而行地址号增加 11，即由原来的 3 变成 14，这样 I14

中的公式就变成"=AVERAGE(C14:G14)"。Excel 把这种在公式复制过程中自动发生变化的地址称为相对地址或相对引用。

公式在复制过程中默认使用的是相对地址。虽然相对地址增加了计算的灵活性，但有时也会给公式复制带来麻烦或错误。例如在图 6-61 所示的表格中，第一个员工的基本工资已预先保存在 H1 单元格中，在 I3 单元格中输入公式"=H1+E3+F3-G3-H3"，就可正确地计算出第一个员工的实发工资。

	C	D	E	F	G	H	I
1		2019年3月员工工资表			基本工资	1200	
2	姓名	部门	基础工资	补贴	扣除病事假	扣除社保	实发工资
3	刘勇	办公室	4600.00	368.00	230.00	=H1+E3+F3-G3-H3	
4	李南	行政部	5500.00	368.00	145.00	430.00	
5	陈双双	人事部	6000.00	368.00		440.00	
6	叶小来	办公室	4600.00	690.00	200.00	300.00	
7	林佳	销售部	6000.00	450.00		440.00	
8	彭力	研发部	8000.00	240.00		500.00	

图 6-61　使用相对地址计算实发工资

计算其他员工的实发工资时，如果直接将公式复制下来，会得到如图 6-62 所示的结果。

	C	D	E	F	G	H	I
1		2019年3月员工工资表			基本工资	1200	
2	姓名	部门	基础工资	补贴	扣除病事假	扣除社保	实发工资
3	刘勇	办公室	4600.00	368.00	230.00	300.00	5638.00
4	李南	行政部	5500.00	368.00	145.00	430.00	#VALUE!
5	陈双双	人事部	6000.00	368.00		440.00	6228.00
6	叶小来	办公室	4600.00	690.00	200.00	300.00	5220.00
7	林佳	销售部	6000.00	450.00		440.00	6450.00
8	彭力	研发部	8000.00	240.00		500.00	8040.00

图 6-62　使用相对地址计算出现错误

显然，除第一个员工外，其他员工的实发工资都是不正确的。原因在于计算第一个员工实发工资时，公式"=H1+E3+F3-G3-H3"中使用的全是会自动变化的相对地址，当其复制到下面的行后会自动变化成"=H2+E4+F4-G4-H4""=H3+E5+F5-G5-H5""=H4+E6+F6-G6-H6"等。由此可见，虽然员工的"基础工资""补贴""扣除病事假"等项正确，但是保存每个员工基本工资的单元格却由 H1 自动改变成 H2(H2 单元格中的内容为文本，因文本不能参与算术运算，所以结果显示为"#VALUE1")、H3、H4 等，因此才会出现错误结果。

因此，为了保证计算正确，应当在公式中固定引用 H1 单元格，这样无论公式复制到哪，该单元格地址都不会自动变化。Excel 将这种在公式复制过程中不会发生变化的地址称为绝对地址或绝对引用，其表示方法是在单元格地址的行号和列号前面加上"$"符号。如上例中为正确计算每个员工的工资，可将公式改为"=$H$1+E3+F3-G3-H3"，其中"$H$1"就是一个绝对地址。当然在上例中，不论公式复制到哪个员工，"H"是不会变化的，因此，公式也可表示为"=H$1+E3+F3-G3-H3"。Excel 将这种只需固定行"H$1"或只需固定列的"$H4"形式的地址称为混合地址或混合引用。

在 Excel 2016 中，地址的引用除上述的三种形式外，还经常出现跨工作簿或工作表的地址引用，即参与运算的单元格除了可以是本工作表中的单元格，还可以是本工作簿的其他工作表中的单元格，甚至是其他工作簿的工作表中的单元格，其使用格式为"[工作簿名]工作表名!单元格地址"。在图 6-63 中，计算奖金的公式为"=IF(成绩表!K2>=60,1000,0)"，即奖金是依据另外一张"成绩表"中的 K2 单元格来计算的，如果该员工在"成绩表"中的平均成绩大于等于 60，则奖金为 1000，否则为 0。这里的"成绩表!K2"就是一个跨工作表的地址引用。

	F3		▼	fx	=IF(成绩表!K2>=60,1000,0)		
	A	B	C	D	E	F	G
1							
2	姓名	基本工资	职务工资	高原补贴	交通费	奖金	应发金额
3	杨一	1500	115	90	62	1000	
4	王二	850	69	80	75		
5	张三	1000	85	70	65		
6	李四	1200	95	60	55		

图 6-63　跨工作表的地址引用

6.6.6　关于单元格的错误信息

在单元格中输入数据或编辑公式后，有时会出现诸如"#####!""#DIV/O!""#N/A"等错误信息，具体介绍如下。

1. #####!

(1) 单元格中公式所产生的结果太长，该单元格容纳不下。可以通过调整单元格的宽度来消除该错误。

(2) 日期或时间格式的单元格中出现负值。如果准备对日期和时间格式的单元格进行计算，要确认计算后的结果日期或时间必须为正值。

2. #DIV/O!

单元格的公式中出现零除问题，即输入的公式中包含除数 0，或者公式中的除数引用了零值单元格或空白单元格。解决办法是修改公式中的零除数或零值单元格或空白单元格引用，或者在用作除数的单元格中输入不为零的值。

当作除数的单元格为空或含有值为零时，如果希望不显示错误，可以使用 IF 函数。例如单元格 B5 包含除数而 A5 包含被除数，可以使用"=IF(B5=0," ",A5/B5)"(两个连续引号代表空字符串)来表示 B5 值为 0 时，什么也不显示，否则显示 A5/B5 的值。

3. #N/A

在函数或公式中没有可用数值时会出现"#N/A"错误信息。

4. #NAME?

出现"#NAME?"错误信息的原因是公式中使用了 Excel 2016 不能识别的文本，主要有以下几种情况：

(1) 公式中的名称或函数名拼写错误。

(2) 公式中的区域引用不正确。如某单元格中有公式"=SUM(G2G3)"，系统无法识别 G2G3，应使用冒号":"来表达区域 G2:G3。

(3) 在公式中输入文本时没有使用双引号(定界符)。例如将文本"The is"和单元格 G1 中的文本合并在一起，应使用公式"="The is"&G1"，如果单元格中的公式错写为"= The

is&G1”，就会出现错误信息。

5. #NUM!

“#NUM!”错误信息表示公式或函数中的某个数值越界，即公式产生的结果太大或太小，超出范围(-10^{307}～10^{307})。例如，某单元格中的公式为“=1.2E+100*1.2E+290”，其结果大于 10^{307}，就会出现“#NUM!”错误信息。

6. #NULL!

“#NULL!”错误信息表示在单元格中试图为两个并不相交的区域指定交叉点。例如使用了不正确的区域运算符或不正确的单元格引用等。

7. #REF!

“#REF!”错误信息表示该单元格引用了无效的结果。假设单元格 A9 中有数值 5，单元格 A10 中有公式“=A9+1”，单元格 A10 显示的结果为 6。若删除单元格 A9(注意：不是删除数值 5，而是删除单元格 A9)，则单元格 A10 中的公式“=A9+1”对单元格 A9 的引用无效，就会出现“#REF!”错误信息。

8. #VALUE!

“#VALUE!”错误信息表示公式中使用了不正确的参数或运算符，这时应确认公式或函数所需的运算符或参数类型及数量是否正确，公式引用的单元格中是否包含有效的数值。在需要数字或逻辑值时输入了文本，就会出现这样的错误信息。

6.7　工作表的数据管理

Excel 2016 不仅具有数据计算能力，而且具有强大的数据管理功能，可以实现对工作表数据的排序、检索、筛选、分类汇总等操作，帮助用户从大量的数据中获取所需信息。

在 Excel 2016 中，数据表通常是由若干行和若干列组成的二维表格，表格中的第 1 行往往是各列的列标题，称为字段名，字段名以下各列的数据称为各字段的“值”，由各字段的值组成的每一行称为记录，如图 6-64 所示。

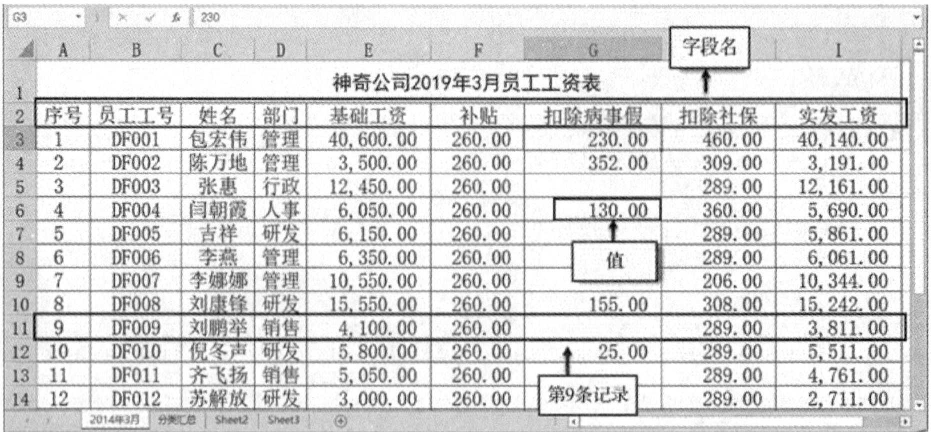

神奇公司2019年3月员工工资表

序号	员工工号	姓名	部门	基础工资	补贴	扣除病事假	扣除社保	实发工资
1	DF001	包宏伟	管理	40,600.00	260.00	230.00	460.00	40,140.00
2	DF002	陈万地	管理	3,500.00	260.00	352.00	309.00	3,191.00
3	DF003	张惠	行政	12,450.00	260.00		289.00	12,161.00
4	DF004	闫朝霞	人事	6,050.00	260.00	130.00	360.00	5,690.00
5	DF005	吉祥	研发	6,150.00	260.00		289.00	5,861.00
6	DF006	李燕	管理	6,350.00	260.00		289.00	6,061.00
7	DF007	李娜娜	管理	10,550.00	260.00		206.00	10,344.00
8	DF008	刘康锋	研发	15,550.00	260.00	155.00	308.00	15,242.00
9	DF009	刘鹏举	销售	4,100.00	260.00		289.00	3,811.00
10	DF010	倪冬声	研发	5,800.00	260.00	25.00	289.00	5,511.00
11	DF011	齐飞扬	销售	5,050.00	260.00		289.00	4,761.00
12	DF012	苏解放	研发	3,000.00	260.00		289.00	2,711.00

图 6-64　工作表中的字段值与记录

6.7.1　数据排序

在工作表中，通常需要按某字段值调整记录的显示顺序，以帮助观察数据。例如在成绩表中可按总分从高到低进行排序，来观察哪些学生的成绩更为优秀。排序所依据的字段称为关键字，有时关键字不止一个。例如在成绩表中，可以先按"英语"(此时称其为"主关键字")从高到低排序，若"英语"相同，则再按"总分"(称为"次关键字")从高到低排序。关键字的值可以是数字、字母、汉字，还可以是日期、时间，甚至是某个序列，而对于汉字可以按声母排序，也可按笔画排序。

在 Excel 2016 中，数据的排序可分为两种情况：一是对整个数据清单排序；二是对数据清单中的部分区域排序。两者的操作方法类似，若只对数据清单中的部分区域排序，应先选中排序的区域，然后再进行排序，排序完成后选中的区域按指定顺序排列，其他区域的顺序不变(这样会改变表格原有的各记录的值，一般不提倡使用)。

1. 简单排序(排序依据只有一个)

(1) 在要作为排序依据的字段列内的任意位置单击(不能双击，也不能在列号上单击)。

(2) 在"数据"选项卡的"排序和筛选"选项组中单击"升序"按钮或"降序"按钮对数据进行排序，如图 6-65 所示。

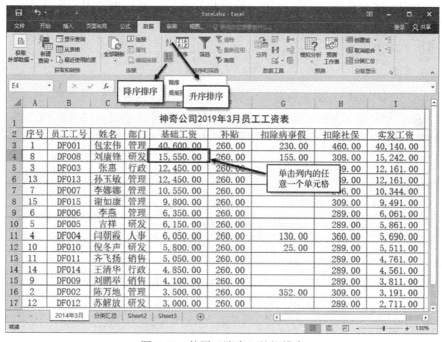

图 6-65　使用"降序"按钮排序

2. 复杂排序(多个字段排序)

(1) 将光标定位到数据清单的任意单元格上。

(2) 在"数据"选项卡的"排序和筛选"选项组中单击"排序"按钮，系统会自动选中当前表格的有效区域(如果自动选中的区域不符合要求，可手工选择)并打开"排序"对话框。

(3) 在对话框的"主要关键字"下拉列表框中选择排序主关键字(见图 6-66)，并在其后选择排序依据和次序。如果需要还可单击"添加条件"按钮，在新增的列表中进行相关设置。

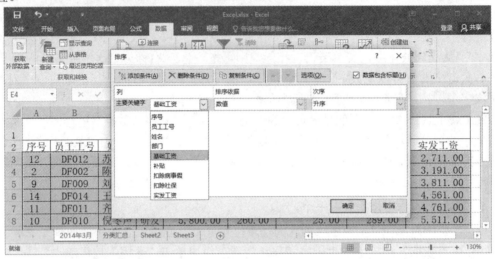

图 6-66　选择排序主关键字

(4) 根据实际情况选中或取消选中"数据包含标题"复选框，以决定标题行是否参与排序。

(5) 单击"确定"按钮。

3. 恢复排序

若要将多次排序后的数据表恢复到未排序前的样子，应在表格中找到能标识原序的字段，利用该字段进行简单排序即可。如果表格中没有这样的字段，则排序前应先在数据表中增加一个名为"记录号"的字段，并使用自动填充的方法产生记录号，这样在所有的排序完成后以"记录号"为关键字排序即可将数据表恢复成原来的样子。

6.7.2　数据筛选

在一个大的数据清单中，有时参加操作的只是一部分记录，为了加快操作速度，往往把那些与操作无关的记录隐藏起来，使之不参加操作，而把要操作的数据记录筛选出来作为操作对象，以减小查找范围，或者将数据清单中满足某种条件的记录挑选出来单独生成一个新数据表。Excel 2016 提供了自动筛选和高级筛选两种类型的数据筛选操作，可以快速实现上述功能。

1. 自动筛选

(1) 在工作表中选中有效数据区域。

(2) 在"数据"选项卡的"排序和筛选"选项组中单击"筛选"按钮，这时在工作表的每个字段名右侧将出现一个下三角按钮。

(3) 单击需要筛选的字段名右侧的下三角按钮，在打开的列表中选择"数字筛选"→"自定义筛选"命令(见图 6-67)，打开"自定义自动筛选方式"对话框。

图 6-67　选择"自定义筛选"命令

(4) 在对话框中输入相应的筛选条件，如筛选所有"基础工资"为 5000～8000 的记录(见图 6-68)，完成后单击"确定"按钮，筛选后的结果如图 6-69 所示。

	C	D	E	F	G	H	I
1		2019年3月员工工资表			基本工资	1200	
2	姓名	部门	基础工资	补贴	扣除病事假	扣除社保	实发工
4	李南	行政部	5500.00	368.00	145.00	430.00	6493.00
5	陈双双	人事部	6000.00	368.00		440.00	7128.00
7	林佳	销售部	6000.00	450.00		440.00	7210.00

图 6-68　自定义筛选条件　　　　　　　　　图 6-69　筛选后的结果

(5) 筛选完成后，若要重新进行其他的筛选或结束自动筛选操作，可在"数据"选项卡的"排序和筛选"选项组中单击"清除"按钮或再次单击"筛选"按钮。

2. 高级筛选

在自动筛选中，筛选条件可以是一个，也可以利用"自定义筛选"命令指定两个条件，但通常都只针对一个字段进行。如果筛选条件涉及多个字段，如筛选条件为"英语不及格并且大学语文不及格"的记录，用自动筛选实现起来就比较麻烦(需要分两次实现)；再如，筛选条件为"英语不及格或者大学语文不及格"的记录，用自动筛选就不能实现了。Excel 2016 提供的高级筛选功能可以完成涉及多个字段的筛选。

(1) 构造筛选条件。在数据表的空白区域(一般在数据表的下方，且与数据区至少相隔一行)中先输入涉及筛选的多个字段名(字段名必须在同一行，为防止输入出错，一般采用复制粘贴完成)，然后依次在每个字段名的下方输入筛选的条件。

注意：如果多个条件属于"与"关系，条件必须出现在同一行，如图 6-70 所示。

	A	B	C	D	E	F	G	H	I
1					2019年第一学期成绩分析表				
2	学号	姓名	语文	数学	英语	化学	物理	总分	平均分
3	20190209	张详	97.00	94.00	93.00	93.00	68.00	445.00	89.00
4	20190210	王晓燕	86.00	79.00	80.00	93.00	96.00	434.00	86.80
5	20190211	贾莉莉	93.00	73.00	78.00	88.00	88.00	420.00	84.00
6	20190212	唐来云	80.00	73.00	69.00	87.00	89.00	398.00	79.60
7	20190213	韩岐	88.00	81.00	73.00	81.00	70.00	393.00	78.60
8	20190214	郑俊霞	89.00	62.00	77.00	85.00	78.00	391.00	78.20
9	20190215	李广林	94.00	84.00	60.00	86.00	61.00	385.00	77.00
10	20190216	高河	74.00	77.00	84.00	77.00	71.00	383.00	76.60
11	20190217	马云燕	91.00	68.00	76.00	82.00	64.00	381.00	76.20
12	20190218	马丽萍	55.00	59.00	98.00	76.00	87.00	375.00	75.00
13	20190219	张雷	85.00	71.00	67.00	77.00	63.00	363.00	72.60
14	20190220	王卓然	50.00	0.00	77.00	78.00	45.00	250.00	50.00
15									
16									
17			语文	数学					
18			>85	>90					

图 6-70   "与"关系筛选条件区的建立

如果多个条件属于"或"的关系，条件应分行书写，如图 6-71 所示。

	A	B	C	D	E	F	G	H	I
1					2019年第一学期成绩分析表				
2	学号	姓名	语文	数学	英语	化学	物理	总分	平均分
3	20190209	张详	97.00	94.00	93.00	93.00	68.00	445.00	89.00
4	20190210	王晓燕	86.00	79.00	80.00	93.00	96.00	434.00	86.80
5	20190211	贾莉莉	93.00	73.00	78.00	88.00	88.00	420.00	84.00
6	20190212	唐来云	80.00	73.00	69.00	87.00	89.00	398.00	79.60
7	20190213	韩岐	88.00	81.00	73.00	81.00	70.00	393.00	78.60
8	20190214	郑俊霞	89.00	62.00	77.00	85.00	78.00	391.00	78.20
9	20190215	李广林	94.00	84.00	60.00	86.00	61.00	385.00	77.00
10	20190216	高河	74.00	77.00	84.00	77.00	71.00	383.00	76.60
11	20190217	马云燕	91.00	68.00	76.00	82.00	64.00	381.00	76.20
12	20190218	马丽萍	55.00	59.00	98.00	76.00	87.00	375.00	75.00
13	20190219	张雷	85.00	71.00	67.00	77.00	63.00	363.00	72.60
14	20190220	王卓然	50.00	0.00	77.00	78.00	45.00	250.00	50.00
15									
16									
17			语文	数学					
18			<85						
19				<90					

图 6-71   "或"关系筛选条件区的建立

(2) 执行高级筛选。

① 在"数据"选项卡的"排序和筛选"选项组中单击"高级"按钮，打开"高级筛选"对话框，如图 6-72 所示。

② 在对话框的"方式"选项组中选择筛选结果的显示位置。若选中"在原有区域显示筛选结果"单选按钮，将在原来的数据区域中显示满足条件的记录，而隐藏不满足条件的记录；若选中"将筛选结果复制到其他位置"单选按钮，将不改变原有的数据区域，而将满足条件的记录复制到工作表的区域中，但要在对话框的"复制到"栏中输入或选择要保存筛选结果区域的开始单元格地址，如本例选择"A21"。

③ 在"列表区域"栏中指定需要筛选的数据区域，可以直接输入"$A$2:$I$14"，也可以单击右侧的"选择区域"按钮，在工作表中从数据区的第一个单元格拖动到最后一个

单元格，选中数据区域后再次单击"选择区域"按钮，返回"高级筛选"对话框。

④ 用同样的方法选中"条件区域"($C$17:$D$18)并单击"确定"按钮，筛选结果如图 6-73 所示。

图 6-72　"高级筛选"对话框

	A	B	C	D	E	F	G	H	I
1	2019年第一学期成绩分析表								
2	学号	姓名	语文	数学	英语	化学	物理	总分	平均分
3	20190209	张详	97.00	94.00	93.00	93.00	68.00	445.00	89.00
4	20190210	王晓燕	86.00	79.00	80.00	93.00	96.00	434.00	86.80
5	20190211	贾莉莉	93.00	73.00	78.00	88.00	88.00	420.00	84.00
6	20190212	唐来云	80.00	73.00	69.00	87.00	89.00	398.00	79.60
7	20190213	韩峻	88.00	81.00	73.00	81.00	70.00	393.00	78.60
8	20190214	郑俊霞	89.00	62.00	77.00	85.00	78.00	391.00	78.20
9	20190215	李广林	94.00	84.00	60.00	86.00	61.00	385.00	77.00
10	20190216	高河	74.00	77.00	84.00	77.00	71.00	383.00	76.60
11	20190217	马云燕	91.00	68.00	76.00	82.00	64.00	381.00	76.20
12	20190218	马丽萍	55.00	59.00	98.00	76.00	87.00	375.00	75.00
13	20190219	张雷	85.00	71.00	67.00	77.00	63.00	363.00	72.60
14	20190220	王卓然	50.00	0.00	77.00	78.00	45.00	250.00	50.00
15									
16									
17			语文	数学					
18			>85	>90					
19									
20									
21	学号	姓名	语文	数学	英语	化学	物理	总分	平均分
22	20190209	张详	97.00	94.00	93.00	93.00	68.00	445.00	89.00

图 6-73　执行高级筛选后的结果

6.7.3　数据分类汇总

分类汇总是在一个大的数据清单中，以某个字段为关键字将数据清单分成若干个组，按顺序将每个组排在连续的区域内，并分别对每组的数据进行各种统计运算。例如在成绩表中统计每个班的总成绩，看看哪个班的总成绩平均分最高，哪个班的总成绩平均分最低；或在工资表中按性别分类，比较男、女员工的平均工资。数据分类汇总的具体操作如下：

(1) 在数据表中按要分类汇总的字段(如果没有分类字段，则需要先创建并输入数据)进行排序。

(2) 在"数据"选项卡的"分级显示"选项组中单击"分类汇总"按钮，打开"分类汇总"对话框，如图 6-74 所示。

(3) 在"分类字段"下拉列表框中选择分类字段，如"班级"。

图 6-74　"分类汇总"对话框

(4) 在"汇总方式"下拉列表框中选择汇总方式，如"平均值"。

(5) 在"选定汇总项"列表框中选中要汇总的一个或多个字段，如"语文""英语"等。

(6) "替换当前分类汇总"复选框用来设置如果在本次汇总前已经进行过某种分类汇总，是否保留原来的汇总数据；"每组数据分页"复选框用来设置每类汇总数据是否独占一页；"汇总结果显示在数据下方"复选框用来设置汇总结果的显示方式。

(7) 单击"确定"按钮，完成分类汇总操作，如图 6-75 所示。

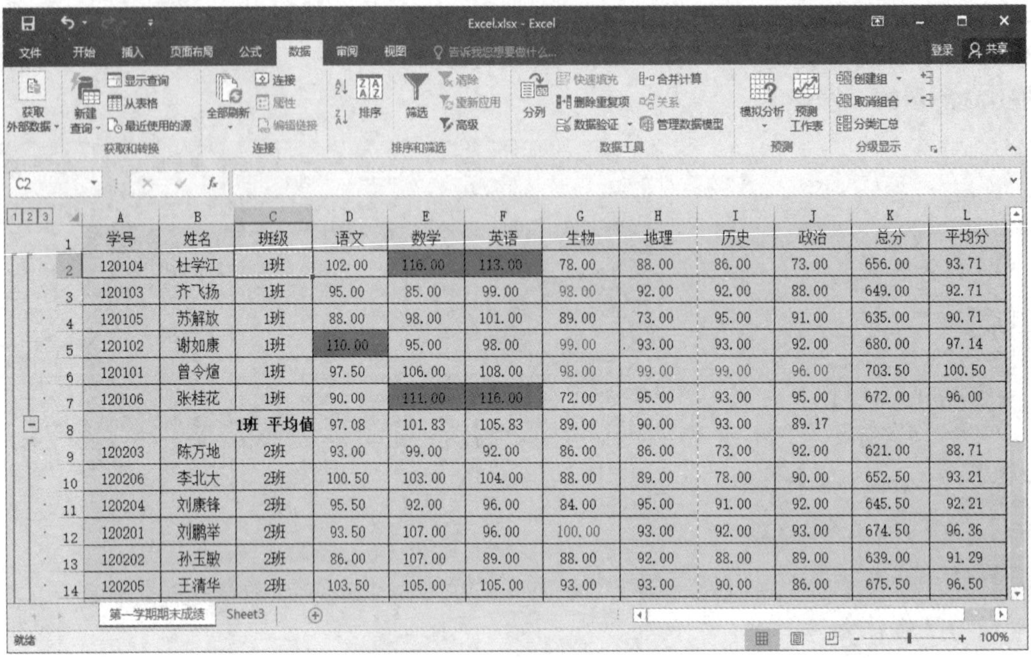

图 6-75　分类汇总结果

默认情况下，分类汇总表将显示每一类的全部数据及汇总数据，用户可以根据需要单击左侧的"减号"按钮 □ 来隐藏该类的详细数据而只显示汇总结果，也可以单击按钮 ³ 展开全部及汇总结果，单击按钮 ² 隐藏全部原始数据而只显示每一类的汇总结果，单击按钮 ¹ 隐藏全部原始数据及每一类的汇总结果而只显示总的汇总结果。

6.8　创建和编辑图表

在现实生活中，人们通常无法记住一长串的数字，但很容易记住一幅图形。Excel 2016 提供了非常丰富的图表功能，可以把工作表中的数据及数据变化的规律和趋势以图形的方式展示出来，使数据更容易被接受和理解。图表是以工作表的数据为依据的，数据的变化会立即反映到图表中。图表建立后，还可以对其进行修饰(如字体、颜色、图案等的编辑)，使图表更美观。

6.8.1　创建和编辑迷你图

迷你图是 Excel 2016 的一个新增的功能，是以单元格为绘图区域创建的微型图表。相对于传统图表来说，迷你图占用空间小，不仅可以作为单元格背景美化表格，而且可以帮助用户快速、直观地分析一系列复杂的数据，并且当数据被更改时，可以立即在迷你图中看到相应的变化。

在 Excel 2016 中，除了可以为一行或一列数据创建一个迷你图，还可以通过选择与基本数据相对应的多个单元格来同时创建若干个迷你图，并通过拖动包含迷你图的单元格的填充柄，实现迷你图的智能填充和设置。

1. 创建迷你图

在 Excel 2016 中创建迷你图的方法非常简单，现以"2013 年图书销售分析"为例，介绍创建迷你图的一般步骤：

(1) 打开工作簿文件，单击要插入迷你图的单元格。

(2) 在"插入"选项卡的"迷你图"选项组中，根据需要单击一种迷你图类型按钮(如折线图)，打开"创建迷你图"对话框。

(3) 在对话框中分别单击"数据范围"和"位置范围"右侧的"选择区域"按钮，在数据表中选中迷你图的数据源和存放位置(见图 6-76)，单击"确定"按钮即可将迷你图插入指定单元格中，如图 6-77 所示。

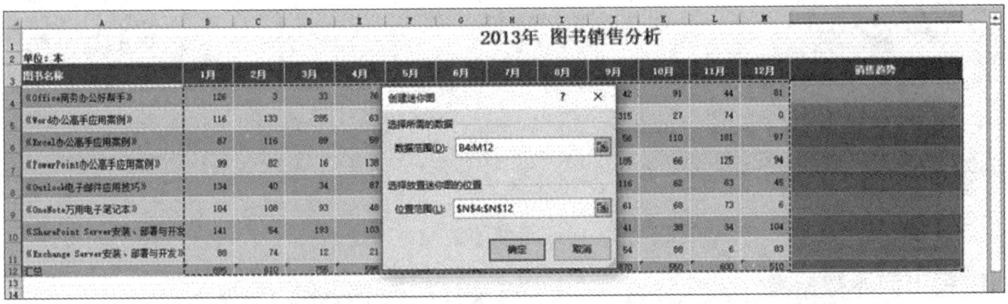

图 6-76　设置迷你图的数据源和存放位置

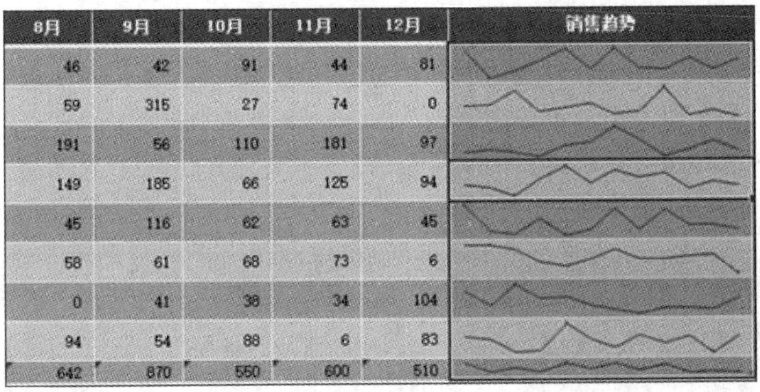

图 6-77　迷你图的创建结果

(4) 如果相邻区域也需要创建迷你图，可以像复制公式一样，拖动已创建迷你图单元格的填充柄进行快速创建。

由于迷你图是以背景方式插入单元格的，因此可以在含有迷你图的单元格中直接输入文本，并设置文本格式，为单元格填充背景颜色。

2. 更改迷你图的类型

在 Excel 2016 中，迷你图的类型既可以在创建时指定，也可以根据需要在后期更改。

(1) 在工作表中单击某个需要更改类型的迷你图，功能区中将自动显示"迷你图工具|设计"选项卡。

(2) 在"迷你图工具|设计"选项卡的"类型"选项组中选择所需类型(如"柱形图")，结果如图 6-78 所示。

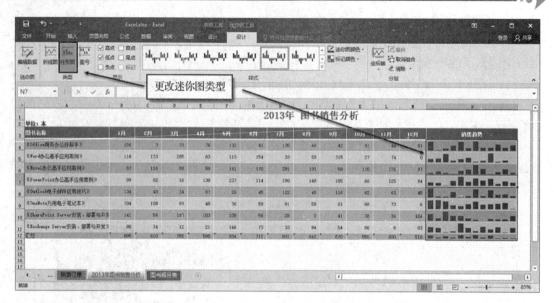

图 6-78　更改迷你图类型后的结果

3. 突出显示数据点

可以通过设置来突出显示迷你图中的各个数据标记。

(1) 选择需要突出显示数据点的迷你图。

(2) 在"迷你图工具|设计"选项卡的"显示"选项组中，根据需要选中"高点"(突出显示最大值)、"低点"(突出显示最小值)、"负点"(突出显示负值)、"首点"(突出显示开始值)、"尾点"(突出显示结束值)及"标记"(突出显示所有数据点)等复选框，图 6-79 为突出显示最大值和最小值的迷你图。

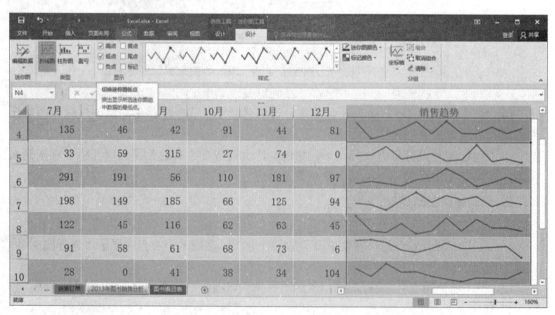

图 6-79　突出显示最大值和最小值的迷你图

4. 设置样式和颜色

(1) 选择要设置样式和颜色的迷你图。

(2) 在"迷你图工具|设计"选项卡的"样式"选项组中单击要应用的样式，也可单击该组右下角的"其他"按钮查看更多样式。

(3) 单击"样式"组中的"迷你图颜色"按钮，在打开的下拉列表中选择迷你图的颜色及线条粗细。

(4) 单击"样式"组中的"标记颜色"按钮，在打开的下拉列表中为不同的标记值设定不同的颜色。

5. 处理隐藏和空单元格

当迷你图所引用的数据系列中含有被隐藏的数据或空单元格时，可指定处理该单元格的规则，从而控制如何显示迷你图。

选择要进行设置的迷你图，在"迷你图工具|设计"选项卡的"迷你图"选项组中单击"编辑数据"下方的按钮，在打开的下拉菜单中选择"隐藏和清空单元格"命令，打开"隐藏和空单元格设置"对话框(见图 6-80)，在该对话框中按照需要进行相关设置即可。

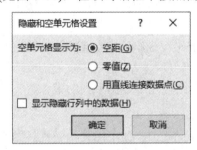

图 6-80　"隐藏和空单元格设置"对话框

6. 清除迷你图

选择要进行清除的迷你图，在"迷你图工具|设计"选项卡的"分组"选项组中单击"清除"按钮。

6.8.2　创建和编辑图表

除简单、直观的迷你图外，Excel 2016 还提供了类型更为丰富、功能更为强大的图表对象。图表既可以作为元素嵌入表格，也可以作为独立的对象放置到其他工作表中。

1. 常用的图表类型

Excel 2016 提供了 11 种图表类型，每一类又有若干个子类，并且有很多二维图表类型和三维图表类型可供选择。

(1) 柱形图。柱形图用于显示一段时间内的数据变化或说明各项之间的比较情况。在柱形图中，通常沿横坐标轴组织类别，沿纵坐标轴组织数值。

(2) 折线图。折线图将同一数据系列的数据点用直线连接起来，通常用于显示在相等时间间隔下连续数据的变化趋势。在折线图中，类别沿水平轴均匀分布，所有的数值沿垂直轴均匀分布。

(3) 饼图。饼图能够反映出统计数据中各项数值的大小、各项数值占总和的比例以及整体与个体之间的关系。饼图中的数据点显示为整个饼图的百分比。

(4) 条形图。条形图可以理解为横着的柱形图，是用来描绘各个项目之间数据的差别情况，强调在特定的时间点上进行分类和数值的比较。

(5) 面积图。面积图用来显示数值随时间或其他类别数据变化的趋势。面积图强调数量随时间而变化的程度，也可用于引起人们对总值趋势的注意。

(6) XY 散点图。XY 散点图用来显示若干数据系列中各数值之间的关系，或者将两组数字绘制为 xOy 坐标的一个系列。散点图有两个数值轴，沿横坐标轴(x 轴)方向显示一组数值数据，沿纵坐标轴(y 轴)方向显示另一组数值数据。XY 散点图通常用于显示和比较数据，如科学数据、统计数据和工程数据等。

(7) 股价图。股价图用来显示股价的波动，也可用于其他科学数据的统计。例如可以使用股价图来说明每天或每年温度的波动情况。

注意：必须按正确的顺序来组织数据才能创建股价图。

(8) 曲面图。曲面图可以找到两组数据之间的最佳组合。当类别和数据系列都是数值时，可以使用曲面图。

(9) 圆环图。和饼图一样，圆环图来显示各个部分与整体之间的关系，但是它可以包含多个数据系列。

(10) 气泡图。气泡图用于比较成组的三个值(而非两个值)，第三个值用来确定气泡数据点的大小。

(11) 雷达图。雷达图用于比较几个数据系列的聚合值。

2. 创建基本图表

相对于以前版本而言，Excel 2016 使用图表按钮代替图表向导，使得图表的创建更为简单、快捷。下面以考试成绩表中前 6 个学生的"语文"和"平均分"为数据源来讲解图表的创建方法。

(1) 打开需要创建图表的工作表并正确选择数据源，应注意以下几点：

① 用于创建图表的数据应按照行或列的形式组织，并在数据的上方和左侧分别设置文本格式的行标题和列标题，这样系统会自动根据所选数据区域确定在图表中绘制数据的最佳方式，某些图表类型(如饼图和气泡图)则需要特定的数据排列方式。

② 加入图表的数据不应该太多，否则图表会显得非常复杂，失去直观显示信息的意义。

③ 加入图表的数据的类型应当一致，标题外一般都为数值型。

④ 不要将量级相差太大的数据同时加入图表，如成绩表中的各单科成绩和总成绩。

⑤ 加入图表的数据可以是相邻的，也可以是不相邻的，如果是不相邻的，可按 Ctrl 键配合选择。

(2) 在"插入"选项卡的"图表"选项组中单击某个图表类型，然后从打开的下拉列表中选择要使用的图表子类型(将鼠标指针停留在任何图表类型或图表子类型上，屏幕上会显示该图表类型的名称及特征)，如图 6-81 所示。

如果单击"图表"选项组右侧的"查看所有图表"扩展按钮，则可打开"插入图表"对话框，从中选择合适的图表类型后单击"确定"按钮，则可将相应图表插入当前工作表中，如图 6-82 所示。

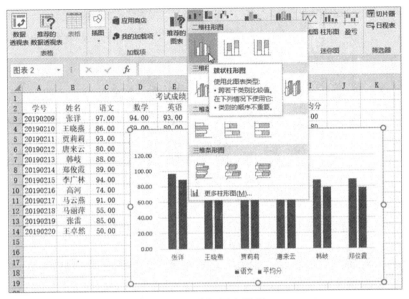

图 6-81　选择图表类型

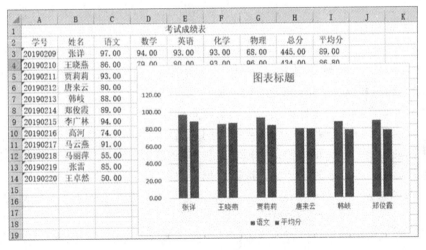

图 6-82　插入簇状柱形图

3. 编辑图表

对于插入工作表中的图表，可以将其整体理解为插入 Word 文档中的图形对象，其选中、移动、复制、缩放及删除等简单操作均可使用前面学习过的方法来完成。但图表又和 Word 图形不完全相同，它是由若干个子对象组成的，并且与数据源相关联，因此创建基本图表后，可以根据需要进一步对图表进行修改，使其更加美观，显示的信息更加丰富。

(1) 图表的组成。图表中包含许多元素，如图 6-83 所示。默认情况下，某类图表可能只显示其中的部分元素，而其他元素可以根据需要添加，也可以将图表元素移动到图表的其他位置，调整图表元素的大小或者更改其格式，还可以删除不希望显示的图表元素。

① 图表区。图表区包含整个图表及其全部元素。一般在图表中的空白位置单击即可选中图表区。

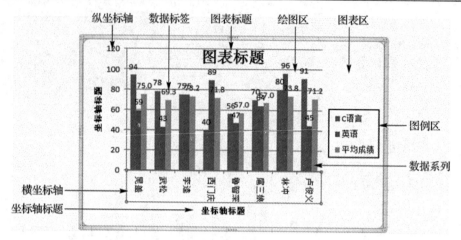

图 6-83　图表的组成

② 绘图区。绘图区是通过坐标轴来界定的区域，包括所有数据系列、分类名、刻度线标志和坐标轴标题等。

③ 数据系列。数据系列是指在图表中绘制的相关数据，这些数据来自数据表的行或列。图表中的每个数据系列具有唯一的颜色或图案标识并且与图例对应。可以在图表中绘制一个或多个数据系列。

④ 横坐标轴(x 轴、分类轴)和纵坐标轴(y 轴、数值轴)。坐标轴是界定绘图区的线条，用作度量的参照框架。y 轴通常为纵坐标轴并包含数据，x 轴通常为横坐标轴并包含分类。数据沿着横坐标轴和纵坐标轴绘制在图表中。

⑤ 图例区。图例区用于标识图表中的数据系列或分类。

⑥ 图表标题。图表标题是整个图表的说明性文本，可以自动在图表顶部居中。

⑦ 坐标轴标题。坐标轴标题是坐标轴的说明性文本，可以自动与坐标轴对齐。

⑧ 数据标签。数据标签用来标识数据系列中数据点的详细数值。

(2) 更改图表位置。默认情况下，图表作为嵌入对象放在工作表上。如果要将图表放在单独的工作表中，可执行以下操作：

① 单击图表区中的任意位置将其激活，此时功能区中会显示"图表工具|设计/格式"两个选项卡。

② 在"图表工具|设计"选项卡的"位置"选项组中单击"移动图表"按钮，打开"移动图表"对话框，如图 6-84 所示。

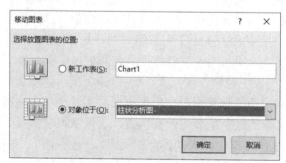

图 6-84　"移动图表"对话框

③ 在"选择放置图表的位置"区域中选中"新工作表"单选按钮,然后在"新工作表"文本框中输入工作表的名称。

④ 单击"确定"按钮,包含图表的新工作表将被插到当前数据工作表之前。

(3) 更改图表的布局和样式。创建图表后,可以为图表应用预定义布局和样式以快速更改它的外观。Excel 2016 提供了多种预定义布局和样式,必要时还可以根据需要手动更改各个图表元素的布局和格式。

① 应用预定义图表布局。

单击要使用预定义图表布局的图表的任意位置。在"设计"选项卡的"图表布局"选项组中单击"快速布局"按钮,在打开的下拉列表中选择要使用的图表布局,如选择"布局 9",如图 6-85 所示。

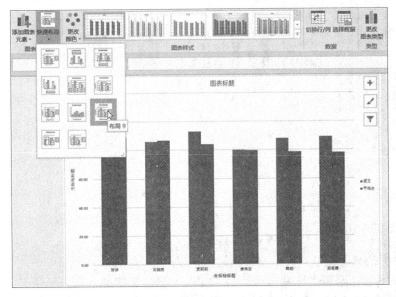

图 6-85　更改后的图表布局

② 应用预定义图表样式。单击要使用预定义图表样式的图表的任意位置。在"设计"选项卡的"图表样式"选项组中单击"其他"按钮,在打开的列表中查看更多的预定义图表样式,根据需要单击要使用的图表样式。

③ 手动更改图表元素的布局。在图表中单击要更改布局的图表元素。在"图表布局"选项组中单击"添加图表元素"按钮,在弹出的下拉菜单中选择所需的布局命令。

④ 手动更改图表元素的格式。单击要更改样式的图表元素,在"格式"选项卡中根据需要进行下列设置:

• 设置形状样式。在"形状样式"选项组中单击需要的样式,或者单击"形状填充""形状轮廓"或"形状效果"按钮,根据需要设置相应的格式。

• 设置艺术字效果。如果选择的是文本或数值,可在"艺术字样式"选项组中选择相应艺术字样式,还可以单击"文本填充""文本轮廓"或"文本效果"按钮,根据需要设置相应效果。

• 设置元素的全部格式。在"当前所选内容"选项组中单击"设置所选内容格式"按钮,打开与当前所选元素相适应的设置格式任务窗格,从中设置相应的格式后,单击"关闭"按钮。

(4) 更改图表类型。对于已创建的图表可以根据需要改变其类型，但要注意改变后的图表类型要支持所基于的数据列表，否则系统会给出错误提示信息。

① 单击要更改类型的图表或者图表中的某一数据系列。

② 在"设计"选项卡的"类型"选项组中单击"更改图表类型"按钮，打开"更改图表类型"对话框，如图 6-86 所示。

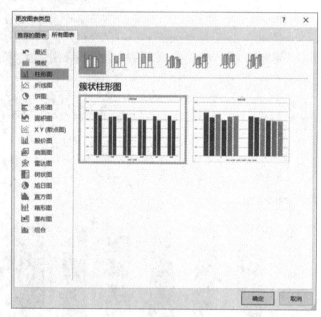

图 6-86　"更改图表类型"对话框

③ 选择新的图表类型后，单击"确定"按钮。

(5) 添加图表标题和坐标轴标题。为了使图表更易于理解，可以给图表添加图表标题和坐标轴标题(如果已选择了包含图表标题和坐标轴标题的预定义布局，那么标题文本框会自动显示在图表的相应位置，只需进行修改即可)。

① 添加图表标题。

单击要添加标题的图表。在"设计"选项卡的"图表布局"选项组中单击"添加图表元素"按钮，在打开的下拉菜单中选择"图表标题"下的"居中覆盖"或"图表上方"命令。在"图表标题"文本框中输入需要的标题文字。如果需要，可在图表标题上双击，打开"设置图表标题格式"任务窗格，按照需要设置格式，也可在"开始"选项卡的"字体"选项组中设置标题文本的字体、字号、颜色等。

② 添加坐标轴标题。

单击要添加坐标轴标题的图表。在"设计"选项卡的"图表布局"选项组中单击"添加图表元素"按钮，在打开的下拉菜单中选择"轴标题"下的"主要横坐标轴"或"主要纵坐标轴"命令。在"坐标轴标题"文本框中输入相应的文本。根据需要设置标题文本的格式，方法与设置图表标题相同。

注意: 如果图表类型转换为不支持坐标轴标题的其他图表类型(如饼图)，则不会显示坐标轴标题。

③ 将标题链接到工作表单元格。

单击图表中要链接到工作表单元格的图表标题或坐标轴标题。在工作表的编辑栏中输入一个等号"＝"，再单击工作表中包含有链接文本的单元格。例如在工作表的 A1 单元格中已经输入"考试成绩表"，将图表标题设置为"＝A1"，则标题中的文字将显示为"考试成绩表"。按 Enter 键确认，此时再更改数据表中的标题，图表中的标题会同步变化。

(6) 添加数据标签。为快速标识图表中的数据系列，可以给数据系列添加数据标签。默认情况下，数据标签链接到工作表中的数据值，当数据值发生变化时图表中的数据标签会自动更新。

① 在图表中单击要添加数据标签的数据系列(如果选择某个系列，则只添加该系列数据标签；如果单击图表区的空白位置，可为所有数据系列添加数据标签)。

② 在"设计"选项卡的"图表布局"选项组中单击"添加图表元素"按钮，在打开的下拉菜单中选择"数据标签"下的相应命令(命令会随图表类型的不同而变化)，即可在相应系列的相应位置显示数据值，如选择"数据标签"→"数据标签外"命令，结果如图 6-87 所示。

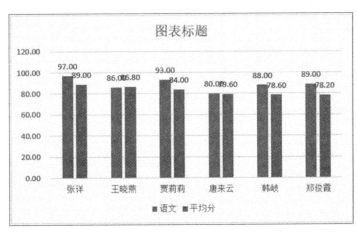

图 6-87　添加数据标签后的结果

(7) 设置图例。创建基本图表时自动显示图例，用户可以根据需要隐藏图例或更改图例的属性。

① 单击要设置图例的图表。

② 在"设计"选项卡的"图表布局"选项组中单击"添加图表元素"按钮，在打开的下拉菜单中选择"图例"下的相应命令，可以隐藏图例或改变图例的显示位置。如果选择"其他图例选项"命令，可以在打开的"设置图例格式"任务窗格中对格式进行设置。

③ 可单击图表中的图例，利用"开始"选项卡的"字体"选项组改变图例的字形。

④ 如需修改图例的文本内容，可返回数据表进行修改，图表中的图例会随之更新。

(8) 设置坐标轴。在创建基本图表时，一般会为大多数图表类型显示主要的横(纵)坐标轴。创建三维图表时会显示竖坐标轴。用户可以根据需要对坐标轴的格式进行设置，调整坐标轴刻度间隔、更改坐标轴上的标签等。

① 单击要设置坐标轴的图表。

② 在"设计"选项卡的"图表布局"选项组中单击"添加图表元素"按钮，在打开的

下拉菜单中选择"坐标轴"下的相应命令，根据需要分别设置是否显示横、纵坐标轴，以及坐标轴的显示方式。

③ 若要指定详细的坐标轴显示和刻度选项，可选择"更多轴选项"命令，在打开的"设置坐标轴格式"任务窗格中对坐标轴上的刻度类型及间隔、标签位置及间隔、坐标轴的颜色及粗细等格式进行详细的设置。

(9) 显示或隐藏网格线。为了使图表更为清晰，可以给图表分类轴和数值轴添加水平的网格线和垂直的网格线。

① 单击要添加网格线的图表。

② 在"设计"选项卡的"图表布局"选项组中单击"添加图表元素"按钮，在打开的下拉菜单中选择"网格线"下的相应命令，设置是否显示主轴主要水平网格线、主轴主要垂直网格线、主轴次要水平网格线、主轴次要垂直网格线等。

③ 在要设置格式的网格线上双击，可打开"设置主要网格线格式"任务窗格，在该任务窗格中对指定网格线的线条、效果等进行设置。

6.8.3　创建和编辑数据透视表

数据透视表是 Excel 提供的一种可以快速汇总、分析大量数据表格的交互工具。它可以按照数据表格的不同字段从多个角度进行透视，建立交叉表格并动态地改变它们的版面布置，以便按照不同方式来查看数据不同层面的汇总信息、分析结果及摘要。另外，如果原始数据发生更改，数据透视表也会随之更新。

数据透视表来源于数据表格，并且要求数据源必须是比较规则的数据，如图 6-88 所示，否则在创建数据透视表的过程中会出现错误。

	A	B	C	D	E	F	G
1	销售日期	订单编号	商品名称	销售区域	销售数量（台）	单价（元）	销售金额（元）
2	2013年7月3日	3048991	电冰柜	华北地区	43	2700	116100
3	2015年7月5日	3048992	洗衣机	东北地区	29	2100	60900
4	2018年7月9日	3048993	电冰箱	华北地区	45	5600	252000
5	2017年7月12日	3048994	空调	西北地区	78	5900	460200
6	2018年7月13日	3048995	洗衣机	华北地区	57	2100	119700
7	2016年7月17日	3048996	电冰柜	东北地区	32	2700	86400
8	2018年7月20日	3048997	电冰箱	东北地区	64	5600	358400
9	2019年7月24日	3048998	空调	华北地区	88	6300	554400
10	2017年7月27日	3048999	电冰箱	西北地区	59	5600	330400
11	2018年7月30日	3047990	洗衣机	西北地区	61	2100	128100
12	2018年7月22日	3046993	电冰箱	华北地区	34	5600	190400
13	2019年7月21日	3046994	空调	西北地区	66	5900	389400
14	2018年5月13日	3045995	洗衣机	华北地区	45	2100	94500
15	2016年9月17日	3043996	电冰柜	东北地区	50	2700	135000
16	2018年12月20日	3043997	电冰箱	东北地区	65	5600	364000

图 6-88　比较规则的数据

从图 6-88 可以看出，源表格的第一行为字段名(文本型)，各字段名称不能为空。自源表格的第二行起为有效记录项，一个字段中的值的数据类型应当保持一致，如"销售区域"字段的值可以为"华北地区""东北地区""西北地区"等文本，"单价(元)"字段的值可以为"2700""5900""2100"等数值。源表格的数据应当相对完整，表格中不应该包含空行、空列和空单元格。源表格应包含大量的数据，否则不能体现数据透视表的优势。

1. 创建数据透视表

数据透视表的创建过程步骤如下：

(1) 在数据源的有效区域内单击或选取整个有效区域。

(2) 在"插入"选项卡的"表格"选项组中单击"数据透视表"按钮，打开"创建数据透视表"对话框，如图 6-89 所示。根据需要在"表/区域"框中选择透视表的数据源，在"选择放置数据透视表的位置"选项组中选中"新工作表"单选按钮，单击"确定"按钮，即可插入一个空的数据透视表(见图 6-90)，并在功能区中显示"数据透视表工具"选项卡。

图 6-89 数据透视表的创建设置

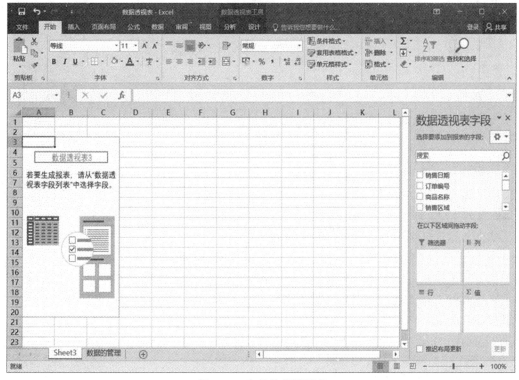

图 6-90 空的数据透视表

其中，左侧为数据透视表的报表生成布局区域，该区域会随着所选择的字段不同而自动更新，右侧为"数据透视表字段"列表，该列表上半部分显示来自源数据的所有可用字段名，下半部分为"布局"区域，显示用于重新排列和重新定位的字段，其中"筛选器""列""行"区域用于放置筛选或分类字段，"值"区域用于放置数据汇总字段。当字段被分别拖到这四个区域中时，左侧会自动生成相应的报表。

(3) 空数据透视表创建完成后，若要生成报表，可将"数据透视表字段"中显示的任何字段移动到"布局"区域中。

默认情况下，如果直接选中字段名左侧的复选框，非数值字段会自动添加到"行"区域中；数值字段会自动添加到"值"区域中，并对其进行求和运算(若需改变值的汇总方式，只需在"值"区域中单击"求和项：…"后面的下三角按钮，在打开的下拉菜单中选择"值字段设置"命令，在打开的"值字段设置"对话框中选择其他所需的值字段汇总方式即可)；日期和时间字段会自动添加到"列"区域中。例如，在图 6-90 所示的字段列表中选中"销售区域""销售数量(台)"和"销售金额(元)"复选框，透视表区域会自动按区域汇总销售数量和销售金额，如图 6-91 所示。

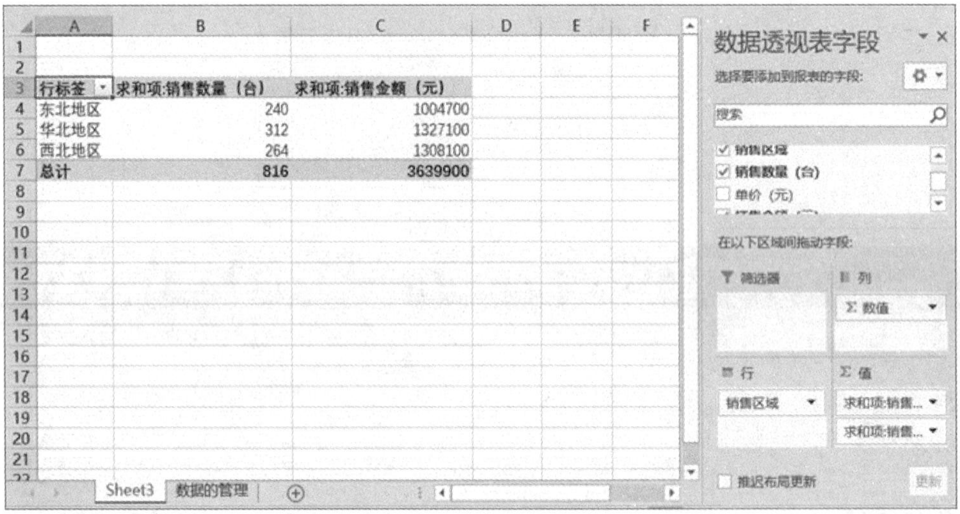

图 6-91　按销售区域汇总销售数量和销售金额

若要手工将字段放置到"布局"区域中，可以直接将字段名从字段列表中拖到"布局"区域中，也可右击字段名，从弹出的快捷菜单中选择字段要移动到的位置。例如先将"商品名称"拖到"筛选器"区域中，然后将"销售日期"拖到"列"区域中，再将"销售区域"拖到"行"区域中，最后将"销售金额"拖到"值"区域中，数据透视表就会汇总各地区不同时间段的销售金额，并在数据表的最上方添加用于筛选商品的报表字段，单击其右侧的下三角按钮可以选择筛选条件，如图 6-92 所示。

在图 6-92 中，也可根据实际需要右击任意一个日期单元格，从弹出的快捷菜单中选择"创建组"命令，将日期按月、季、年等分组，以便按固定月份、季度或年度统计数据，单击年份前面的 ⊞ 或 ⊟ 按钮，还可以显示或隐藏年份下面的详细信息，如图 6-93 所示。

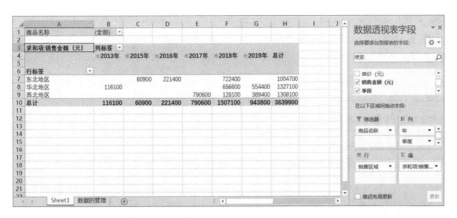

图 6-92 手工添加筛选字段

		商品名称	(全部)						
3	求和项:销售金额（元）	列标签							
4		⊟2013年	⊞2015年	⊞2016年	⊞2017年	⊞2018年	⊞2019年	总计	
5		⊞第三季							
6	行标签								
7	东北地区		60900	221400		722400		1004700	
8	华北地区	116100				656600	554400	1327100	
9	西北地区				790600	128100	389400	1308100	
10	总计	116100	60900	221400	790600	1507100	943800	3639900	

图 6-93 创建组

总之，数据透视表的构建非常灵活，只需将所关注的字段名拖到相应的区域中，即可得到相应的信息。

2. 编辑数据透视表

和普通表格一样，数据透视表创建完成后，也可以对其样式、格式等进行修改，还可以对其数据进行刷新。

单击数据透视表中的任意一个单元格，在功能区中会显示"数据透视表工具|分析/设计"两个选项卡，利用这两个选项卡可以对数据透视表进行进一步编辑。利用"数据透视表工具|设计"选项卡(见图 6-94)可以更改数据透视表的布局、标题、边线及样式等项目。

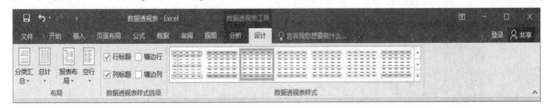

图 6-94 "数据透视表工具|设计"选项卡

3. 更新数据透视表报表

数据透视表创建完成后，其依据的数据源可能会发生变化，如数值变化、行列结构变化等，但由于数据透视表报表所依赖的数据透视表缓存与数据源没有连接，因而不能反映对数据源所进行的修改。在这种情况下，必须更新数据透视表以体现对数据源的相应变化。

(1) 当数据源仅仅是某个数据发生改变时，更新透视表数据只需在数据透视表中右击，从弹出的快捷菜单中选择"刷新"命令；或者在"数据透视表工具|分析"选项卡中单击"数

据"选项组中的"刷新"按钮，即可将数据源中的更改应用到报表中。

(2) 当数据源的行、列结构发生变化时，需要重新为报表确定数据源。可在数据透视表内的任意地方单击，然后在"数据透视表工具|分析"选项卡的"数据"选项组中单击"更改数据源"按钮，从打开的下拉菜单中选择"更改数据源"命令，打开"更改数据透视表数据源"对话框，在该对话框中重新选择正确的数据区域即可，如图 6-95 所示。

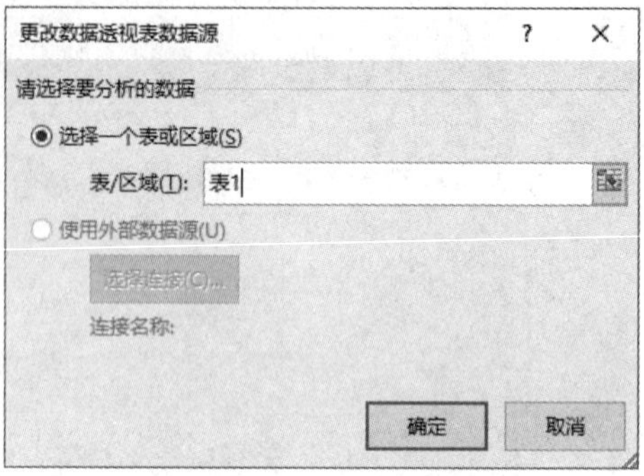

4. 删除数据透视表

图 6-95　更新数据源

如果数据透视表不再使用，可以将其删除以节约系统资源。根据创建时指定的位置不同，删除数据透视表又分为以下两种情况：

(1) 如果数据透视表是作为新的工作表插入的，那么只需在工作簿中删除该工作表即可。

(2) 如果数据透视表是在现有工作表中插入的，可先在"数据透视表工具|分析"选项卡的"操作"组中单击"选择"按钮，然后在打开的下拉菜单中选择"整个数据透视表"命令，选中整个数据透视表，按 Delete 键删除。

注意：删除数据透视表后，与之相关的数据透视图将变成一个无法再更改的静态图表。

6.9　预览和打印工作表

工作表和图表编辑完成后，一般需要将其打印出来，但在正式打印之前最好先通过"打印预览"观察实际打印效果，避免多次进行打印调整，浪费时间和纸张。另外，在预览模式下可以进行页边距大小、分页等调整。

1. 打印预览

在窗口中执行"文件"→"打印"命令，进入"打印"窗口，如图 6-96 所示，其组成、操作与前面学习的 Word 类似。

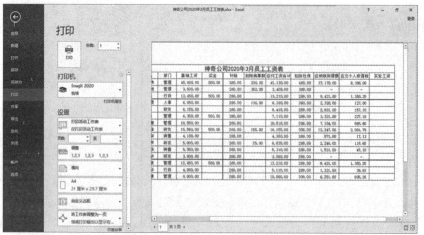

图 6-96　Excel 2016 的"打印"窗口

2. 页面设置

在"打印"窗口中单击"页面设置"链接即可打开"页面设置"对话框(见图 6-97)，在该对话框中可以对纸张大小、方向、边距、页眉/页脚、打印内容及打印顺序等属性进行设置。

图 6-97　"页面设置"对话框

(1) "页面"选项卡。

① 方向。"方向"选项组用于设置纸张方向，默认为纵向，若表格较宽，可将其设置为横向。

② 缩放。一般采用 100%(1∶1)比例打印。有时行尾数据未打出来，或者工作表末页只有 1 行，为此，可以适当缩小比例打印，使末页一行能合并到上一页打印。当然有时也可能需要放大比例打印。

③ 打印质量。"打印质量"下拉列表框用于设置打印机的打印点数，在打印机支持的前提下，该值越高，精度越好。

④ 起始页码。"起始页码"文本框用于确定工作表的起始页码，当"起始页码"文本框中为"自动"时，起始页码为 1；如果在文本框中输入 3，则工作表的第一页的页码将为 3。

(2) "页边距"选项卡。在"页边距"选项卡中可以使用输入数值的方式来精确地设置页边距、页眉/页脚与纸边的距离及页面的居中方式。

(3) "页眉/页脚"选项卡。在"页眉/页脚"选项卡中可以显示或自定义工作表打印时的页眉/页脚内容，其操作方法与 Word 2016 类似。

注意：页眉/页脚在工作表中不可见，只有在打印或预览状态下才可见。

(4) "工作表"选项卡，如图 6-98 所示。

图 6-98 "工作表"选项卡

① 打印区域。若只打印部分区域，可在"打印区域"文本框中输入要打印的单元格区域。也可以单击右侧的"选择区域"按钮，在工作表中选中打印区域，再单击"选择区域"按钮返回对话框。

② 打印标题。若工作表有多页，要求每页均打印表头(顶端或左侧的标题)，可在"顶端标题行"或"从左侧重复的列数"文本框中输入相应的单元格地址，也可直接到工作表中选中表头区域。

③ 打印。"打印"选项组用来设置是否打印网格线、行和列标题等。

④ 打印顺序。若表格太大，一页容纳不下，系统会自动分页。用户可以在"打印顺序"选项组中根据图例来设置打印顺序。

第 7 章　PowerPoint 2016 电子演示文稿

在社会生活中，人们经常要进行各种各样的信息交流，如产品介绍、学术讨论、项目论证、技术交流、论文答辩、个人或公司介绍等。众所周知，要完成一个优秀的报告或演讲，除了要有丰富生动的材料、雄辩的口才及表达力，还应配合一套图文并茂、层次分明、主题突出、有声有色的幻灯片，以使报告或演讲更能突出重点、吸引观众、增加演示效果。在 Office 系统中，PowerPoint 组件就可以有效地为用户实现这一功能。

7.1　PowerPoint 2016 的功能和特点

PowerPoint 2016 为制作演示文稿提供了一整套易学易用的工具，它除了能够完成一般的文本演示文稿制作，还提供了丰富的图形和图表制作功能，可以在幻灯片中创建各类图形、图表，插入图片，使幻灯片图文并茂、生动活泼；同时还增加了动画效果和多媒体功能，可以根据演示的内容设置不同的动画效果、动作及超链接，动态地组织和显示文本、图表，也可以插入演讲者的旁白或背景音乐。另外，它还提供了不同放映方式的设置和演示文稿的"打包"功能。

在掌握了 Word 2016 和 Excel 2016 的基本概念与操作方法的前提下，使用和操作 PowerPoint 2016 就很容易了。创建演示文稿的目的是演示，能否突出重点、给观众留下深刻的印象是衡量一个演示文稿设计是否成功的重要标准。为此，在设计演示文稿时应遵循"主题突出、层次分明、文字精练、简单明了、形象直观、生动活泼"等原则。在演示文稿中要尽量避免使用大量的文字叙述，应采用图形、图表来说明问题，也可适当加入动画、声音，以增加演示效果。

7.2　PowerPoint 2016 的基本操作

1. 启动 PowerPoint 2016

启动 PowerPoint 2016 的方法有以下几种：

(1) 单击"开始"按钮，在"开始"菜单中选择 PowerPoint 2016 命令，如图 7-1 所示。

(2) 在桌面上双击"PowerPoint 2016"快捷图标，如图 7-2 所示。

图 7-1　启动 PowerPoint 2016　　　　　　图 7-2　从桌面启动 PowerPoint 2016

2. PowerPoint 2016 工作窗口

PowerPoint 2016 的工作窗口如图 7-3 所示。

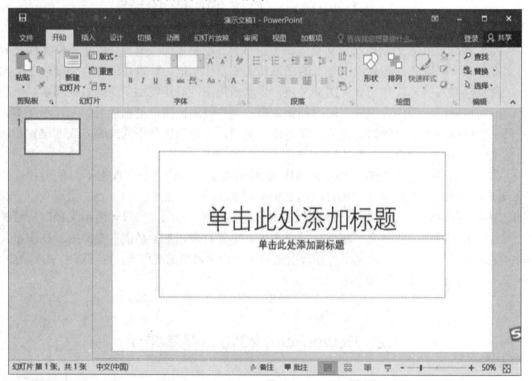

图 7-3　PowerPoint 2016 界面组成

PowerPoint 2016 的标题栏、快速访问工具栏、文件菜单、功能选项卡、选项组、状态栏等与 Word 2016 类似，这里不再重复介绍。

3. PowerPoint 2016 视图及其切换

在 PowerPoint 2016 中，演示文稿的编辑是基于视图进行的，在不同的视图模式下，演示文稿的显示方式、操作范围、编辑重点是不同的。

PowerPoint 2016 对以前版本的视图进行了综合和简化，把以前的大纲视图、幻灯片视图及普通视图全部合并在普通视图中，因此在 PowerPoint 2016 中，演示文稿视图包括普通视图、大纲视图、幻灯片浏览视图、备注页视图和阅读视图。默认情况下，PowerPoint 2016显示普通视图。在实际工作过程中，可以根据不同的编辑侧重点，切换到相应的视图模式。

在 PowerPoint 2016 中切换视图主要有两种方法：一是通过"视图"选项卡的"演示文稿视图"选项组来完成；二是通过单击状态栏上的视图切换按钮来完成，如图 7-4 所示。

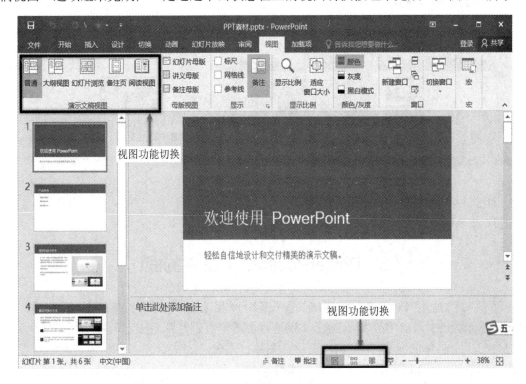

图 7-4　切换视图的方法

普通视图是 PowerPoint 2016 的默认视图和主要编辑视图，演示文稿的绝大部分工作(如新幻灯片、文字、图形、图表的插入及排版，母版设计，版式设计，背景设计，幻灯片切换及动画设计等)都是在此视图模式下完成的。在普通视图模式下，编辑区只显示一张当前的幻灯片，可以直接看到幻灯片的静态设计效果。在幻灯片浏览视图模式下，在主编辑区内按序号顺序显示演示文稿中全部幻灯片的缩略图，从而可以看到演示文稿连续变化的过程，如图 7-5 所示。

提示：在编辑演示文稿过程中，如果对视图中窗格大小或视图本身进行了更改，那么这些更改将与当前演示文稿一起保存，并在下次打开演示文稿时按当前设置的格式重新显示。

4. 退出 PowerPoint 2016

PowerPoint 2016 的退出和 Word 2016 一样，主要有以下几种常用的方法：

(1) 单击 PowerPoint 2016 工作窗口右上角的"关闭"按钮。

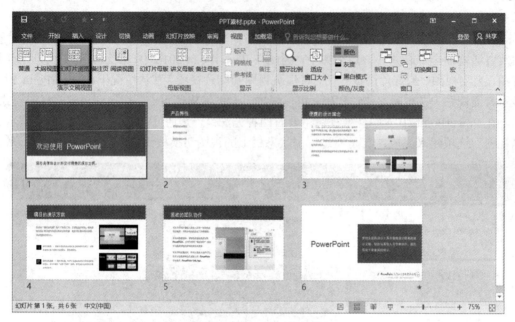

图 7-5　幻灯片浏览视图

(2) 执行"文件"→"关闭"命令。

(3) 按 ALT+F4 组合键。

7.3　PowerPoint 2016 文件的操作

演示文稿是用 PowerPoint 2016 程序编辑产生文件，默认扩展名为 .pptx 或 .ppt (PowerPoint 2003 以前的版本)。演示文稿通常由若干页幻灯片组成，而每一页幻灯片又可以包含若干个具体的元素(如文本、图形、图片、图表、表格、艺术字、声音及动画等)，它们之间的关系就和 Excel 2016 中的工作簿、工作表及单元格的关系类似。

7.3.1　新建演示文稿

在默认情况下，每次启动 PowerPoint 2016 后，系统会自动帮助用户以默认格式建立一个名为"演示文稿 1"并且只包含一页标题幻灯片的空演示文稿。如果用户不满意系统新建的演示文稿格式，还可以使用以下方法来重新创建其他类型的演示文稿。

1. 利用主题创建演示文稿

主题是由系统预先定义好背景、颜色、字体及版式的一种特殊文档。PowerPoint 提供了多种主题来简化演示文稿的创建过程，既可以使演示文稿具有统一的风格，又可以轻松、快捷地更改现有演示文稿的整体外观。

(1) 执行"文件"→"新建"命令，打开"新建"窗口。

(2) 根据需要在主题列表(见图 7-6)中单击图标(如"引用"主题)，在打开的界面中单击"创建"按钮，即可依据此主题快速创建演示文稿，如图 7-7 所示。

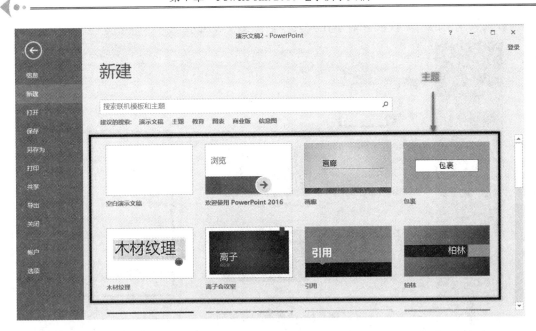

图 7-6　主题列表

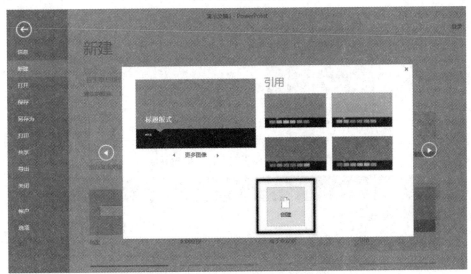

图 7-7　利用主题创建演示文稿

(3) 根据提示在相应占位符中输入文本，插入图片、图表或表格，也可以插入新的幻灯片。

2. 利用搜索功能建立演示文稿

所谓"模板"就是一个由系统预先设计好，但没有具体内容的格式文档，包括幻灯片的背景图案、色彩的搭配、文本格式、标题层次及演播动画甚至大纲结构等内容。相较于以前版本，PowerPoint 2016 提供了更多、更精美的模板供用户选择使用。

(1) 执行"文件"→"新建"命令。

(2) 根据需要在"主页"处搜索一个模板名称(如"教育")，PowerPoint 2016 会自动搜索下载该类别下的所有模板并显示在列表中，如图 7-8 所示。

图 7-8　"教育"模板列表

　　(3) 根据需要在列表中单击某个模板图标(如"切片研究设计")，在打开的界面(见图 7-9)中单击"创建"按钮，即可依据此模板快速创建一个演示文稿，如图 7-10 所示。

图 7-9　"切片研究设计"模板界面

图 7-10　利用"切片研究设计"模板创建的演示文稿

　　(4) 根据提示在相应占位符中输入文本，插入图片、图表或表格，即可快速完成演示文稿的创建。

3. 用空白演示文稿建立演示文稿

空白演示文稿由不带任何模板设计、但带有文字版式和内容版式的白底幻灯片组成，这种演示文稿给制作者提供了最大的创作自由度。制作者可以在白底的演示文稿上设计出具有鲜明个性的背景色彩、配色方案和文本格式，创建出具有自己特色和风格的演示文稿。

(1) 执行"文件"→"新建"命令。

(2) 在"新建"窗口中单击"空白演示文稿"图标。

(3) 在"开始"选项卡的"幻灯片"选项组中单击"版式"按钮，从打开的下拉列表中选择"空白"项(见图 7-11)，即可新建一个不包含任何信息的空演示文稿。

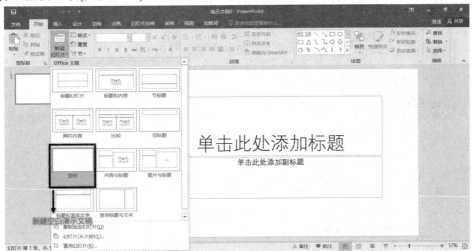

图 7-11　选择"空白"项

7.3.2　保存、保护演示文稿

演示文稿在创建出来后或编辑修改后，为避免信息意外丢失，应该及时保存。在保存文档时，如果是第一次存盘，系统会打开"另存为"对话框，提示用户输入文档的保存位置、文件名及保存类型；如果不是第一次存盘，系统会直接将更新后的内容以原来的位置、文件名及保存类型进行保存。

(1) 在 PowerPoint 2016 工作窗口中执行"文件"→"保存"或"另存为"命令(也可以单击快速访问工作栏中的"保存"按钮，或者使用 Ctrl+S 组合键)，打开"另存为"对话框，如图 7-12 所示。

(2) 在"地址栏"下拉列表中选择一个常用位置，或在对话框左侧的列表中选择一个保存文件的路径。

(3) 在"文件名"文本框中输入演示文稿的文件名。

(4) 在"保存类型"下拉列表中选择一种文档类型，PowerPoint 2016 默认的文件类型是 pptx。如果用户希望此演示文档能被以前版本的 PowerPoint 打开和编辑，则可选择"PowerPoint 97-2003 演示文稿(*.ppt)"项。

(5) 如果需要对演示文档进行加密，可在"另存为"对话框底部单击"工具"下三角按钮，在打开的下拉菜单中选择"常规选项"命令，打开"常规选项"对话框，如图 7-13 所示，在该对话框中分别设置文档的打开权限密码和修改权限密码。

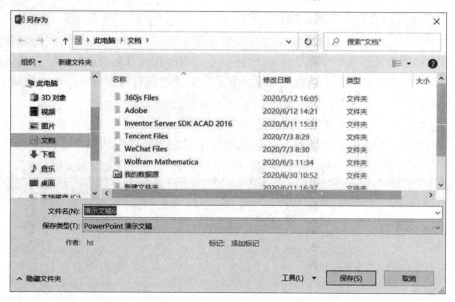

图 7-12 "另存为"对话框

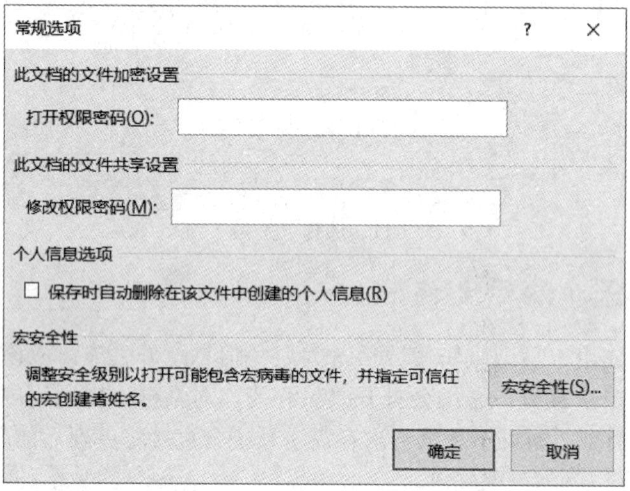

图 7-13 "常规选项"对话框

7.3.3 打开演示文稿

打开演示文稿的方法和打开 Word 文档的方法一样，可以在 Windows 的资源管理器中双击扩展名为 .pptx 的文件，启动 PowerPoint 2016 并打开该演示文稿。当然，也可在启动 PowerPoint 2016 后再打开指定的演示文稿。

(1) 在 PowerPoint 2016 工作窗口中执行"文件"→"打开"命令。

(2) 在"打开"窗口中单击"浏览"图标，打开"打开"对话框，在该对话框中选择所需文件所在的位置及文件名，单击"打开"按钮。

注意：默认情况下，PowerPoint 2016 在"打开"对话框中仅显示 PowerPoint 演示文稿。若要打开其他类型的文件，可单击"所有 PowerPoint 演示文稿"下三角按钮，然后在打开的下拉列表中选择相应的文件类型。

7.3.4　关闭演示文稿

演示文稿编辑完成后可将其关闭，以防止意外修改和节约系统资源。单击工作窗口右上角的"关闭"按钮，或者按 Alt+F4 组合键均可关闭文档。如果被关闭的文档尚未保存，PowerPoint 2016 将打开一个消息框提示用户保存。

7.4　在普通视图下编辑演示文稿

7.4.1　页面设置

PowerPoint 2016 在新建演示文稿时，会给出一个适合大部分场合的、默认大小的幻灯片，但对于一些有特殊显示或打印要求的演示文稿，如果在所有的编辑完成后再更改页面，将会影响原来已精心设置好的各种对象的位置及格式。因此在新建一个演示文稿后，应先根据需要对其页面进行简单设置。

(1) 新建演示文稿后，在"设计"选项卡的"自定义"选项组中单击"幻灯片大小"按钮，在打开的下拉列表中选择"自定义幻灯片大小"命令，打开"幻灯片大小"对话框，如图 7-14 所示。

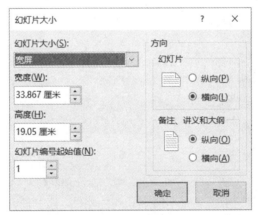

图 7-14　"幻灯片大小"对话框

(2) 在对话框中，可以分别对幻灯片的大小、宽度、高度、幻灯片编号起始值、方向，以及备注、讲义和大纲等进行各项设置。

(3) 单击"确定"按钮完成设置。

7.4.2　编辑幻灯片母版

母版用来定义演示文稿的格式，它可以使一个演示文稿中的每张幻灯片都包含某些相同的文本特征、背景颜色、项目符号、图片、页脚和占位符等。在创建一个新的演示文稿后，当希望某些对象(如企业标志、CI 形象、产品商标及有关背景设置等)能在每一页幻灯片中都出现，就可以将其放置到母版中，这样只需编辑一次即可将其应用于该演示文稿的所有幻灯片中，使演示文稿的风格保持一致。

最好在开始构建各张幻灯片之前创建幻灯片母版，而不要在构建了幻灯片之后再创建母版。如果先创建幻灯片母版，则添加到演示文稿中的所有幻灯片都会基于该幻灯片母版和相关联的版式生成。如果在构建了各张幻灯片之后再创建幻灯片母版，则幻灯片上的某些项目可能不符合幻灯片母版的设计风格，虽然后期可以使用背景和文本格式设置功能在各张幻灯片上覆盖幻灯片母版的某些自定义内容，但有些内容(如页脚和徽标)只能在"幻灯片母版"视图中修改。

在 PowerPoint 2016 中，演示文稿的母版通常分为幻灯片母版、讲义母版和备注母版，它们分别用于设计幻灯片、讲义和备注内容的格式。讲义母版和备注母版使用较少，而且较为简单，用户只要掌握了设计幻灯片母版的方法，就可以完成讲义母版和备注母版的制作，因此这里以幻灯片母版为例来讲解母版的编辑方法。

(1) 在"视图"选项卡的"编辑母版"选项组中单击"幻灯片母版"按钮，切换到"幻灯片母版"视图编辑状态，并在功能区中显示"幻灯片母版"选项卡，如图 7-15 所示。

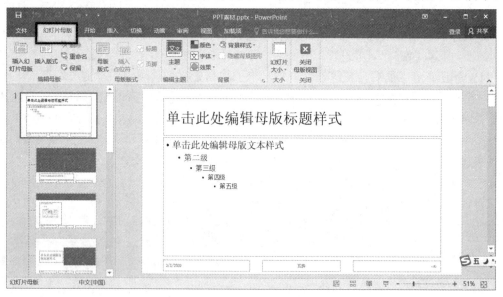

图 7-15   "幻灯片母版"视图编辑状态

在窗口左侧的列表中显示了多张不同版式的缩略图，其中最大的第一张为幻灯片母版，而下面的则是与幻灯片母版相关联的幻灯片版式，用户可以选择添加或删除。

(2) 选择第一张幻灯片母版后，可根据需要在"幻灯片母版"选项卡的"母版版式""编辑主题""背景"选项组中单击相应按钮来对母版的主题及背景进行设置，也可以通过"插入"选项卡的"图像"选项组中的"图片"按钮，将保存在磁盘上的图形文件插入母版，作为每一页幻灯片的背景，并且利用在 Word 2016 中学习到的图形编辑技术合理设置图形文件的大小、位置、版式、亮度及对比度等。

(3) 根据需要更改各对象的字体或项目符号，也可将其从母版中删除。

(4) 根据需要，插入并设置要显示在每页幻灯片上的文字(如姓名、公司地址、联系电话等)，艺术图片(如公司徽标等)，动作按钮(如第一页、前一页、后一页、最后一页等)。

(5) 根据需要更改各对象占位符的位置、大小和格式。

注意：占位符是一种带有虚线或阴影线边缘的框，在框内可以放置标题及正文，或者图表、表格和图片等对象，双击其边框可切换到"绘图工具"选项卡(见图 7-16)进行设置。

图 7-16　编辑演示文稿母版

（6）母版编辑完成后，可单击"幻灯片母版"选项卡上的"关闭"选项组中的"关闭母版视图"按钮，返回普通视图。

注意：可以像更改任何幻灯片一样更改幻灯片母版，但母版上的文本只用于样式，实际的文本(如标题和列表)应在普通视图的幻灯片上输入，而页眉、页脚应在"页眉和页脚"对话框中输入。

7.4.3　幻灯片的选定

在对幻灯片进行各种操作之前，应当先选定幻灯片。在演示文稿中选中幻灯片有以下两种方法：

（1）普通视图下，在主编辑区左侧的幻灯片缩略图列表中单击可选中一张幻灯片，单击的同时按下 Shift 键可选择多张连续的幻灯片，同时按下 Ctrl 键可选择多张不连续的幻灯片，按 Ctrl+A 组合键可选择所有幻灯片，如图 7-17 所示。

图 7-17　选择所有幻灯片

(2) 切换到幻灯片浏览视图，同样可以完成以上操作。

7.4.4　插入或删除幻灯片

在编辑演示文稿的过程中，可以根据需要增加若干张新幻灯片或删除不用的幻灯片。

(1) 定位到某一张幻灯片，在"开始"选项卡的"幻灯片"选项组中单击"新建幻灯片"按钮，或者按 Ctrl+M 组合键都可以在该幻灯片后面插入一张幻灯片。

注意：新插入的幻灯片将继承已设置的母版属性，并与上一张幻灯片版式相同。

(2) 定位到某一张幻灯片，在编辑区左侧的幻灯片缩略图中右击，从弹出的快捷菜单中选择"删除幻灯片"命令即可删除当前幻灯片。

7.4.5　移动或复制幻灯片

在编辑演示文稿的过程中可以根据实际情况移动幻灯片(如更改播放顺序)或复制幻灯片(如依据已经编辑好的幻灯片来快速创建新的、仅有细微区别的幻灯片)等。在 PowerPoint 的普通视图中，可以使用以下两种方法来完成幻灯片的移动和复制：

(1) 先在幻灯片缩略图列表中选定要移动或复制的一(多)张幻灯片，然后在选定的对象上右击，从快捷菜单中选择"剪切"或"复制"命令，再在目标位置右击，选择"粘贴"命令。

(2) 先在幻灯片缩略图列表中选定要移动或复制的一(多)张幻灯片，直接拖动到目标位置即可完成移动，如果拖动的同时按下 Ctrl 键，则可完成复制操作。

7.4.6　设置幻灯片版式

版式是指幻灯片中由系统预先定义好的各种对象(如文本、表格、图表、SmartArt 图形、影片、声音、图片及剪贴画等)的大小、位置及层次关系，以及幻灯片的主题(如字体、效果和背景)等内容，幻灯片版式说明如图 7-18 所示。

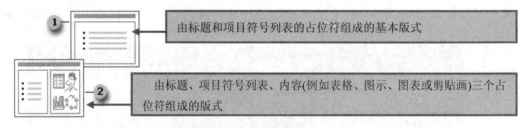

图 7-18　幻灯片版式说明

PowerPoint 2016 提供了 11 种不同形式的版式，如图 7-19 所示。用户可以在创建幻灯片时指定版式，也可以在创建幻灯片后更换版式。

(1) 创建幻灯片时指定版式。在"开始"选项卡的"幻灯片"选项组中单击"新建幻灯片"的下三角按钮，根据需要从版式列表中选择一种版式，然后根据提示在相应占位符中输入或插入对象即可。

(2) 更换版式。如果用户插入的原始版式不适应新项目的需要，可在幻灯片空白区域或边框上右击，从弹出的快捷菜单中选择"版式"命令，再从打开的"幻灯片版式"列表中选择一种新的版式即可。

图 7-19　PowerPoint 2016 版式列表

注意：如果要同时更换多张幻灯片版式，可先在主编辑区左侧的幻灯片缩略图列表中选中多张幻灯片，然后再执行以上操作。

(3) 重排版式：对于已应用到幻灯片中的版式，也可以根据需要对其进行修改，如调整位置和大小，以及使用填充颜色和边框设置格式等。

7.4.7　设置幻灯片主题

1．更换演示文稿主题

打开演示文稿后，在"设计"选项卡的"主题"选项组的主题列表中选择一种主题来设置文稿主题，也可以单击主题列表的"其他"按钮，在打开的下拉列表中选择其他主题(如"切片")，如图 7-20 所示。

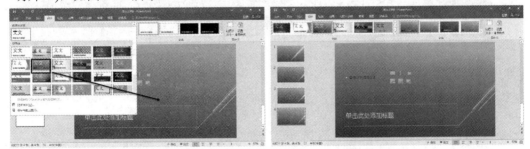

图 7-20　演示文稿应用"切片"主题前后效果

提示：将鼠标指针停留在某个主题图标上，可显示该主题的名字及应用该主题后的效果。

2．更换幻灯片主题

执行上面的操作可统一更换演示文稿所有幻灯片的主题，如果只想更换部分幻灯片的主题，可先在左侧幻灯片缩略图列表中选中幻灯片(如第一张幻灯片)，然后在选中的主题图标上右击，从弹出的快捷菜单中选择"应用于选定幻灯片"命令，如图 7-21 所示，即可更换该幻灯片的主题。

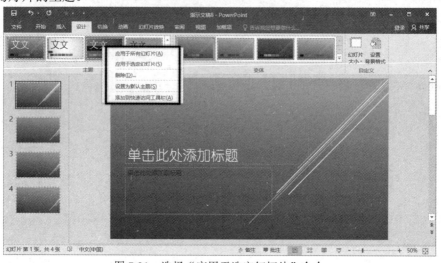

图 7-21　选择"应用于选定幻灯片"命令

7.4.8　设置背景

　　背景是演示文稿中非常重要的对象，它直接影响演示文稿的艺术性、观赏性。制作精美、搭配合理的背景能给观众留下深刻的印象。

　　PowerPoint 2016 虽然在系统主题中提供了背景功能，但是有时用户希望设置更具鲜明个性的背景，则可利用"设置背景格式"功能设置背景的颜色、渐变、纹理、图案，甚至将用户图片设置为背景。

　　(1) 在演示文稿中选择要设置背景的幻灯片，在"设计"选项卡的"自定义"选项组中单击"设置背景格式"按钮，打开"设置背景格式"任务窗格，如图 7-22 所示。

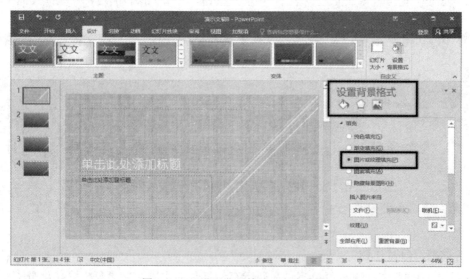

图 7-22　"设置背景格式"任务窗格

(2) 在"填充"选项组中选中"纯色填充"单选按钮，可将某种系统预定义颜色或用户自定义颜色设置为幻灯片背景。单击"颜色"按钮，在打开的"颜色"列表中可以选择一种系统颜色。也可以选择"其他颜色"命令，打开"颜色"对话框，在该对话框中选择更多颜色或使用 RGB 模式自定义颜色，如图 7-23 所示。

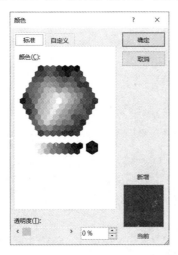

图 7-23　设置演示文稿背景颜色

　　如果需要，还可在"透明度"栏中拖动滑块控件或在文本框中输入一个数值来改变颜色的透明度。设置完成后，单击"确定"按钮可将颜色应用到当前幻灯片，单击"全部应用"按钮可将颜色应用到所有幻灯片。

　　提示：如果在幻灯片中已经应用了系统图形，可在任务窗格中选中"隐藏背景图形"复选框。

　　(3) 在任务窗格的"填充"选项组中选中"渐变填充"单选按钮，可将某种系统预定义渐变效果(将两种或两种以上的颜色混合在一起，并以某种特定的方式完成过渡)或用户自定义渐变效果设置为幻灯片背景。单击"预设颜色"按钮，从打开的下拉列表中选择一种系统预定义的渐变效果作为幻灯片背景，如图 7-24 所示。

图 7-24　设置演示文稿渐变背景

提示：将鼠标指针停留在图标上，可以显示预定义渐变效果的名称，如"浅色渐变-个性色1"等。

在"渐变光圈"栏中分别单击或拖动"停止点1""停止点2""停止点3"按钮，可以设置各停止点的颜色、亮度、透明度和渐变位置，如图7-25所示。

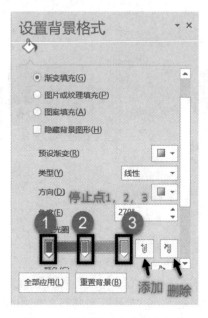

图7-25 设置演示文稿渐变属性

在"类型"下拉列表框、"方向"下拉列表框和"角度"文本框中可以分别设置颜色过渡的类型、方向和角度。图7-26显示了将停止点1、停止点2、停止点3设置为红、绿、蓝，位置为30%、60%、80%，亮度全为20%，透明度全为0%，渐变类型均为"线性"，方向均为"线性向上"，角度均为30°的效果。

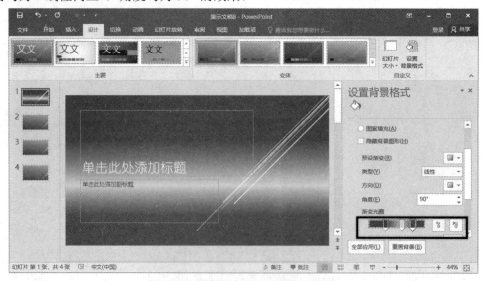

图7-26 设置渐变效果后的演示文稿

(4) 在任务窗格的"填充"选项组中选中"图片或纹理填充"单选按钮，可将保存在磁盘上的图片文件或系统预定义纹理设置为幻灯片背景，这也是设置幻灯片背景时常用的一种方式。单击"纹理"按钮，从打开的下拉列表框中选择一种系统预定义纹理作为背景，如图 7-27 所示。

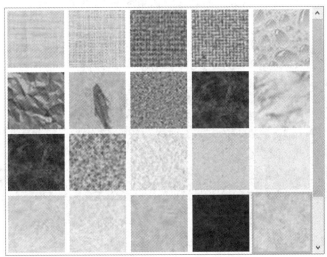

图 7-27　设置纹理背景

提示： 将鼠标指针停留在图标上，可以显示预定义纹理的名称，如"蓝色面巾纸"等。

单击"文件"按钮，可以从打开的"插入图片"对话框中选择用户图形文件作为背景，如图 7-28 所示。

图 7-28　选择用户图形作为背景

提示： 如果图片颜色不适合作为背景，可通过任务窗格中的"透明度"滑块来调整。

(5) 在任务窗格的"填充"选项组中选中"图案填充"单选按钮，可将系统预定义图案设置为幻灯片背景。从"图案"列表中选择一种系统预定义图案作为背景，可以通过单击列表下方的"前景""背景"按钮来设置图案的颜色，如图 7-29 所示。

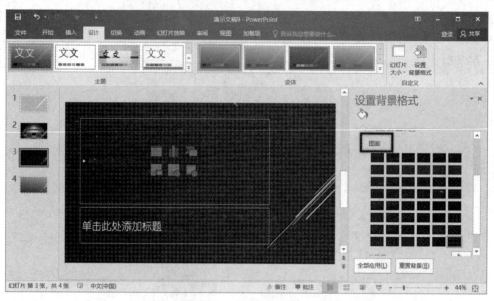

图 7-29　设置图案填充

7.4.9　输入和编排文字

在 PowerPoint 2016 中，文字对象是不能直接插入到幻灯片中的，要在幻灯片中插入文字，可按以下方法操作：

(1) 在创建幻灯片时如果使用了某种包含文本占位符的版式，可直接在占位符中输入文字，如图 7-30 所示。

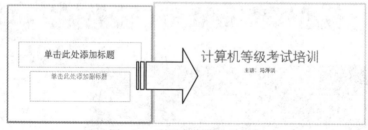

图 7-30　利用占位符输入文字

(2) 如果没有文字占位符或要在占位符外输入文字，应先创建一个文本框再输入文字。

在"插入"选项卡的"文本"选项组中单击"文本框"按钮，然后在幻灯片编辑区拖动鼠标来创建文本框边框，再输入文字，如图 7-31 所示。

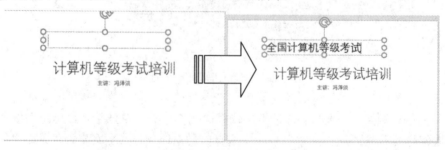

图 7-31　利用文本框输入文字

根据需要在"开始"选项卡的"字体""绘图"选项组，或者在"绘图工具|格式"选项卡中使用相应按钮对文本框进行美化。

7.4.10　插入和编辑图形、表格和图表

在演示文稿中灵活地使用图形、表格和图表，不仅可以准确、快速地传达信息，而且可以美化文档。

1. 插入和编辑图形

和 Word 2016 一样，在演示文稿中可使用的图形包括图片文件、剪贴画、形状、SmartArt 图形、文本框、艺术字及屏幕截图等，其插入和编辑方法也与 Word 相同，具体可参考第 5 章中关于图形处理的相关内容，这里仅以插入 SmartArt 图形为例进行简单讲解。

(1) 切换到需要插入图形的幻灯片。

(2) 在"插入"选项卡的"插图"选项组中单击 SmartArt 按钮。

(3) 根据需要在打开的"选择 SmartArt 图形"对话框中选择一种适合幻灯片主题的 SmartArt 图形，单击"确定"按钮将其插入当前幻灯片，如图 7-32 所示。

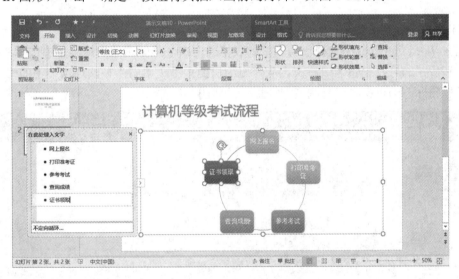

图 7-32　插入 SmartArt 图形到幻灯片

(4) 在 SmartArt 图形中输入相应内容。

2. 插入和编辑表格

在演示文稿中可以使用多种方法创建表格，既可以绘制表格，也可以复制 Word 或 Excel 中的表格，甚至还可以嵌入 Excel 表格。

(1) 绘制表格的方法。

切换到需要插入表格的幻灯片；在"插入"选项卡的"表格"选项组中单击"表格"按钮；在表格模型中拖动，确定好表格的行数和列数后单击，即可在幻灯片中插入一个默认样式的表格，如图 7-33 所示。

提示：也可以选择表格模型下方的"插入表格"命令或"绘制表格"命令来创建表格。

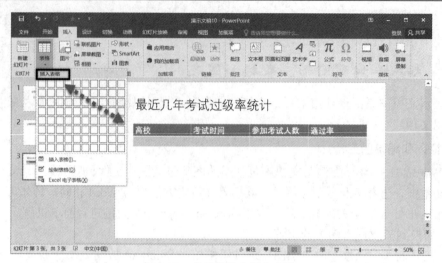

图 7-33　在幻灯片中插入表格

单击表格可激活"表格工具"选项卡，可以根据需要利用相关按钮对表格进行编辑和美化。

(2) 复制 Word 或 Excel 表格。

先在 Word 或 Excel 中选择已编辑好的表格并右击，从弹出的快捷菜单中选择"复制"命令，然后在幻灯片编辑区中右击，从弹出的快捷菜单中单击"粘贴选项"中的"使用目标样式"图标，即可将表格复制到幻灯片中，如图 7-34 所示。

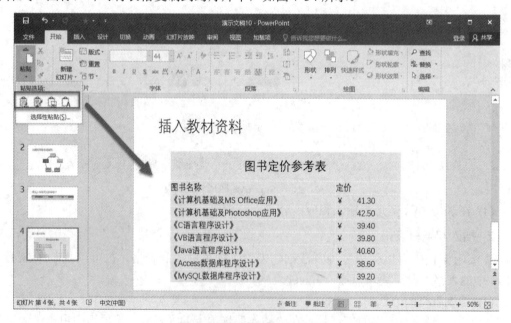

图 7-34　复制表格到幻灯片中

(3) 嵌入 Excel 表格。

切换到需要嵌入 Excel 表格的幻灯片；在"插入"选项卡的"表格"选项组中单击"表格"按钮；在打开的表格模型下方选择"Excel 电子表格"命令，即可在幻灯片中插入一个空白的 Excel 表格，如图 7-35 所示。

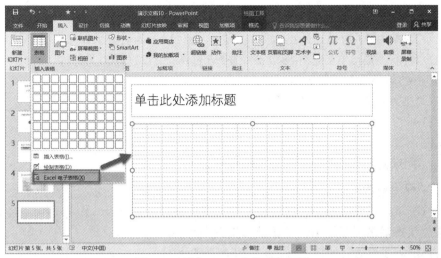

图 7-35　嵌入 Excel 表格到幻灯片

3. 插入和编辑图表

在演示文稿中除了可以将 Excel 已编辑好的图表复制到幻灯片中外，还可以单击"插入"选项卡的"插图"选项组中的"图表"命令来创建图表。创建图表后，还可以在"图表工具|设计"选项卡的"数据"选项组中单击"编辑数据"按钮，调用 Excel 程序对图表进行编辑。

7.4.11　添加声音和视频

为了增加幻灯片的播放效果，烘托幻灯片的场景，可以往幻灯片中添加音频和视频。在放映幻灯片时，可以将这些音频和视频设置为自动开始播放、单击鼠标时播放或循环播放直至退出放映。

PowerPoint 2016 支持多种可以插入幻灯片的音频和视频文件类型，如剪辑管理器中的音频、文件中的音频、录制的音频文件、剪辑管理器中的影片、文件中的影片以及来自网站的视频。

1. 插入文件中的视频或声音

(1) 切换到需要插入视频或声音的幻灯片。

(2) 在"插入"选项卡的"媒体"组中单击"视频"或"音频"按钮，在打开的下拉菜单中选择"PC 上的视频"或"PC 上的音频"命令(见图 7-36)，打开"插入视频文件"或"插入音频文件"对话框，在该对话框中定位并选择一个视频文件或音频文件即可。

图 7-36　选择 PC 上的视、音频命令

2. 录制声音

在演示文稿中除了可以插入已有的声音外，还可以根据需要录制来自计算机声卡或来自话筒的声音(前提是已安装好相应设备并在 Windows 中设置好相关属性)。

(1) 切换到需要插入录音的幻灯片。

(2) 在"插入"选项卡的"媒体"组中单击"音频"按钮，在打开的下拉菜单中选择"录制音频"命令，打开"录制声音"对话框，在"名称"文本框中输入音频名称，单击录音按钮即可，如图 7-37 所示。

3. 视频或声音的剪辑与播放控制

默认情况下，插入视频或音频的演示文稿在幻灯片进入播放状态后需要手工单击"播放"按钮进行播放，也可根据需要设置其他播放方式或对其进行剪辑。

图 7-37　在演示文稿中录制音频

(1) 在幻灯片中单击视频或声音图标，PowerPoint 2016 会自动在窗口中显示"视频工具"或"音频工具"选项卡。

(2) 利用"播放"选项卡可对视频或音频的播放属性进行设置，或对其进行剪辑、淡化等操作。"视频工具|播放"选项卡如图 7-38 所示。

图 7-38　"视频工具|播放"选项卡

7.4.12　插入动作按钮

在 PowerPoint 2016 中，演示文稿的放映总是按幻灯片的先后顺序播放的，当需要改变这个顺序时，可以使用动作按钮和下面将要介绍的超链接来完成。用户可以在幻灯片中插入动作按钮，或将幻灯片中的某些对象(如文字、图形等)设置成动作按钮。通过动作按钮，既可以跳转到演示文稿的其他幻灯片，也可以播放演示文稿之外的视频、音频，还可以启动其他应用程序，链接到其他文档或 Internet 网址。

1. 插入动作按钮

(1) 定位到要插入动作按钮的幻灯片。

(2) 在"插入"选项卡的"插图"选项组中单击"形状"按钮，在"形状"下拉列表底部的"动作按钮"组中根据需要单击相应的图标(如"前进或下一项")。

(3) 按住鼠标左键在幻灯片上拖动，松开鼠标左键后将自动打开"操作设置"对话框，如图 7-39(a)所示。在对话框中设置好动作方式后单击"确定"按钮，即可在幻灯片中插入一个动作按钮，如图 7-39(b)所示。

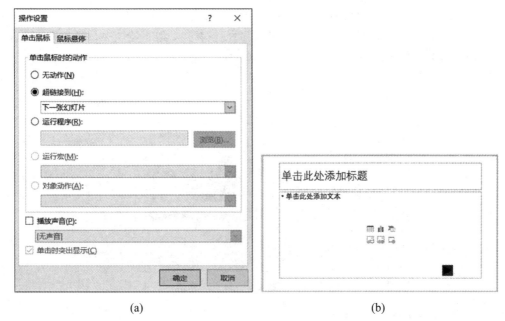

图 7-39　在幻灯片中插入动作按钮

2. 将对象设置成动作按钮

在幻灯片中除了可以插入系统定义的动作按钮外，还可将文字、图形等对象设置成动作按钮。先选定要设置为动作按钮的对象，然后在"插入"选项卡的"链接"选项组中单击"动作"按钮，在打开的"操作设置"对话框中进行相应设置，单击"确定"按钮即可将该对象设置成一个动作按钮。

注意：
- 可以在母版上插入动作按钮，那么该按钮在整个演示文稿中都可用。
- 动作按钮的使用效果只有在幻灯片放映时才能看到。
- 如果将文字设置为动作按钮，系统会自动根据配色方案更改其颜色，并显示下划线。
- 在放映幻灯片的过程中，当鼠标指针指向动作按钮时，指针会变成"手"形，单击可激活动作。

7.4.13　插入超链接

在 PowerPoint 2016 中可以为文本或其他对象(如图片、图形、形状或艺术字等)设置超链接，控制演示文稿在放映时从一张幻灯片跳转到另一张幻灯片、打开网页或文件。

(1) 在幻灯片中选中要设置为超链接的对象。

(2) 在"插入"选项卡的"链接"组选项中单击"超链接"按钮，打开"插入超链接"对话框，如图 7-40 所示。

(3) 根据需要在对话框的"链接到"栏中选择一种链接方式。

(4) 单击"屏幕提示"按钮，打开"设置超链接屏幕提示"对话框，在"屏幕提示文本"文本框中输入鼠标指针停放在超链接上时显示的提示信息。

注意：
- 动作效果只有在幻灯片放映时才能看到。

- 如果将文字设置为超链接，系统会自动根据配色方案更改其颜色，并显示下划线。
- 在放映幻灯片的过程中，当鼠标指针指向超链接时，指针会变成"手"形，单击可激活指定的链接对象。

图 7-40 "插入超链接"对话框

7.4.14 设置幻灯片切换

幻灯片切换是指演示文稿在播放过程中从前一张幻灯片更换到后一张幻灯片的方式和效果。在 PowerPoint 2016 中，幻灯片切换默认是静态(前一张直接消失，后一张直接出现)、手工切换(在演示文稿放映的过程中，通过单击或按空格键、Enter 键来切换)。用户可以根据需要设置动态切换、定时切换和排练计时切换等效果。

1. 设置动态切换效果

(1) 定位到需要设置切换效果的幻灯片，在"切换"选项卡的"切换到此幻灯片"选项组中选择一种切换效果(如"淡出")，如图 7-41 所示。

图 7-41 选择一种切换效果

(2) 单击效果列表右侧的"效果选项"，在打开的下拉列表中选择一种效果。

(3) 在"计时"选项组中根据需要对切换速度、换片声音、换片方式及自动换片时间等项目进行设置。

(4) 单击"预览"按钮可以观察设置的效果。

(5) 若要将此切换效果应用于全部幻灯片，则应单击"全部应用"按钮。

2. 设置定时切换效果

选中"计时"选项组的"设置自动换片时间"复选框，并在其后面的文本框中输入一个数据，演示文稿在放映时就会按设定的时间间隔自动切换到下一张幻灯片。

3. 设置排练计时切换效果

虽然"切换"选项卡提供了定时换片功能，但如果要对所有的幻灯片都设置定时切换，则显得烦琐、粗糙。因此，PowerPoint 2016 还提供了另一种更为科学的换片方式——排练计时，就是在幻灯片正式放映前，先由演讲者用试讲的方式设置每一页幻灯片的播放时间，系统会自动将每一页所需的时间记录在演示文稿中，当下一次播放时，系统会自动按预先设置的时间间隔来切换幻灯片。

(1) 在"幻灯片放映"选项卡的"设置"选项组中单击"排练计时"按钮，PowerPoint 2016 会从第一张幻灯片开始自动放映，并在屏幕上显示"录制"对话框，如图 7-42 所示。

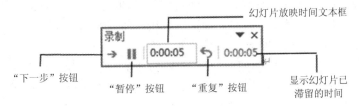

图 7-42　"录制"对话框

(2) 从第一张幻灯片放映开始，试讲人就可以根据内容进行试讲。随着试讲进行，计时框中显示本张幻灯片所用的时间，对话框的右边显示排练总计时。当讲完一张后，可单击"下一项"按钮 →，对下一张幻灯片进行试讲、计时。单击"重复"按钮 ↩ 可以暂停录制。如此反复，就可以对所有幻灯片设定时间。

(3) 当最后一张幻灯片播放完成后，退出排练计时，并切换到幻灯片浏览视图，在每张幻灯片的右下角都会显示其切换的时间间隔，如图 7-43 所示。

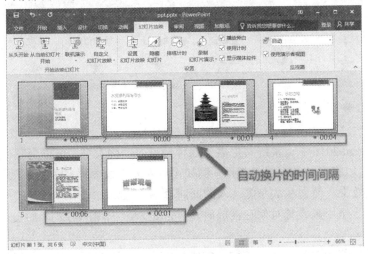

图 7-43　设置排练计时后的演示文稿

7.4.15 设置动画

幻灯片切换虽然可以为演示文稿设置一定的动态效果，但这种效果只对整张幻灯片有效，如果要单独为幻灯片内部的各种对象设置动画效果和播放顺序，则需要用到"自定义动画"功能。

通过 PowerPoint 2016 的动画设置，可以设定幻灯片中的文本、图片、形状、表格、SmartArt 图形和其他对象的出现顺序和消失顺序，并给这些对象添加特殊的视觉或声音效果。例如，可以使文本项目符号点逐字从左侧飞入，或者在显示图片时播放掌声，并赋予它们进入、退出、大小或颜色变化甚至移动等视觉效果。

提示： 虽然在演示文稿中设置动画可以增加演示的趣味性、生动性和感染力，但是过多的动画也会分散观众的注意力，不利于信息的传达。因此，设置动画应遵循适当、简化和创新的原则。

1. 为对象添加动画

在给对象设置动画之前，所有对象是随着幻灯片切换而整体出现和消失的。用户可以给对象设置动画，让这些对象在幻灯片切换后按指定的顺序和方式出现、变化和消失。

(1) 先在幻灯片中选中要设置动画的对象，然后在"动画"选项卡的"动画"选项组中单击一种预设动画方案，也可单击"动画"列表右侧的"其他"按钮或在"高级动画"选项组中单击"添加动画"按钮，在打开的动画分组列表(见图 7-44)中选择更多的动画效果。

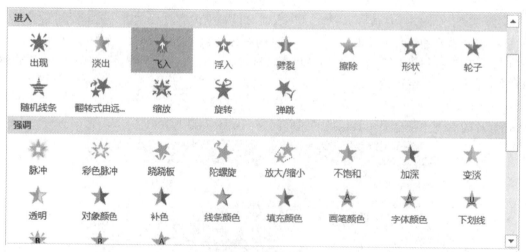

图 7-44 动画分组列表

在 PowerPoint 2016 中，系统共提供了四种预设的动画类型，可以为某个对象单独添加一种动画，也可以将多种效果组合使用。例如可以对一行文本添加"飞入"进入效果及"放大/缩小"强调效果，使它在从左侧飞入的同时逐渐放大。

① "进入"组用来设置对象在播放时从外部进入或出现的方式，如飞入、淡出、出现及旋转等。

② "强调"组用来设置在播放过程中需要突出显示对象的方式，如脉冲、放大/缩小、

变淡、加深等。

③ "退出"组用来设置对象离开时的方式，如消失、淡出、飞出等。

(2) 如果在分组列表中没有找到满意的动画效果，可以分别选择列表下面的"更多进入效果""更多强调效果""更多退出效果""其他动作路径"命令，打开相应的对话框，如图 7-45 所示，然后单击"确定"按钮。

　(a) "更改进入效果"对话框　　　　(b) "更改强调效果"对话框

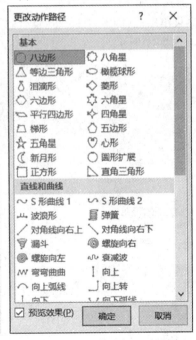

　(c) "更改退出效果"对话框　　　　(d) "更改动作路径"对话框

图 7-45　动画分组列表

2. 设置动画效果

为对象添加动画后，还可以进一步为动画设置更多的效果，如设置动画开始播放的方式、调整动画播放速度、添加动画配音等。

(1) 先在幻灯片中选中已设置动画效果的对象，然后在"动画"选项卡的"动画"选项组中单击"效果选项"按钮，从打开的下拉列表中选择一种效果。

(2) 在"计时"选项组的"开始"下拉列表框中设置对象动画出现的方式，默认为单击(或按 Enter 键)时开始此动画。

(3) 在"持续时间"文本框中输入或设置动画播放的持续时间，数值越大，放映速度越慢。

3. 使用动画窗格

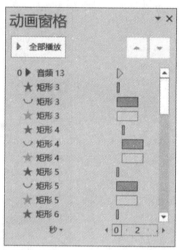

对于幻灯片中多个设置了动画的对象，默认按照对象设置动画效果的先后顺序进行播放。用户可以根据需要在"动画窗格"任务窗格中调整播放顺序，也可以对对象的增强动画效果进行设置。

(1) 在"高级动画"选项组中单击"动画窗格"按钮，打开"动画窗格"任务窗格，如图 7-46 所示。

(2) 在"动画窗格"任务窗格中按先后顺序显示了当前幻灯片中已设置动画效果的全部对象的名称及动画类型简图(单击或指向简图可显示详细信息)，先在对象名称上单击选中此动画，然后通过窗格下方的"重新排序"按钮来调整动画的播放顺序，也可右击对象或单击其右端的下三角按钮，在打开的对象动画快捷菜单中选择相应的命令(如"效果选项"命令)来完成设置，如图 7-47 所示。

图 7-46　"动画窗格"任务窗格

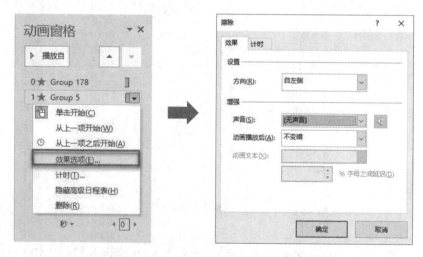

图 7-47　利用动画窗格设置对象动画效果

4. 使用动画刷

PowerPoint 2016 提供的动画刷和 Word 2016 的格式刷非常相似，可以完成动画格式的复制。如果预先对某个对象设置了一系列的动画效果，而演示文稿中的其他对象也需要设置相同的效果，则可使用动画刷来快速完成。

(1) 在幻灯片中选中一个已经设置好动画效果的对象。

(2) 在"动画"选项卡的"高级动画"选项组中单击"动画刷"按钮，此时鼠标指针变成带有刷子的形状。

(3) 在幻灯片中单击需要设置相同动画效果的对象，即可快速为此对象复制已设置的动画效果。如果双击"动画刷"按钮，则可为多个对象复制动画效果，直到再次单击"动画刷"按钮。

7.4.16　录制幻灯片演示

演示文稿编辑完成后，如果希望让演示文稿在放映时自动切换并播放讲解声音，可先对幻灯片的播放过程进行录制(录制幻灯片兼备排练计时的功能)，操作步骤如下：

(1) 打开要录制演示的演示文稿，在"幻灯片放映"选项卡的"设置"选项组中单击"录制幻灯片演示"下三角按钮，从打开的下拉菜单中选择"从头开始录制"命令，打开"录制幻灯片演示"对话框，如图 7-48 所示。

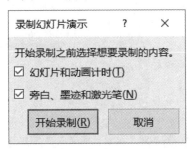

图 7-48　"录制幻灯片演示"对话框

(2) 根据需要在"录制幻灯片演示"对话框中进行相应设置并单击"开始录制"按钮，演示文稿自动进入放映状态并在工作窗口中显示"录制"控制条。

(3) 根据内容逐一对每张幻灯片进行讲解，必要时可设置荧光笔对屏幕进行圈注。录制完一张幻灯片后单击，接着录制下一张。在录制过程中，如果需要可单击"录制"控制条上的"暂停录制"按钮。全部播放完成后，按任意键退出放映并返回到幻灯片浏览视图。

7.4.17　自定义幻灯片放映

在默认情况下，演示文稿会播放其中的所有幻灯片，如果希望同一个演示文稿在不同的场合播放不同的内容，可以使用"自定义幻灯片放映"功能将一个演示文稿中的幻灯片分成若干个组，放映时根据观众的不同要求放映演示文稿中的特定部分。例如某演示文稿包含幻灯片 1～5，可以为第一组创建一个名为"员工"的自定义放映，该组只包含幻灯片 1、3、5；为第二组创建一个名为"经理"的自定义放映，该组包含幻灯片 1、2、4、5。

(1) 打开需要设置自定义幻灯片放映的演示文稿。

(2) 在"幻灯片放映"选项卡的"开始放映幻灯片"选项组中单击"自定义幻灯片放映"按钮，在打开的列表中选择"自定义放映"命令，打开"自定义放映"对话框，如图 7-49 所示。

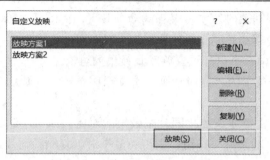

图 7-49　"自定义放映"对话框

(3) 在对话框中单击"新建"按钮，打开"定义自定义放映"对话框，在"幻灯片放映名称"文本框中输入名称(如"放映方案 1")，在"在演示文稿中的幻灯片"列表框中选择幻灯片，单击"添加"按钮，被选中的幻灯片自动添加到右侧列表框中，如图 7-50 所示。单击"删除"按钮×，可以对右侧列表框中的幻灯片撤销选取。

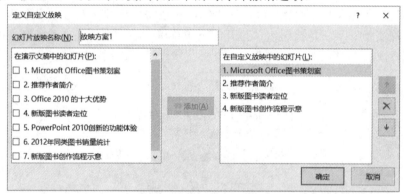

图 7-50　设置自定义放映选项

(4) 单击"确定"按钮，返回"自定义放映"对话框。如果需要，还可再单击"新建"按钮，建立其他的分组和内容。在"自定义放映"列表框中，可以选中某个分组名称，单击"放映"按钮查看设置效果，也可单击"关闭"按钮退出自定义放映设置。

(5) 放映时，先单击"自定义幻灯片放映"按钮，然后在打开的列表中选择一个分组，就可以放映自定义的演示文稿了。

7.5　在浏览视图下编辑演示文稿

幻灯片浏览视图是 PowerPoint 2016 中的辅助编辑视图，虽然在该视图下不能对幻灯片的详细内容进行编辑和修改，但可以从全局上对幻灯片进行取舍和顺序调整，还可以实现在不同的演示文稿之间复制、移动幻灯片(注意：另一个演示文稿也必须打开并切换到幻灯片浏览视图)。当切换到幻灯片浏览视图后，在主编辑区内按序号顺序显示演示文稿中全部幻灯片的缩略图，在每张缩略图的下方显示该幻灯片的放映设置信息(如切换、动画、定时等)。

1. 选定幻灯片

(1) 选定一张幻灯片。单击选中幻灯片，其就被红色粗线框包围。

(2) 选定连续多张幻灯片。先选定第一张幻灯片，按住 Shift 键，再单击最后一张幻灯片。

(3) 选定不连续多张幻灯片。按住 Ctrl 键，再单击欲选中的每一张幻灯片。

(4) 全选。在"开始"选项卡的"编辑"选项组中单击"选择"按钮，在打开的菜单中选择"全选"命令，或按 Ctrl+A 组合键可选定全部幻灯片。

2. 复制、移动幻灯片

(1) 在同一演示文稿内：先选中要复制或移动的幻灯片，按 Ctrl+C 组合键或 Ctrl+X 组合键，然后将插入点放置到要粘贴的位置，按 Ctrl+V 组合键。或者选中要复制或移动的幻灯片，直接拖动即可将其移动到新位置，如果在拖动时按住 Ctrl 键就可完成复制操作。

(2) 在不同演示文稿间：先选中要复制或移动的幻灯片，按 Ctrl+C 组合键或 Ctrl+X 组合键，然后将插入点定位到另一演示文稿(也需要切换到幻灯片浏览视图)要粘贴的位置，按 Ctrl+V 组合键。

3. 删除幻灯片

选中要删除的幻灯片，按 Delete 键即可删除。

7.6　播放演示文稿

在编辑演示文稿的过程中，为了即时观看某页幻灯片的实际动态效果，可以单击窗口右下角视图切换按钮组中的"幻灯片放映"按钮或按 Shift+F5 键，即可从当前幻灯片开始播放。当全部幻灯片创建完成后，可以在"幻灯片放映"选项卡的"开始放映幻灯片"选项组中单击"从头开始"按钮，或者按 F5 键，从第一张幻灯片开始放映(如果在演示文稿中设置了"排练计时"或"录制幻灯片演示"，系统会按相应规则进行放映)。如果设置的是手动切换，则每单击一次鼠标或按 Enter 键会更换到下一张幻灯片，直到结束。如果中途要退出放映，可右击幻灯片，从弹出的快捷菜单中选择"结束放映"命令，或按 Esc 键。

另外，在幻灯片放映过程中右击，从弹出的快捷菜单中选择"上一张""下一张"或"定位"命令可以跳转到演示文稿内的上一张幻灯片、下一张幻灯片或任意一张幻灯片。选择"屏幕"命令可以切换到黑屏/白屏模式或建立放映备注。选择"指针选项"命令可以将鼠标指针变成各种颜色的"绘图笔"，在所放映的幻灯片上即时书写，还可以用"橡皮擦"命令擦除所写内容。

7.7　打印演示文稿

虽然演示文稿主要用于屏幕展示，但是 PowerPoint 仍然提供了打印的功能，帮助观众在观看演示时参考相应的内容，或者留作以后参考。

1. 设置幻灯片大小、页面方向和起始幻灯片编号

(1) 在"设计"选项卡的"自定义"选项组中单击"幻灯片大小"按钮，在打开的下拉菜单中选择"自定义幻灯片大小"命令，打开"幻灯片大小"对话框。

(2) 在"幻灯片大小"下拉列表框中选择纸张的大小。

(3) 在"方向"选项组的"幻灯片"栏中单击"横向"或"纵向"单选按钮，可为幻灯片设置页面方向。

(4) 在"幻灯片编号起始值"文本框中输入要在第一张幻灯片或讲义上打印的编号，随后的幻灯片编号会在此编号基础上递增。

注意：以上设置应在添加内容之前完成，如果在添加内容之后进行设置，则可能会缩放内容。

2. 打印幻灯片或讲义

打印幻灯片或讲义的操作步骤如下。

(1) 执行"文件"→"打印"命令，打开"打印"窗口。

(2) 在"份数"文本框中输入要打印的数量。

(3) 在"打印机"下拉列表框中选择要使用的打印机。

(4) 在"设置"下拉列表框中可以执行以下操作：

① 若要打印所有幻灯片，选择"打印全部幻灯片"项。

② 要打印所选的一张或多张幻灯片，选择"打印所选幻灯片"项。

③ 仅打印当前显示的幻灯片，选择"打印当前幻灯片"项。

④ 要按编号打印特定幻灯片，选择"自定义范围"项，然后在"幻灯片"文本框中输入各幻灯片的列表和(或)范围，如"1，3，5-12"。

(5) 在"其他设置"组中可以执行以下操作：

① 在"整页幻灯片"下拉列表框中执行的操作如下。

• 若要在一整页上打印一张幻灯片，须在"打印版式"下单击"整页幻灯片"。

• 若要以讲义格式在一页上打印一张或多张幻灯片，须在"讲义"下选择每页所需的幻灯片数，以及希望按垂直顺序还是水平顺序显示这些幻灯片。

• 若要在幻灯片周围打印一个细边框，须选择"幻灯片加框"命令。

• 若要在打印机选择的纸张上打印幻灯片，须选择"根据纸张调整大小"命令。

• 若要增大分辨率、混合透明图形及打印柔和阴影，须选择"高质量"命令。

② 在"单面打印"下拉列表框中可以选择是在纸张的单面打印还是在纸张的双面打印。

③ 在"调整"下拉列表框中可以选择是否逐份打印幻灯片。

④ 在"颜色"下拉列表框中可以选择执行以下操作。

• 颜色。选择"颜色"项，可在彩色打印机上以彩色打印。

• 灰度。选择"灰度"项，打印的图像包含介于黑色和白色之间的各种灰色调。

• 纯黑白。选择"纯黑白"项，可打印不带灰填充色的讲义。

⑤ 要更改页眉和页脚，可单击"编辑页眉和页脚"链接，在打开的"页眉和页脚"对话框中进行设置。

⑥ 设置完成后，单击"打印"按钮。

3. 保存打印设置

如果要重置打印选项并将其作为默认设置保留，可执行下列操作：

(1) 执行"文件"→"选项"命令，在打开的"PowerPoint 选项"对话框中单击"高级"选项。

(2) 在"打印此文档时"选项组中单击"使用最近使用过的打印设置"单选按钮，单击"确定"按钮。

7.8　打包演示文稿

PowerPoint 2016 还提供了将演示文稿打包成 CD 的功能，以便将演示文稿和其包含的所有链接文件(如链接的声音、电影及文稿中使用的特殊字体等)甚至 PowerPoint 播放器捆绑在一起，使演示文稿能够在没有安装 PowerPoint 2016 的计算机上播放演示。

1. 打包演示文稿

(1) 打开要打包的演示文稿，执行"文件"→"导出"命令，在打开的"导出"窗口中单击"将演示文稿打包成 CD"图标，在右侧区域中单击"打包成 CD"按钮，打开"打包成 CD"对话框，如图 7-51 所示。

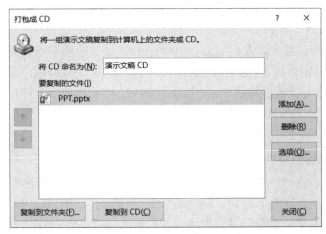

图 7-51　"打包成 CD"对话框

(2) 在"要复制的文件"列表框中显示了当前要打包的演示文稿，若希望将其他演示文稿一起打包，则单击"添加"按钮，在打开的"添加文件"对话框中选择要打包的文件。

(3) 在默认情况下，打包功能包含了与演示文稿相关的"链接文件"和"嵌入的 TrueType 字体"，若想改变这些设置，单击"选项"按钮，在打开的"选项"对话框(见图 7-52)中进行设置。

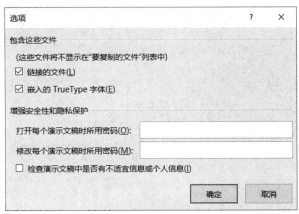

图 7-52　"选项"对话框

(4) 若在"打包成 CD"对话框中单击"复制到文件夹",则打开"复制到文件夹"对话框,如图 7-53 所示。在其中指定一个文件夹名称和路径位置,单击"确定"按钮,系统开始打包并存放到设定的文件夹中。

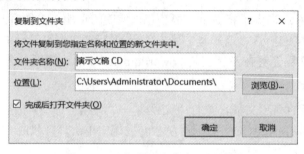

图 7-53　"复制到文件夹"对话框

2. 运行打包的演示文稿

演示文稿打包后,就可以在没有安装 PowerPoint 软件的环境下放映。打开包含打包文件的文件夹,在联网的前提下,双击该文件夹的网页文件,在打开的网页上单击"Download Viewer"按钮,下载并安装播放器 PowerPointViewer。启动播放器,打开 PowerPointViewer 对话框,定位到打包文件夹,选择某个演示文稿文件,单击"打开"按钮,即可放映该演示文稿。

3. 将演示文稿转换为自放映格式

打开演示文稿,执行"文件"→"导出"命令,在打开的"导出"窗口中单击"更改文件类型"图标,在右侧的下拉列表框中选择 PowerPoint 放映项(见图 7-54)。单击"另存为"按钮,在打开的"另存为"对话框中设置自放映格式文件保存的名称和位置,这样演示文稿就能在没有安装 PowerPoint 软件的计算机上正常播放,但该类型的文件不能被编辑。

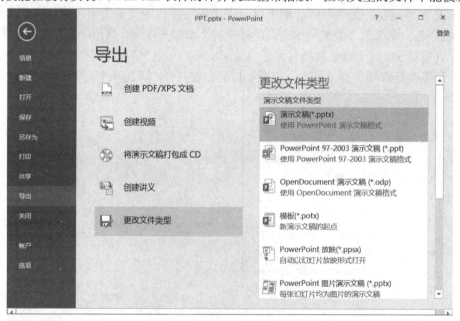

图 7-54　选择 PowerPoin 放映项

附录1　全国计算机等级考试二级公共基础知识考试大纲(2021年版)

基本要求

1. 掌握计算机系统的基本概念，理解计算机硬件系统和计算机操作系统。
2. 掌握算法的基本概念。
3. 掌握基本数据结构及其操作。
4. 掌握基本排序和查找算法。
5. 掌握逐步求精的结构化程序设计方法。
6. 掌握软件工程的基本方法，具有初步应用相关技术进行软件开发的能力。
7. 掌握数据库的基本知识，了解关系数据库的设计。

考试内容

一、计算机系统

1. 掌握计算机系统的结构。
2. 掌握计算机硬件系统结构，包括 CPU 的功能和组成、存储器分层体系、总线和外部设备。
3. 掌握操作系统的基本组成，包括进程管理、内存管理、目录和文件系统、I/O 设备管理。

二、基本数据结构与算法

1. 算法的基本概念，算法复杂度的概念和意义(时间复杂度与空间复杂度)。
2. 数据结构的定义，数据的逻辑结构与存储结构，数据结构的图形表示，线性结构与非线性结构的概念。
3. 线性表的定义，线性表的顺序存储结构及其插入与删除运算。
4. 栈和队列的定义，栈和队列的顺序存储结构及其基本运算。
5. 线性单链表、双向链表与循环链表的结构及其基本运算。
6. 树的基本概念，二叉树的定义及其存储结构，二叉树的前序、中序和后序遍历。
7. 顺序查找与二分法查找算法,基本排序算法(交换类排序、选择类排序、插入类排序)。

三、程序设计基础

1. 程序设计方法与风格。
2. 结构化程序设计。
3. 面向对象的程序设计方法，对象，方法，属性及继承与多态性。

四、软件工程基础

1. 软件工程基本概念，软件生命周期概念，软件工具与软件开发环境。

2. 结构化分析方法，数据流图，数据字典，软件需求规格说明书。

3. 结构化设计方法，总体设计与详细设计。

4. 软件测试的方法，白盒测试与黑盒测试，测试用例设计，软件测试的实施，单元测试、集成测试和系统测试。

5. 程序的调试，静态调试与动态调试。

五、数据库设计基础

1. 数据库的基本概念，数据库，数据库管理系统，数据库系统。

2. 数据模型，实体联系模型及 E-R 图，从 E-R 图导出关系数据模型。

3. 关系代数运算：包括集合运算及选择、投影、连接运算，数据库规范化理论。

4. 数据库设计方法和步骤，需求分析、概念设计、逻辑设计和物理设计的相关策略。

考试方式

1. 公共基础知识不单独考试，与其他二级科目组合在一起，作为二级科目考核内容的一部分。

2. 上机考试，10 道单项选择题，占 10 分。

附录 2　MS Office 高级应用练习题

练习题 1

公共基础知识部分

1. 程序流程图中带有箭头的线段表示的是(　　)。

A) 图元关系　　　　B) 数据流　　　　C) 控制流　　　　D) 调用关系

2. 结构化程序设计的基本原则不包括(　　)。

A) 多态性　　　　B) 自顶向下　　　　C) 模块化　　　　D) 逐步求精

3. 软件设计中模块划分应遵循的准则是(　　)。

A) 低内聚低耦合　　　　　　　B) 高内聚低耦合

C) 低内聚高耦合　　　　　　　D) 高内聚高耦合

4. 在软件开发中，需求分析阶段产生的主要文档是(　　)。

A) 可行性分析报告　　　　　　B) 软件需求规格说明书

C) 概要设计说明书　　　　　　D) 集成测试计划

5. 算法的有穷性是指(　　)。

A) 算法程序的运行时间是有限的

B) 算法程序所处理的数据量是有限的

C) 算法程序的长度是有限的

D) 算法只能被有限的用户使用

6. 对长度为 n 的线性表排序，在最坏情况下，比较次数不是 $n(n-1)/2$ 的排序方法是(　　)。

A) 快速排序　　　　B) 冒泡排序　　　　C) 直接插入排序　　　　D) 堆排序

7. 下列关于栈的叙述正确的是(　　)。

A) 栈按"先进先出"组织数据

B) 栈按"先进后出"组织数据

C) 只能在栈底插入数据

D) 不能删除数据

8. 在数据库设计中，将 E-R 图转换成关系数据模型的过程属于(　　)。

A) 需求分析阶段　　　　　　　B) 概念设计阶段

C) 逻辑设计阶段　　　　　　　D) 物理设计阶段

9. 设 R、S 和 T 的关系如下：

	S		
	B	C	D

R		
B	C	D
a	0	k1
b	1	n1

S		
B	C	D
f	3	h2
a	0	k1
n	2	x1

T		
B	C	D
a	0	k1

若由关系 R 和 S 通过运算得到关系 T，则所使用的运算为(　　)。

　　A) 并　　　　　　　B) 自然连接　　　　　　C) 笛卡尔积　　　　　　D) 交

10. 有表示学生选课的三张表，学生 S(学号、姓名、性别、年龄、身份证号)，课程 C(课号、课名)，选课 SC(学号、课号、成绩)，则表 SC 的关键字(键或码)为(　　)。

　　A) 课号，成绩　　　　　　　　　　B) 学号，成绩

　　C) 学号，课号　　　　　　　　　　D) 学号，姓名，成绩

11. 世界上公认的第一台电子计算机诞生在(　　)。

　　A) 中国　　　　　B) 美国　　　　　　　C) 英国　　　　　　　D) 日本

12. 下列关于 ASCII 编码的叙述中，正确的是(　　)。

　　A) 一个字符的标准 ASCII 码占一个字节，其最高二进制位总为 1

　　B) 所有大写英文字母的 ASCII 码值都小于小写英文字母 'a' 的 ASCII 码值

　　C) 所有大写英文字母的 ASCII 码值都大于小写英文字母 'a' 的 ASCII 码值

　　D) 标准 ASCII 码表有 256 个不同的字符编码

13. CPU 主要技术性能指标有(　　)。

　　A) 字长、主频和运算速度　　　　　　B) 可靠性和精度

　　C) 耗电量和效率　　　　　　　　　　D) 冷却效率

14. 计算机系统软件中，最基本、最核心的软件是(　　)。

　　A) 操作系统　　　　　　　　　　　　B) 数据库管理系统

　　C) 程序语言处理系统　　　　　　　　D) 系统维护工具

15. 下列关于计算机病毒的叙述中，正确的是(　　)。

　　A) 反病毒软件可以查、杀任何种类的病毒

　　B) 计算机病毒是一种被破坏了的程序

　　C) 反病毒软件必须随着新病毒的出现而升级，提高查、杀病毒的功能

　　D) 感染过计算机病毒的计算机具有对该病毒的免疫性

16. 高级程序设计语言的特点是(　　)。

　　A) 高级语言数据结构丰富

　　B) 高级语言与具体的机器结构密切相关

　　C) 高级语言接近算法语言不易掌握

　　D) 用高级语言编写的程序计算机可立即执行

17. 计算机的系统总线是计算机各部件间传递信息的公共通道，它分(　　)。

　　A) 数据总线和控制总线　　　　　　　B) 地址总线和数据总线

　　C) 数据总线、控制总线和地址总线　　D) 地址总线和控制总线

18. 计算机网络最突出的优点是(　　)。

　　A) 提高可靠性　　　　　　　　　　　B) 提高计算机的存储容量

C) 运算速度快　　　　　　　　　　　D) 实现资源共享和快速通信

19. 电源关闭后，下列关于存储器的说法中，正确的是(　　)。

A) 存储在 RAM 中的数据不会丢失

B) 存储在 ROM 中的数据不会丢失

C) 存储在 U 盘中的数据会全部丢失

D) 存储在硬盘中的数据会丢失

20. 有一域名为 bit.edu.cn，根据域名代码的规定，此域名表示(　　)。

A) 教育机构　　　　B) 商业组织　　　C) 军事部门　　　　D) 政府机关

高级应用部分

一、Word 字处理

注意：以下的文件必须保存在考生文件夹下。

书娟是海明公司的前台文秘，她的主要工作是管理各种档案，为总经理起草各种文件。新年将至，公司定于 2019 年 2 月 5 日下午 2:00，在中关村海龙大厦办公大楼五层多功能厅举办一个联谊会，重要客人名录保存在名为"重要客户名录.docx"的 Word 文档中，公司联系电话为 010-66668888。

根据上述内容制作请柬，具体要求如下：

1. 制作一份请柬，以"董事长：王海龙"的名义发出邀请，请柬中需要包含标题、收件人名称、联谊会时间、联谊会地点和邀请人。

2. 对请柬进行适当的排版，具体要求：改变字体、加大字号，且标题部分("请柬")与正文部分(以"尊敬的×××"开头)采用不相同的字体和字号；加大行间距和段间距；对必要的段落改变对齐方式，适当设置左、右及首行缩进，以美观且符合中国人阅读习惯为准。

3. 在请柬的左下角位置插入一幅图片(图片自选)，调整其大小及位置，不影响文字排列、不遮挡文字内容。

4. 进行页面设置，加大文档的上边距；为文档添加页眉，要求页眉内容包含本公司的联系电话。

5. 运用邮件合并功能制作内容相同、收件人不同(收件人为"重要客户名录.docx"中的每个人，采用导入方式)的多份请柬，要求先将合并主文档以"请柬 1.docx"为文件名进行保存，再进行效果预览后生成可以单独编辑的单个文档"请柬 2.docx"。

二、Excel 电子表格

注意：以下的文件必须保存在考生文件夹下。

文涵是大地公司的销售部助理，负责对全公司的销售情况进行统计分析，并将结果提交给销售部经理。到了年底，她根据各门店提交的销售报表进行统计分析。

打开"计算机设备全年销售统计表.xlsx"，帮助文涵完成以下操作：

1. 将"Sheet1"工作表命名为"销售情况"，将"Sheet2"命名为"平均单价"。

2. 在"店铺"列左侧插入一个空列，输入列标题为"序号"，并以 001、002、003……

的方式向下填充该列到最后一个数据行。

3. 将工作表标题跨列合并后居中并适当调整其字体、加大字号，并改变字体颜色。适当加大数据表行高和列宽，设置对齐方式及销售额数据列的数值格式(保留 2 位小数)，并为数据区域增加边框线。

4. 将工作表"平均单价"中的区域 B3:C7 定义名称为"商品均价"。运用公式计算工作表"销售情况"中 F 列的销售额，要求在公式中通过 VLOOKUP 函数自动在工作表"平均单价"中查找相关商品的单价，并在公式中引用所定义的名称"商品均价"。

5. 为工作表"销售情况"中的销售数据创建一张数据透视表，放置在一个名为"数据透视分析"的新工作表中，要求针对各类商品比较各门店每个季度的销售额。其中：商品名称为报表筛选字段，店铺为行标签，季度为列标签，并对销售额求和。最后对数据透视表进行格式设置，使其更加美观。

6. 根据生成的数据透视表，在透视表下方创建一个簇状柱形图，图表中仅对各门店四个季度笔记本的销售额进行比较。

7. 保存"计算机设备全年销量统计表.xlsx"文件。

三、PowerPoint 演示文稿

注意：以下的文件必须保存在考生文件夹下。

文君是新世界数码技术有限公司的人事专员，"十一"过后，公司招聘了一批新员工，需要对他们进行入职培训。人事助理已经制作了一份演示文稿的素材"新员工入职培训.pptx"。

请打开该文档进行美化，要求如下：

1. 将第二张幻灯片版式设为"标题和竖排文字"，将第四张幻灯片的版式设为"比较"，为整个演示文稿指定一个恰当的设计主题。

2. 通过幻灯片母版为每张幻灯片增加利用艺术字制作的水印效果，水印文字中应包含"新世界数码"字样，并旋转一定的角度。

3. 根据第五张幻灯片右侧的文字内容创建一个组织结构图，其中总经理助理为助理级别，结果应类似 Word 样例文件"组织结构图样例.docx"中所示，并为该组织结构图添加任一动画效果。

4. 为第六张幻灯片左侧的文字"员工守则"加入超链接，链接到 Word 素材文件"员工守则.docx"，并为该张幻灯片添加适当的动画效果。

5. 为演示文稿设置不少于三种的幻灯片切换方式。

公共基础知识练习题 1 参考答案

练习题 2

基础知识部分

1. 下列数据结构中，属于非线性结构的是(　　)。

A) 循环队列　　　　B) 带链队列　　　　C) 二叉树　　　　D) 带链栈

2. 下列数据结构中，能够按照"先进后出"原则存取数据的是(　　)。

A) 循环队列　　　　B) 栈　　　　C) 队列　　　　D) 二叉树

3. 对于循环队列，下列叙述中正确的是(　　)。

A) 队头指针是固定不变的

B) 队头指针一定大于队尾指针

C) 队头指针一定小于队尾指针

D) 队头指针可以大于队尾指针，也可以小于队尾指针

4. 算法的空间复杂度是指(　　)。

A) 算法在执行过程中所需要的计算机存储空间

B) 算法所处理的数据量

C) 算法程序中的语句或指令条数

D) 算法在执行过程中所需要的临时工作单元数

5. 软件设计中划分模块的一个准则是(　　)。

A) 低内聚低耦合　　　　　　　　B) 高内聚低耦合

C) 低内聚高耦合　　　　　　　　D) 高内聚高耦合

6. 下列选项中不属于结构化程序设计原则的是(　　)。

A) 可封装　　　　B) 自顶向下　　　　C) 模块化　　　　D) 逐步求精

7. 软件的详细设计生产的图如下：

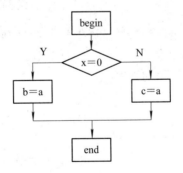

该图是(　　)。

A) N-S 图　　　　B) PAD 图　　　　C) 程序流程图　　　　D) E-R 图

8. 数据库管理系统是(　　)。

A) 操作系统的一部分　　　　　　B) 在操作系统支持下的系统软件

C) 一种编译系统　　　　　　　　D) 一种操作系统

9. 在 E-R 图中，用来表示实体联系的图形是(　　)。

A) 椭圆形   B) 矩形   C) 菱形   D) 三角形

10. 有 R、S 和 T 的关系如下：

H		
A	B	C
a	1	2
b	2	1
c	3	1

S		
A	B	C
d	3	2

T		
A	B	C
a	1	2
b	2	1
c	3	1
d	3	2

则关系 T 是由关系 R 和 S 通过某种操作得到，该操作为(　　)。

A) 选择   B) 投影   C) 交   D) 并

11. 20 GB 的硬盘表示容量约为(　　)。

A) 20 亿个字节   B) 20 亿个二进制位

C) 200 亿个字节   D) 200 亿个二进制位

12. 计算机安全是指计算机资产安全，即(　　)。

A) 计算机信息系统资源不受自然有害因素的威胁和危害

B) 信息资源不受自然和人为有害因素的威胁和危害

C) 计算机硬件系统不受人为有害因素的威胁和危害

D) 计算机信息系统资源和信息资源不受自然和人为有害因素的威胁和危害

13. 下列设备组中，完全属于计算机输出设备的一组是(　　)。

A) 喷墨打印机，显示器，键盘   B) 激光打印机，键盘，鼠标器

C) 键盘，鼠标器，扫描仪   D) 打印机，绘图仪，显示器

14. 计算机软件的确切含义是(　　)。

A) 计算机程序、数据与相应文档的总称

B) 系统软件与应用软件的总和

C) 操作系统、数据库管理软件与应用软件的总和

D) 各类应用软件的总称

15. 在一个非零无符号二进制整数之后添加一个 0，则此数的值为原数的(　　)。

A) 4 倍   B) 2 倍   C) 1/2 倍   D) 1/4 倍

16. 用高级程序设计语言编写的程序(　　)。

A) 计算机能直接执行   B) 具有良好的可读性和可移植性

C) 执行效率高   D) 依赖于具体机器

17. 运算器的完整功能是进行(　　)。

A) 逻辑运算   B) 算术运算和逻辑运算

C) 算术运算   D) 逻辑运算和微积分运算

18. 以太网的拓扑结构是(　　)。

A) 星型   B) 总线型   C) 环型   D) 树型

19. 组成计算机指令的两部分是(　　)。

A) 数据和字符   B) 操作码和地址码

C) 运算符和运算数   D) 运算符和运算结果

20. 上网需要在计算机上安装(　　)。

A) 数据库管理软件　　B) 视频播放软件　　　　C) 浏览器软件　　D) 网络游戏软件

高级应用部分

一、Word 文字处理

注意：以下的文件必须保存在考生文件夹下。

在考生文件夹下打开文档 Word.docx，按照要求完成下列操作并以该文件名(Word.docx)保存文档。

某高校为了使学生更好地进行职场定位和职业准备，提高就业能力，该校学工处将于 2019 年 4 月 29 日(星期五)19:30～21:30 在校国际会议中心举办题为"领慧讲堂——大学生人生规划"就业讲座，特别邀请资深媒体人、著名艺术评论家赵覃先生担任演讲嘉宾。

请根据上述活动的描述，利用 Word 制作一份宣传海报(宣传海报的参考样式请参考"Word-海报参考样式.docx"文件)，要求如下：

1. 调整文档版面，要求页面高度为 35 厘米，页面宽度为 27 厘米，页边距(上、下)为 5 厘米，页边距(左、右)为 3 厘米，并将考生文件夹下的图片"Word-海报背景图片.jpg"设置为海报背景。

2. 根据"Word-海报参考样式.docx"文件调整海报内容文字的字号、字体和颜色。

3. 根据页面布局需要，调整海报内容中"报告题目""报告人""报告日期""报告时间""报告地点"信息的段落间距。

4. 在"报告人："位置后面输入报告人姓名(赵覃)。

5. 在"主办：校学工处"位置后另起一页，并设置第 2 页的页面纸张大小为 A4 篇幅，纸张方向设置为"横向"，页边距为"普通"页边距定义。

6. 在新页面的"日程安排"段落下面复制本次活动的日程安排表(请参考"Word-活动日程安排.xlsx"文件)，要求表格内容引用 Excel 文件中的内容，若 Excel 文件中的内容发生变化，Word 文档中的日程安排信息随之发生变化。

7. 在新页面的"报名流程"段落下面，利用 SmartArt 制作本次活动的报名流程(学工处报名、确认坐席、领取资料、领取门票)。

8. 设置"报告人介绍"段落下面的文字排版布局为参考示例文件中所示的样式。

9. 更换报告人照片为考生文件夹下的 Pic2.jpg 照片，将该照片调整到适当的位置，并不能遮挡文档中的文字内容。

10. 保存本次活动的宣传海报设计为 Word.docx。

二、Excel 电子表格

注意：以下的文件必须保存在考生文件夹下。

小蒋是一位中学教师，在教务处负责初一年级的成绩管理。由于学校地处偏远地区，缺乏必要的教学设施，只有一台配置不太高的 PC 可以使用。他在这台电脑中安装了 Office，决定通过 Excel 来管理学生成绩，以弥补学校缺少数据库管理系统的不足。现在，第一学期期末考试刚刚结束，小蒋将初一年级三个班的成绩均录入了文件名为"学生成绩单.xlsx"的 Excel 工作簿文档中。

请你根据下列要求帮助小蒋老师对该成绩单进行整理和分析：

1．对工作表"第一学期期末成绩"中的数据列表进行格式化操作：将第一列"学号"列设为文本，将所有成绩列设为保留两位小数的数值；适当加大行高、列宽，改变字体、字号，设置对齐方式，增加适当的边框和底纹以使工作表更加美观。

2．利用"条件格式"功能进行下列设置：将语文、数学、英语三科中不低于110分的成绩所在的单元格以一种颜色填充，其他四科中高于95分的成绩以另一种字体颜色标出，所有颜色深浅以不遮挡数据为宜。

3．利用SUM和AVERAGE函数计算每一个学生的总分及平均成绩。

4．学号第3、4位代表学生所在的班级，例如"120105"代表12级1班5号。请通过函数提取每个学生所在的班级并按下列对应关系填写在"班级"列中：

"学号"的3、4位	对应班级
01	1班
02	2班
03	3班

5．复制工作表"第一学期期末成绩"，将副本放置到原表之后；改变该副本表标签的颜色，并重新命名，新表名需包含"分类汇总"字样。

6．通过分类汇总功能求出每个班各科的平均成绩，并将每组结果分页显示。

7．以分类汇总结果为基础，创建一个簇状柱形图，对每个班各科平均成绩进行比较，并将该图标放置在一个名为"柱状分析图"的新工作表中。

三、PowerPoint 演示文稿

注意：以下的文件必须保存在考生文件夹下。

文慧是新东方学校的人力资源培训讲师，负责对新入职的教师进行入职培训，其PowerPoint 演示文稿的制作水平广受好评。最近，她应北京节水展馆的邀请，为展馆制作一份宣传水知识及节水工作重要性的演示文稿。

节水展馆提供的文字资料及素材参见"水资源利用与节水(素材).docx"文件，制作要求如下：

1．标题页包含演示主题、制作单位(北京节水展馆)和日期(XXXX 年 X 月 X 日)。

2．演示文稿须指定一个主题，幻灯片不少于5页，且版式不少于3种。

3．演示文稿中除文字外要有两张以上的图片，并有两个以上的超链接进行幻灯片之间的跳转。

4．动画效果要丰富，幻灯片切换效果要多样。

5．演示文稿播放的全程需要有背景音乐。

6．将制作完成的演示文稿以"水资源利用与节水.pptx"为文件名进行保存。

公共基础知识练习题2参考答案